普通高等教育"十四五"规划教材

21 世纪高校应用人才培养机电类规划教材

U0155430

模具 CAD/CAM（第二版）

主　编　霍元明　何　涛

副主编　杜向阳　张海峰　张　超

北京大学出版社

PEKING UNIVERSITY PRESS

内 容 简 介

本书是一本介绍模具 CAD/CAM 技术的教材。它除了系统地阐述了模具 CAD/CAM 技术的基本概念、方法及相关技术，还通过模具设计、制造这一实例，介绍了 CAD/CAM 技术在一些典型模具设计、制造中的应用，从而使读者能够较快掌握模具 CAD/CAM 的内涵和关键。

本书适合作为应用型本科院校模具设计与制造、机械设计与制造工程、工业设计、材料科学与工程、机械工程及自动化等相关专业的教材。

图书在版编目 (CIP) 数据

模具 CAD/CAM / 霍元明，何涛主编. —2 版. —北京：北京大学出版社，2024.4
21 世纪高校应用人才培养机电类规划教材

ISBN 978-7-301-34633-4

Ⅰ.①模… Ⅱ.①霍… ②何… Ⅲ.①模具—计算机辅助设计—高等学校—教材 ②模具—计算机辅助制造—高等学校—教材 Ⅳ.①TG76 -39

中国国家版本馆 CIP 数据核字(2023)第 217763 号

书 名	模具 CAD/CAM （第二版）	
	MUJU CAD/CAM （DI-ER BAN）	
著作责任者	霍元明 何 涛 主编	
策 划 编 辑	温丹丹 桂 春	
责 任 编 辑	张玮琪	
标 准 书 号	ISBN 978-7-301-34633-4	
出 版 发 行	北京大学出版社	
地 址	北京市海淀区成府路 205 号 100871	
网 址	http://www.pup.cn 新浪微博: @北京大学出版社	
电 子 邮 箱	编辑部 zyjy@pup.cn 总编室 zpup@pup.cn	
电 话	邮购部 010-62752015 发行部 010-62750672 编辑部 010-62754934	
印 刷 者	河北文福旺印刷有限公司	
经 销 者	新华书店	
	787 毫米×1092 毫米 16 开本 15.25 印张 400 千字	
	2006 年 8 月第 1 版	
	2024 年 4 月第 2 版 2024 年 4 月第 1 次印刷 总第 5 次印刷	
定 价	56.00 元	

第二版前言

传统的模具设计和制造在一定程度上依赖于人的经验，并且周期长、质量低，而很多现代产品要求精度高、结构复杂，这就使得模具产品在设计和制造时面对很大的困难，导致其无法满足生产要求。

为了更好地解决模具设计与制造过程中遇到的这些问题，人们除了从理论上进一步研究模具设计与制造的内在机理，也尝试在计算机上用更加有效的直观手段显示模具设计与制造的过程，这就促进了模具 CAD/CAM 技术的发展。因此，模具 CAD/CAM 技术成为工业自动化设计和生产的发展方向，在许多产品的开发和生产中都有应用，特别是在汽车、轻工、电子、航空等行业的应用越来越广泛。

本书是模具设计与制造专业的技术基础课教材，主要读者对象是高等院校的模具设计与制造、机械设计与制造工程、工业设计、材料科学与工程、机械工程及自动化等专业的学生，也可作为相关工程技术人员的参考书。本次修订按现行国家标准修改了数控机床程序格式与编码规则，更新了附录部分的内容，其他部分则在第一版教材的基础上做了局部更正。

本书由上海工程技术大学的霍元明和何涛作为主编负责全书的统稿，具体编写分工为：霍元明负责第 1、2 章的编写，何涛负责第 3 章的编写，杜向阳负责第 4、5 章的编写，张海峰负责第 6 章的编写，张超负责第 7、8 章的编写。参与本书资料整理与校对工作的人员有：杨万博、沈梦蓝、胡玉佳、霍存龙、贾昌远、刘克然、任旭、白杰、卞志远、陈港、余雯翰、陈昊、周子鑫。

本书的编写参阅了国内外许多专家学者的著作和文献资料，在此向他们表示衷心的感谢，他们的精辟理论、创新思想、优秀技术、成功应用为本书增色不少。除此之外，还要感谢北京大学出版社在本书出版过程中给予的帮助和支持。

由于作者的水平有限，加之时间仓促，书中难免有不妥之处，恳请广大读者不吝赐教！

编　者

2024 年 1 月

本教材配有教学课件或其他相关教学资源，如有老师需要，可扫描右边二维码关注北京大学出版社微信公众号"未名创新大学堂"（zyjy-pku）索取。

· 课件申请
· 样书申请
· 教学服务
· 编读往来

目　　录

第1章　CAD/CAM 概论

计算机集成制造系统（Computer Integrated Manufacture System，CIMS）是未来工业集成生产自动化的发展方向。作为 CIMS 的核心技术，CAD/CAM 主要支持和实现产品对象的设计、分析、工艺规划、数控（Numerical Control，NC）编程等一系列生产活动的自动化处理。近几年，随着计算机和 NC 技术的飞速发展，CAD/CAM 已逐渐进入实用化阶段，被广泛应用于航空航天、汽车、模具、模具制造、家电、玩具等行业。特别是 NC 机床、模具加工等的普遍使用，使得 CAD/CAM 技术成为企业实现高度自动化设计及加工的有效手段之一。本章主要介绍 CAD/CAM 的基本概念、CAD/CAM 技术在模具中的应用及 CAD/CAM 发展趋势等。

1.1　CAD/CAM 的基本概念

1.1.1　CAD/CAM 的概念

1. CAD 概念

计算机辅助设计（Computer Aided Design，CAD）是计算机系统在工程和产品设计的各个阶段中，为设计人员提供各种快速、有效的工具和手段，加快和优化设计过程和设计结果，并提高产品设计质量、缩短产品开发周期、降低产品成本，以达到最佳设计效果的一种技术。CAD 概念如图 1-1 所示。

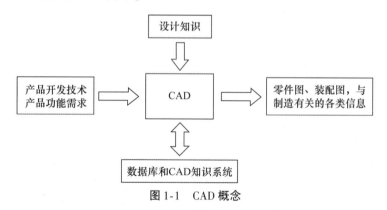

图 1-1　CAD 概念

CAD 可分为自动设计和交互设计两类。自动设计效率高，但灵活性差，只适用于标准化程度高、结构固定的产品；交互设计灵活性强，能充分发挥设计人员的主观能动性，但效率低，交互愈多愈复杂，效率愈低。实际上，几乎没有纯粹的自动设计或交互设计软件，而好的软件能根据产品对象恰当地处理自动设计和交互设计的配合。

CAD 是一个设计过程，即"在计算机环境下完成产品的创造、分析和修改，以达到预期设计目标"的过程。从功能方面来看，CAD 可分为几何造型、工程分析、模拟仿真和自动分析四大类。

从设计的手段和周期来看，采用 CAD 系统的设计更简单、方便、灵活、有效。图 1-2 所示是计算机辅助设计过程，在计算机辅助工具的参与下，设计人员的工作仅仅是构思、创造和指挥。

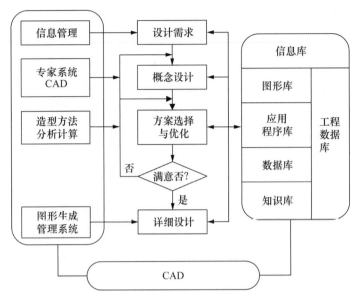

图 1-2　计算机辅助设计过程

目前，CAD 系统主要参与和完成的设计工作可归纳如下：

（1）提供丰富的设计需求信息。计算机系统，特别是网络系统可以为设计人员提供客户需求、成本核算、原材料、生产装备、生产状况等信息。

（2）辅助方案设计。

（3）几何造型和工程分析。利用 CAD 系统造型工具，精确快速建立产品的几何模型，同时对模型进行科学的分析计算以达到最佳的设计效果。

（4）设计文档的辅助生成。

（5）工程数据的管理。

2. CAM 概念

计算机辅助制造（Computer Aided Manufacturing，CAM）是利用计算机对制造过程进行设计、管理和控制。一般说来，CAM 包括工艺过程设计、NC 编程和机器人编程等内容；其系统一般具有数据转换和过程自动化两方面的功能。

CAM 的定义有狭义和广义之分。狭义 CAM 是指利用计算机进行 NC 加工程序编制，包括刀具路径规划、刀位文件生成、刀具轨迹仿真及 NC 指令生成等。广义的 CAM 是指利用计算机辅助完成从生产准备到产品制造整个过程的活动，如零件加工的 NC 编程、计算机辅助工艺设计（Computer Aided Processing Planning，CAPP）、计算机辅助测试（Computer Aided Test，CAT）、计算机辅助生产计划编制（Computer Aided Production Planning Simulation，CAPPS）以及计算机辅助生产管理（Computer Aided Production Management，CAPM）。此外，广义的 CAM 还包括制造活动中与物流有关的所有过程（加工、装配、检验、存储、输送）的跟踪、控制和管理。

CAD/CAM 系统中的 CAM 通常是指狭义 CAM。CAM 系统的功能模型如图 1-3 所示，即 CAM 系统根据 CAD 系统所提供的产品数据模型以及 CAPP 系统提供的产品工艺路线、工序文件，在 CAM 系统平台以及生产数据库的支持下，生成产品 NC 加工的 NC 指令。

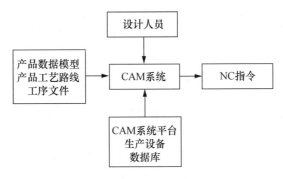

图 1-3　CAM 系统的功能模型

3. CAPP 概念

CAPP 是根据产品设计结果，通过人机交互完成产品加工方法的选择和加工工艺规程的设计。一般认为，CAPP 系统的功能包括毛坯设计、加工方法选择、工艺路线制定、工序设计、工时定额计算等，其中，工序设计又包括加工机床和工夹量具的选用、加工余量的分配、切削用量的选择以及工序图生成等。CAPP 系统的功能模型如图 1-4 所示。

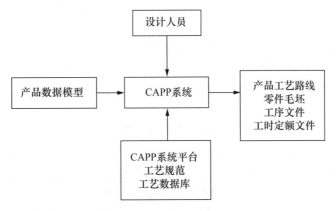

图 1-4　CAPP 系统的功能模型

工艺设计是制造企业技术部门的主要工作之一，其设计效率的高低和设计质量的优劣，对生产组织、产品质量、生产率、产品成本、生产周期等均有较大的影响。应用 CAPP 技术能够迅速编制完整、详尽、优化的工艺方案和各类工艺文件，可大大提高设计效率，缩短工艺准备时间，加快产品投放市场的进程，同时也为企业的科学管理提供可靠的工艺数据支持。

1.1.2　CAD/CAM 技术的发展概况

1952 年，美国麻省理工学院成功试制了世界上第一台数控铣床，解决了复杂零件的加工自动化问题，推动了 NC 编程技术的发展。20 世纪 50 年代中期，麻省理工学院研制开发了自动编程工具（Automatically Programmed Tools，APT），提出了被加工零件的描述、刀具轨迹的计算、后置处理及 NC 指令自动生成等 CAM 基本技术。1963 年，美国教授 I. E. Suterland 成功研制了世界上第一套实时交互的计算机图形系统 Sketchpad，它标志着 CAD 技术的诞生。从此，CAD 技术与 CAM 技术便相辅相成地发展起来。在过去的几十年中，CAD/CAM 技术经历了如下 5 个主要发展阶段。

1. 20 世纪 50 年代至 20 世纪 60 年代的兴起阶段

1946 年，世界上第一台电子计算机在美国问世，实现了数值计算。人们将计算机技术引入模具设计和制造领域，标志着计算机应用于工程和产品设计计算的开始。20 世纪 50 年代中期，计算机主要用来处理科学计算，尽管当时已在计算机中配置了显示器，但由于计算机图形显示技术的理论还没有形成，因此计算机只用于字符的显示，不具备人机交互功能。1952 年，美国麻省理工学院成功研制了世界上第一台三坐标 NC 铣床，并开始着手研制 NC 自动编程系统。当时在美国学习的奥地利人 H. Josph. Gerber 根据 NC 加工原理和方法为波音飞机制造公司研制出世界上第一台平板绘图机。1959 年，美国的 Calcomp 公司根据打印机的原理研制出世界上第一台滚筒式绘图机，开创了由计算机辅助绘图仪代替人工绘图的先河。

计算机、自动绘图机、光笔、图形显示器等设备的问世和发展，以及图形数据处理方法的深入研究，促进了 CAD/CAM 技术的形成。

2. 20 世纪 60 年代的研制试验阶段

交互式图形生成技术的出现，促使 CAD 技术迅速发展。1963 年，美国 I. E. Sutherland 教授开发了世界上第一套计算机图形系统 Sketchpad，并首次提出计算机图形学（Computer Graphics，CG）、交互设计、分层储存等思想。与此同时，人们在机床 NC 技术的基础上成功研制了世界上第一台工业机器人，实现了物料搬运的自动化。1964 年，美国通用汽车公司研制了 DAC-1 系统，用于汽车车身和外形设计；1964 年，美国的 IBM 公司开发了以大型机为基础的 CAD/CAM 系统，这一系统具有绘图、NC 编程和强度分析等功能；1965 年，美国洛克希德公司推出第一套基于大型计算机的商用 CADAM 系统；1966 年，用大型通用计算机直接控制多台 NC 机床的直接数控（Direct NC，DNC）系统出现；1973 年，英国剑桥大学等也开展了 CAD 方面的研究工作。许多与 CAD 技术相关的软硬件系统走出了实验室并逐渐趋于实用化，但是这一时期的 CAD/CAM 系统的共同缺点是规模庞大且价格昂贵。

3. 20 世纪 60 年代中期至 20 世纪 70 年代中期的商品化阶段

随着计算机硬件的发展，以小型机为主机的 CAD 系统进入市场，针对特定问题的 CAD 成套系统蓬勃发展。这种成套系统由 16 位小型机、图形输入设备、显示装置以及绘图机等硬件与相应的应用软件配套而成，通常也称为交钥匙系统（Turnkey System，TS）。与此同时，为了适应设计和加工的要求，1967 年，英国的莫林公司建造了一条由计算机集中控制的自动化制造系统，包括 6 台加工中心和 1 条由计算机控制的自动输送线，可进行 24 小时连续加工，并用计算机编制 NC 程序和作业计划、统计报表。20 世纪 70 年代初，美国的辛辛那提公司研制了柔性制造系统（Flexible Manufacturing System，FMS），将CAD/CAM 技术推向一个新的阶段。由于计算机硬件的限制，软件只是二维绘图系统及三维线框系统，所能解决的问题也只是一些比较简单的产品设计制造问题。法国达索公司率先开发出以表面模型为特点的自由曲面建模方法，推出了三维曲面造型系统，采用多截面视图、特征纬线的方式来近似表达自由曲面。该阶段的主要技术特点是自由曲面造型。三维曲面造型系统为人类带来了第一次 CAD 技术革命。

4. 20 世纪 80 年代的迅速发展阶段

超大规模集成电路的出现，使计算机硬件成本大幅度下降，计算机外围设备（例如彩色高分辨率图形显示器、大型数字化仪、自动绘图机等品种齐全的输入输出装置）已成系列产品，为 CAD/CAM 技术的发展提供了必要的条件。同时，相应的软件技术如数据库技术、有限元分析技术、优化设计技术等也迅速提高，促进了 CAD/CAM 技术的推广及应用，促使 CAD/CAM 技术的应用从军工以及大型骨干企业向中小企业拓展，从发达国家向发展中国家推进，从用于产品设计发展到用于工程设计。在此期间，还相应发展了一些与制造过程相关的计算机辅助技术，如 CAPP、计算机辅助工装设计（Computer Aided Frock Design，CAFD）、计算机辅助质量控制（Computer Aided Quality Control，CAQC）等。然而作为单项技术，上述计算机辅助设计只能带来局部效益。20 世纪 80 年代以后，人们在上述计算机辅助技术的基础上，致力于计算机集成制造系统的研究，这是一种总体高效益、高柔性的智能化制造系统。表 1-1 所示为 20 世纪 80 年代美国 CAD/CAM 系统的增长情况。

表 1-1　20 世纪 80 年代美国 CAD/CAM 系统的增长情况

年份/年	估计系统的增长率/%	一年内安装的系统总数/个	一年内安装的工作站总数/个	累计安装的系统总数/个	累计安装的工作站总数/个
1980	40	1 200	4 500	4 400	16 500
1981	40	1 600	6 300	6 000	22 800
1982	40	2 200	8 800	8 200	31 600
1983	40	3 000	12 300	11 200	43 900
1984	40	4 200	17 200	15 400	61 100
1985	35	5 600	19 600	21 000	80 700
1986	30	5 700	26 200	28 500	106 900
1987	30	10 000	35 000	38 500	141 900
1988	30	13 000	42 200	51 500	184 100
1989	30	16 900	54 900	68 400	239 000

说明：资料来自 Machover Associates 公司。

5. 20 世纪 90 年代后的成熟壮大阶段

20 世纪 90 年代，CAD/CAM 技术已不再停留于过去单一模式、单一功能、单一领域的水平，而向着标准化、集成化、智能化的方向发展。为了实现系统集成、资源共享，并提高产品生产与组织管理的高度自动化、产品的竞争力，需要在企业内、集团内的 CAD/CAM 系统之间或各个子系统之间进行数据交换，为此，一些工业先进国家和国际标准化组织都在从事标准接口的开发工作，从而出现了产品数据管理软件系统。此外，面向对象技术、并行工程思想、分布式环境技术及人工智能技术的研究都有利于 CAD/CAM 技术向高水平发展。在这个时期，国外许多 CAD/CAM 软件系统更趋于成熟，商品化程度大幅度提高，如美国洛克希德公司研制的 CAD/CAM 系统、法国达索公司研制的 CATIA 系统等。

我国 CAD/CAM 技术的引进是从 20 世纪 60 年代开始的，最早起步于航空工业，后经快速发展，在模具、电子、建筑、服装等行业的应用已逐步进入实用化阶段。一方面，我国直接引进一些国际水平的商品化软件投入实际应用，如 I-DEAS、Pro/Engineering、UG 等；另一方面，很多研究单位自行开发了 CAD/CAM 系统，进一步促进了 CAD/CAM 技术在我国的应用和发展。

1.1.3　CAD/CAM 系统的主要任务

CAD/CAM 系统是产品设计、制造过程中的信息处理系统，它需要对产品设计、制造全过程的信息进行处理，包括几何造型、计算分析、工程绘图、结构分析、优化设计、CAPP、NC 自动编程、模拟仿真、工程数据库等各个方面。

1. 几何造型

在产品设计构思阶段，CAD/CAM 系统能够描述基本几何实体及实体间的关系；能够提供基本体素，以便为用户提供所设计产品的几何形状、大小，便于用户进行零件的结构设计以及零部件的装配；能够动态地显示三维图形，解决三维几何造型中复杂的空间布局问题；同时，还能够进行消隐、彩色浓淡处理等。利用几何造型模块，用户不仅能够构造各种产品的几何模型，还能够随时观察、修改模型，或检验零部件装配的结果。几何造型技术是 CAD/CAM 系统的核心，它为产品的设计、制造提供基本数据，同时，也为其他模块提供原始的信息，如几何造型模块所定义的几何模型的信息可提供有限元分析、绘图、仿真、加工等模块调用。几何造型模块不仅能构造规则形状的产品模型，对于复杂表面的造型，系统还可以采用曲面造型或雕塑曲面造型的方法，根据给定的离散数据或有关具体工程问题的边界条件来定义、生成、控制和处理过渡曲面，或用扫描的方法得到扫描体，建立曲面的模型。

2. 计算分析

一方面，CAD/CAM 系统在构造了产品的形状模型之后，需要根据产品几何形状计算出相应的体积、表面积、质量、重心位置、转动惯量等几何特征的物理特性，为系统进行工程分析和数值计算提供必要的参数；另一方面，CAD/CAM 系统中的结构分析需进行应力、温度、位移等计算，图形处理中变换矩阵的运算，体素之间的交、并、差计算，以及工艺规程设计中工艺参数的计算。因此，要求 CAD/CAM 系统对各类计算分析的算法正确、全面，而且由于数据计算量大，还要求 CAD/CAM 系统具有较高的计算精度。

3. 工程绘图

产品设计的结果往往是模具图的形式，CAD/CAM 系统中的某些中间结果也是通过图形表达的。CAD/CAM 系统一方面应具备从几何造型的三维图形直接向二维图形转换的功能；另一方面，还需有处理二维图形的功能，包括基本图元的生成，标注尺寸，图形的编辑（比例变换、平移、图形复制、图形删除等）以及显示控制，附加技术条件等，保证生成合乎生产实际要求且符合国家标准的模具图。

4. 结构分析

CAD/CAM 系统结构分析常用的方法是有限元法，这是一种数值近似解方法，用来解决结构形状比较复杂的零件的静态、动态特性分析计算，以及强度、振动、热变形、磁场、温度强度、应力分布状态等分析计算。在进行静态、动态特性分析计算之前，系统根据产品结构特点划分网格，标出单元号、节点号，并将划分的结果显示在屏幕上；在进行分析计算后，系统将计算结果以图形、文件的形式输出，例如应力分布图、温度场分布图、位移变形曲线等，使用户方便、直观地看到计算结果。

5. 优化设计

CAD/CAM 系统应具有优化设计功能，也就是在某些条件的限制下，使产品或工程设计中的预定指标达到最优。优化包括总体方案的优化、产品零件结构的优化、工艺参数的优化等。

6. CAPP

设计的目的是加工制造，而工艺设计是为产品的加工制造提供指导性的文件。因此，CAPP 是 CAD 与 CAM 的中间环节。CAPP 系统应当根据建模后生成的产品信息及制造要求，自动决策出加工该产品应采用的加工方法、加工步骤、加工设备以及加工参数。CAPP 的设计结果一方面能被生产实际使用，生成工艺卡片文件；另一方面能直接输出一些信息，被 CAM 中的 NC 自动编程系统接收和识别，直接转换为刀位文件。

7. NC 自动编程

NC 自动编程是指在分析零件图和制定出零件的 NC 加工方案之后，采用专门的 NC 加工语言（如 APT）编制 NC 加工程序。NC 自动编程通常包括以下几个基本步骤。

（1）编程：手工或计算机辅助编程，生成源程序。

（2）前处理：将源程序翻译成可执行的计算机指令，经计算，求出刀位文件。

（3）后处理：将刀位文件转换成零件的 NC 加工程序。

8. 模拟仿真

在 CAD/CAM 系统内部，建立一个工程设计的实际系统模型，如机构、模具手、机器人等。通过运行仿真软件，模拟真实系统的运行，用以预测产品的性能、产品的制造过程和产品的可制造性。如 NC 加工仿真系统，从软件上实现零件试切的加工模拟，避免了现场调试带来的人力、物力的投入，降低了加工设备损坏的风险，减少了制造费用，缩短了产品设计周期。模拟仿真通常有加工轨迹仿真，机构运动学模拟，机器人仿真，工件、刀具、机床的碰撞和干涉检验等。

9. 工程数据库

由于 CAD/CAM 系统数据量大、种类繁多，既有几何图形数据，又有属性语义数据；既有产品定义数据，又有生产控制数据；既有静态标准数据，又有动态过程数据，结构还相当复杂，因此，CAD/CAM 系统应能提供有效的管理手段，支持工程设计与制造全过程的信息流动与交换。通常，CAD/CAM 系统采用工程数据库系统作为统一的数据环境，实现各种工程数据库的管理。

1.2 CAD/CAM 技术在模具中的应用

1.2.1 CAD/CAM 技术在模具中的应用概述

在现代社会工业经济快速发展的大形势下，模具设计制造业的发展在很大程度上推动了社会工业化进程。在现代模具设计制造过程中，CAD 技术的应用可使模具设计制造效率、模具产品质量得到很大程度的提升。

在模具设计制造过程中，CAD 技术属于重要的部分，是计算机辅助技术在模具与工程设计方面的一项重要的应用技术。CAD 技术在模具设计制造中的应用，包括：零件与装配图的实体生成、CAD 在模具设计特征建模（Feature Modeling）中的应用、零件实体建模与生成装配图、CAD 软件等。

（1）零件与装配图的实体生成。设计师利用 CAD 软件能够有效地对现代模具零件进行建模，如在 AutoCAD 中进行三维造型时共有 3 种类型，即线性模型、表面模型和实体模型。而对于结构比较简单的零件，通过 CAD 软件能够简单地对其进行结构分析，并且对本体进行分析，从而对其本体进行重构，然后对其进行联合、相交、相减等布尔运算，这样就能够得到相对完整的实体模型。

（2）CAD 在模具设计特征建模中的应用。在现代模具设计中，特征建模也显得十分重要，从大的角度来说，特征建模可以分为两种：① 通过 CAD 软件能够建立人机交互方式，从而使计算机获得所设计模具零件的几何信息与非几何信息，并且利用软件建立相对准确的现代设计模型；② 通过 CAD 软件能够存储现代模具设计中建立模型所需要的基本信息，并且存储产品工艺数据，完成模具零件的三维特征建模。

（3）零件实体建模与生成装配图。现代模具设计涉及零件的材料问题、零件的基本尺寸、公差等。常规的设计方法虽然能够满足设计要求，但是新产品设计周期较长，已经不能满足现代模具设计软件的要求。利用 CAD 软件则能够通过多种建模软件建立多种模型，如表面模型、线框模型以及实体模型等。因此，对于一些结构相对简单的零件能够通过二维画图软件完成；而对于结构复杂的零件则能够利用 CAD 软件完成实体建模。此外，CAD 软件能够对相关零件进行装配，并且在装配过程中发现零件可能存在的问题，如约束、限位、干涉等，从而提出合理的改进措施。

（4）CAD 软件。CAD 软件在现代模具设计中和 CAM 等软件有异曲同工之效，现代模具设计能够利用 CAD 软件解决相关零件的技术问题，并且在设计过程中能够联合 CAM 模具系统等进行设计。此外，CAD 软件还能够优化现代模具零件、分析零件寿命、强度等，并解决模具零件设计过程中的问题，如结构不合理、材料强度不能够达到要求等。

目前，模具设计制造中应用 CAD 技术有如下特点。

① CAD 技术的应用可缩短模具设计制造周期。在模具设计制造过程中，有效运用三维 CAD 系统，可在装配环境中对新零件进行设计，并且可对相邻零件的位置及形状进行运用，不但方便快捷，而且能够使新零件与相邻零件保持精确配合，还能够有效防止因单独设计零件而导致装配失败。在利用 CAD 系统开发设计新模具的过程中，只需要设计及制造部分零件，大多数零件设计均能够对以往信息进行运用，使设计效率提升，从而使设计制作周期缩短。

② CAD 技术的应用可提升模具产品质量。在现代模具设计制造中，运用 CAD 技术，可使工业化生产及现代信息技术之间实现较好结合，可在很大程度上推动模具制造业发展。运用 CAD 技术的先进设计理念及设计方式，可对各个零件之间所存在的关系进行直观观察，并且能够及时更正设计过程中存在的不足之处。

③ CAD 技术的应用可使零部件装配更加直观方便。在模具零件装配过程中，运用 CAD 技术，可按照一定规律装配模具，相关装配途径在软件资源查找群中存在记录；在后期模具运行过程中，若发现有某一问题存在，可在软件中直接对相关区域进行查找，不必拆卸其他相关零部件，使问题根源查找更加便捷，而在确定故障源头之后，可选择相关方法准确修改相关零部件，从而提升设计的准确度。

1.2.2　CAD/CAM 系统的工作过程

CAD/CAM 系统充分利用了计算机高效准确的计算功能、图形处理功能以及复杂工程数据的存储、传递、加工功能，在运行过程中，结合人的经验、知识及创造性，形成了一个人机交互、各尽所长、紧密配合的系统。CAD/CAM 系统输入的是设计要求，输出的是制造加工信息。一个较为完整的 CAD/CAM 系统的工作过程如图 1-5 所示，它主要包括以下几个方面：

（1）向 CAD 系统输入设计要求。在 CAD 系统中进行设计方案的分析和选择，根据设计要求建立产品模型，包括几何模型和材料处理、制造精度等非几何模型，并将所建模型存储于系统的数据库中。

（2）利用 CAD/CAM 系统应用程序库中已编制的各种应用程序，对产品模型进行设计计算和优化分析，确定设计方案及产品零部件的主要参数；同时，调用系统中的图形库，将设计的初步结果以图形的方式输出在显示器上。

（3）通过计算机辅助工程（Computer Aided Engineering，CAE）的分析计算功能对产品进行性能预测、结构分析、工程计算、运动仿真和装配仿真。

（4）根据计算机显示的结果对设计的初步结果做出判断，并以人机交互方式进行实时修改。将修改后的产品设计模型存储于 CAD/CAM 系统的数据库中，并可通过绘图机输出设计图纸和有关文档。

（5）CAD/CAM 系统从产品数据库中提取产品的设计制造信息，在分析其零件几何形状特点及有关技术要求后，对产品进行工艺规程设计，将工艺设计结果存储于系统的数据库中，同时在屏幕上显示输出。

（6）工艺设计人员可以对工艺规程设计的结果进行分析、判断，并以人机交互方式进行修改，最后将工艺规程设计结果以工艺卡片或数据接口文件的形式存入数据库，以供后续模块读取。

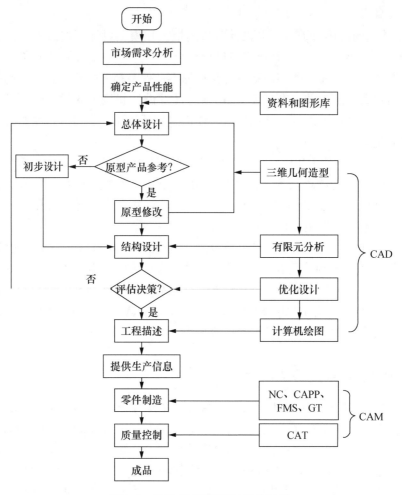

图 1-5　CAD/CAM 系统的工作过程

（7）在打印机上输出工艺卡，作为车间生产加工的工艺指导性文件。NC 自动编程系统从数据库中读取零件几何信息和加工工艺规程，生成 NC 加工程序。

（8）进行加工仿真、模拟，验证所生成的 NC 加工程序是否合理、可行。同时，还可进行刀具、夹具、工件之间的干涉和碰撞检验。

（9）在普通机床、NC 机床上按照工艺规程和 NC 加工程序加工制造出有关产品。

根据不同的应用要求，实际的 CAD/CAM 系统可支持上述全部过程，也可仅支持部分过程。从初始的设计要求、产品设计的中间结果，到最终的加工指令，都是产品数据信息不断产生、修改、交换、存取的过程，技术人员在其中起着非常重要的作用。所以，一个优良的 CAD/CAM 系统应保证不同部门的技术人员能相互交流和共享产品的设计和制造信息，并能随时观察、修改设计，实施编辑处理，直到获得最佳结果。

1.2.3　CAD/CAM 系统介绍

从计算机应用的角度分析，CAD/CAM 系统由硬件系统和软件系统组成，如图 1-6 所示。

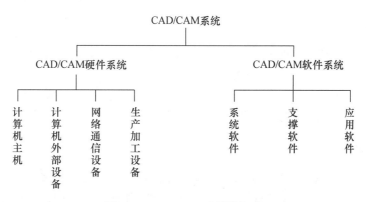

图 1-6　CAD/CAM 系统的组成

硬件系统是 CAD/CAM 系统运行的基础，主要包括计算机主机、计算机外部设备、网络通信设备和生产加工设备等具有有形物质的设备。软件系统是 CAD/CAM 系统的核心，包括系统软件、支撑软件和应用软件等，通常是指程序及其相关的文档。CAD/CAM 软件在系统中占据着极其重要的地位，软件配置的档次和水平决定了 CAD/CAM 系统性能的优劣，软件的成本已远远超过硬件设备。软件的发展依赖更新更快的计算机系统，而计算机硬件的更新又为开发更好的 CAD/CAM 软件系统创造了物质条件。CAD/CAM 系统的细分如图 1-7 所示。

图 1-7　CAD/CAM 系统的细分

1. 硬件系统

硬件系统主要包括计算机主机、外存储器、显示设备、输入设备、输出设备、网络通信设备等。

2. 系统软件

计算机系统软件包括操作系统、汇编系统、编译系统和诊断系统等。目前，系统软件已趋于开放和标准化，如 UNIX 操作系统、Windows 7/8/8.1/10 视窗系统等，都已成为当前 CAD/CAM 等应用系统的通用开发环境。在这类环境下开发的软件容易移植，可以运行在各种流行的机型上；用户界面统一，便于使用人员掌握和适应；开放性好，容易与其他软件衔接和进行二次开发。

3. 支撑软件

支撑软件运行在系统软件之上，是 CAD/CAM 系统的核心，也是应用软件的开发平台。

4. 应用软件

应用软件是用户自行开发或委托开发的软件。

5. 计算机网络

计算机网络是用通信线路使分散在不同地点并具有独立功能的多台计算机系统互相连接，并按照网络协议进行数据通信，实现共享资源（如网络中的硬件、软件、数据等）的计算机以及线路与设备的集合。

6. Internet

Internet 是一种基于 TCP/IP 协议发展起来的国际互联网络。

人在 CAD/CAM 系统中起着非常关键的作用，目前，CAD/CAM 系统基本上都采用人机交互的工作方式，通过人机对话方式完成 CAD/CAM 的各种作业过程。这种工作方式要求人与计算机密切合作，发挥自身的特长。计算机在信息的存储与检索、分析与计算、图形与文字处理等方面有着特有的功能，而在设计策略、逻辑控制、信息组织以及经验和创造性方面，人将占据主导地位，尤其在当前阶段，人起着不可替代的作用。

1.2.4 常用 CAD/CAM 软件系统介绍

下面主要介绍一些常用 CAD/CAM 软件系统及其基本功能。

1. UG 系统

UG 系统由美国 EDS 公司开发，现被德国 Siemens 公司收购，是集 CAD、CAE、CAM 功能于一体的综合型 CAD/CAM 软件系统。它是以 Parasolid 实体建模技术为基础，综合基于约束的特征建模技术和传统建模技术的复合建模技术，具有多种图形文件接口，可用于复杂形体的模型设计和制造，广泛应用于汽车、航天、航空、模具、医疗器械等产业。UG 系统可以运行于 Windows 操作系统环境，具有较高的可视化程度；采用面向对象的统一数据库和参数化建模技术，具有较强相关性设计功能。无论是零件图还是装配图设计，都是从三维实体建模开始，并且在三维实体模型建立之后，可自动生成二维工程图。若修改三维实体模型中某零件的尺寸，则相关联的二维工程图可随之发生改变。UG 系统配备人机交互方式下的有限元求解功能模块，可进行应力、应变及位移等结构分析。UG 系统的 CAM 模块功能很强，能够生成精确的刀具运动轨迹，允许用户通过刀具轨迹图形显示进行刀具轨迹的编辑。UG 系统的后置处理模块支持多种 NC 系统，包括车、铣、线切割、板材成型等多种加工工艺方法。

2. SolidWorks 特征建模系统

SolidWorks 特征建模系统是美国 SolidWorks 公司的产品，是世界上第一个基于 Windows 环境开发的三维 CAD 系统，其最大特色是界面友好、操作简单、方便灵活、易于上手。

SolidWorks 特征建模系统采用自上而下的设计技术，能够在装配体内设计新零件或编辑已有零件，在设计新零件时，可方便地捕捉零件间的装配关系。SolidWorks 特征建模系统具有运动部件的动态模拟功能，可模拟运动件的工作过程，可直观检查零件间可能存在的干涉碰撞。SolidWorks 拥有丰富的数据转换接口，支持 IGES、DXF、DWG、SAT、STEP、STL、Parasolid 等接口标准，可与不同的软件系统方便、流畅地进行数据转换。

3. Ansys 有限元分析系统

Ansys 有限元分析系统由美国 Ansys 公司开发，是融合结构、流体、电场、磁场、声场分析于一体的大型通用有限元分析软件系统。该系统包括前处理模块、求解计算模块和后处理模块 3 个主要组成部分。前处理模块为用户提供了功能强大的实体建模及网格划分工具，可方便地构建有限元分析模型；求解计算模块包括结构分析、流体动力学分析、电磁场分析、声场分析、压电分析以及多物理场耦合分析等；后处理模块可将计算结果以彩色等值线、梯度、矢量、立体切片等多种图形方式显示出来，或以图表、曲线形式对外输出。Ansys 有限元分析系统提供 100 多种单元类型，可用来模拟工程中的各种结构和材料；还提供可与较多 CAD 软件系统的转换接口，实现数据的共享和交换。Ansys 是现代产品设计中高级 CAE 软件工具之一，在核工业、铁道、石油化工、航空航天、模具制造、能源、汽车交通等领域有着广泛的应用。

1.3　CAD/CAM 发展趋势

1.3.1　CAD/CAM 的发展

为适应产品市场竞争，产品生产必须满足时间 T（Time）、质量 Q（Quality）、成本 C（Cost）、服务 S（Service）、环境 E（Environment）的要求。随着计算机技术和制造技术的发展，CAD/CAM 技术正在向以下几个方向发展。

1. 标准化

随着 CAD/CAM 技术的普及应用，为实现信息交流、资源共享，世界各国共同合作，推出了许多标准和规范，如计算机图形核心系统（Graphical Kernel System，GKS），初始图形交换规范（Initial Graphics Exchange Specification，IGES），产品模型数据交换标准（Standard for Exchange of Product Model Data，STEP）等。CAD/CAM 系统应支持这些标准。

2. 集成化

为实现产品上市快、质量优、消耗低、服务好、环境清洁的目标，现代制造企业积极实施 CIMS 等先进的制造模式，将人、技术和管理有机结合，进行人员集成、技术集成、信息集成和资源集成，形成物流和信息流的综合。这样产品开发人员在设计阶段就可以考虑产品整个生命周期的所有要求，包括质量、成本、进度等，以最大限度地提高产品开发效率及一次成功率。

3. 智能化

为最大限度地解放工程技术人员，提高工作效率，CAD/CAM 系统正在积极应用人工智能技术实现产品生命周期（包括产品设计、制造、服务及产品报废等）各个环节的智能化，以真正实现从设计到制造的自动化。

4. 并行化

并行工程（Concurrent Engineering，CE）是对产品及其相关过程（包括制造过程和支持过程）进行并行设计的系统化工作模式。基于 CE 的理念是面向整个产品生命周期的并行设计，即要求工程设计人员从设计一开始就考虑产品的整个生命周期（从概念形成到从市场上退出）中的各种因素，包括质量、成本、服务、环境、进度及用户要求等。CE 不能简单地理解为时间上的并行，CE 的核心是基于分布式并行处理、协同求解，有助于提高产品开发团队所有成员的创新精神。并行化是 CAD/CAM 技术发展的必然趋势。

5. 网络化

计算机技术和通信技术相互渗透、密切结合产生了计算机网络。随着 CAD/CAM 技术的发展，计算机网络的应用项目越来越大，往往不是一个人所能完成的，而是出多个人、多个企业在多台计算机上协同完成的。所以，计算机网络系统非常适宜协同设计。

6. 综合可视化

利用虚拟现实技术、多媒体技术及计算机仿真技术实现产品设计与制造过程的仿真，采用多种介质来存储、表达、处理多种信息，融文字、语音、图像、动画于一体，给人一种真实感和沉浸感，更有利于人的创造力的发挥。

1.3.2　CAD/CAM 系统的发展趋势

由于 CAD、CAM、CAPP 等各项技术长期处于独立发展的状态，因此各项技术的模型定义、数据结构、外部接口均存在差异，不能实现系统之间的信息自动传递和交换。这不仅浪费资源和时间，影响生产效率的进一步提高；而且由于制造业产品信息相当复杂，在分离的 CAD、CAM 之间要实现企业生产自动化，还需要大量的人工工作，给企业自动化生产带来了极大的阻碍。CAD、CAM 的集成是解决这个阻碍的必然趋势。

为了充分利用现有的计算机软硬件资源和信息资源，进一步缩短企业产品开发周期，提高生产效率，消除各个领域的"孤岛"现象，20 世纪 80 年代初便出现了 CAD/CAM 集成技术，即实现 CAD、CAPP、CAM（狭义地指计算机辅助 NC 编程）以及零件加工等有关信息的自动传递和转换。

CAD/CAM 集成的作用如下：

（1）有利于共享资源，提高效率，降低成本；

（2）避免 CAD、CAM 系统之间的传递误差，提高质量；

（3）有利于实现并行作业，缩短产品开发周期；

（4）有利于实现面向制造的设计（Design for Manufacturing，DFM）和面向装配的设计（Design for Assembly，DFA）。

CAD/CAM 集成的方式主要有：通过专用格式文件集成，通过标准格式数据文件集成，利用共享工程数据库进行系统集成，基于产品数据管理（Product Data Management，PDM）

技术集成。其中第三种集成是一种较高层次的数据共享和集成方法，各子系统通过用户接口按照工程数据库的要求直接存取和操作数据库。

PDM 是 20 世纪兴起的一项管理企业产品生命周期内与产品相关数据的技术。PDM 集成和发展了设计资源管理、设计过程管理、信息管理等各类系统的优点，应用了并行工程方法学、网络技术、成组技术、客户化技术和数据库技术，以一个共享数据库为中心，能够实现多平台的信息集成。

从图 1-8 可以看出，PDM 系统管理来自 CAD 系统的信息，包括图形文件和属性信息。图形文件既可以是零部件的三维模型，也可以是二维工程视图；零部件的属性信息包括材料、加工、装配、采购、成本等多种与设计、生产和经营有关的信息。首先，在 PDM 系统中建立企业的基本信息库，如材料、刀具、工艺等与产品有关的基本数据，那么，在PDM 环境下 CAPP 系统无须直接从 CAD 系统中获取零部件的几何信息，而是从 PDM 系统中获取正确的几何信息和相关的加工信息。其次，根据零部件的相似形，从标准工艺库中获取相近的标准工艺，快速生成该零部件的工艺文件，从而实现 CAD 系统与 CAPP 系统的集成。同样，CAM 系统也通过 PDM 系统，及时准确地获得零部件的几何信息、工艺要求和相应的加工属性，生成正确的刀具轨迹和 NC 代码，并安全地保存在 PDM 系统中。由于PDM 的数据具有一致性，确保了 CAD、CAPP 和 CAM 数据得到有效的管理，因此真正实现了 CAD、CAPP、CAM 系统的无缝集成。

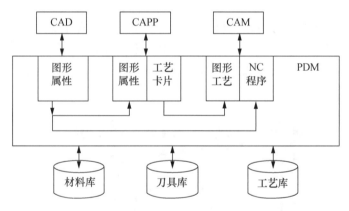

图 1-8　基于 PDM 的 CAD/CAPP/CAM 系统集成

1.4　思　考　题

1. 简述 CAD/CAM 的概念。
2. CAD/CAM 的主要任务有哪些？
3. 简述 CAD/CAM 的工作过程。
4. 简述 CAD/CAM 的组成。
5. 简述 CAD/CAM 的发展趋势。

第 2 章　CAD/CAM 系统组成

模具 CAD/CAM 系统作为一种快速高效的设计、制造支持系统，其功能的实现依赖于硬件与软件的能力。硬件系统是 CAD/CAM 系统运行的基础，由计算机主机及其外围设备组成，具体包括主机、存储器、输入输出设备、网络通信设备以及生产加工设备，它提供了 CAD/CAM 系统潜在的能力。软件系统是 CAD/CAM 系统的核心，通常指程序及其相关文档，包括系统软件、支撑软件和应用软件，它是 CAD/CAM 系统潜力得以发挥的基本途径和工具。计算机技术的快速发展极大地促进了软件的更新和升级速度，使得软件界面更加人性化、功能更加完善，如 AutoCAD、SolidWorks、UG 等软件几乎每年都会更新一次，因此软件系统的成本占比远超硬件设备。

2.1　CAD/CAM 系统的硬件

2.1.1　常见的硬件系统

模具 CAD/CAM 系统的硬件由主机及其外围设备组成，常见的 CAD/CAM 硬件系统组成如图 2-1 所示。不同的 CAD/CAM 系统可以根据系统的应用范围和相应的软件规模选择不同的结构、模块、主机、外围设备，其中，外围设备又有内、外存储器和输入、输出设备等。

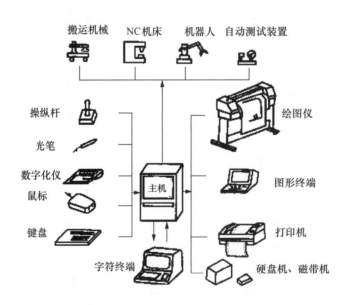

图 2-1　常见的 CAD/CAM 硬件系统组成

1. 主机

主机主要由中央处理器（CPU）、内存储器以及输入、输出接口组成，是 CAD/CAM 硬件系统的核心。CPU 作为计算机的运算和控制核心，是信息处理、程序运行的最终执行单元，由控制器和运算器两部分组成。控制器作为"决策机构"，主要任务就是发布命令，发挥着整个计算机系统操作的协调与指挥作用；运算器负责对数据进行算术运算和逻辑运算。被处理的数据取自内存储器，处理的结果又存回内存储器。对于主机性能的要求主要是执行速度快以及内存储器容量大。

按照主机功能等级的不同，计算机可以分为大中型机、小型机、工程工作站及微型机等。CAD/CAM 系统常以其硬件组成特征分类，相应可以分为大中型机系统、小型机系统、工程工作站系统以及微型机系统等。

（1）大中型机。大中型机功能强大，通常采用一个主机连接多个终端，可支持多个用户同时工作，可以进行大型复杂设计运算和仿真分析，以及集中管理大型数据库。大中型机价格昂贵，性能价格比不高，在市场上所占的比重在逐渐减小，但它在大型 CAD/CAM 系统中仍具有不可代替的重要作用，一般用作大型 CAD/CAM 系统的中心服务器。

（2）小型机。小型机的性能价格比优于大中型机，20 世纪 70 年代末至 20 世纪 80 年代初的 CAD/CAM 系统多采用这种机型。20 世纪 80 年代中期以后，小型机逐渐被性能价格比更好的工程工作站代替。

（3）工程工作站。所谓工程工作站，是个人计算机环境和分布式网络环境相结合的高性能价格比的小型机。由于它为工程技术人员提供了较理想的独立使用工作环境，故称其为工程工作站。与一般小型机相比，工程工作站具有较强的人机交互、图形显示和网络通信功能，能够方便地通过网络组成分布式计算机系统，是 CAD/CAM 系统理想的主流硬件平台。

（4）微型机。微型机的优点是投资少，性能价格比较高，操作简易，对使用环境要求低，应用软件非常丰富。微型机的缺点是 CPU 处理能力相对较弱，图形显示以及网络通信能力也不够强。近年来，微型机性能提高很快，高档微型机的功能已接近低档工作站的水平，许多原来只能在工程工作站上运行的软件已有移植到微型机平台上的版本，因此，由微型机组成的 CAD/CAM 系统受到用户的欢迎。

2. 内存储器

内存储器是外存储器与 CPU 进行沟通的桥梁，主机中所有程序的运行都是在内存储器中进行的，其作用是暂时存放 CPU 中的运算数据以及与硬盘等外部存储器交换的数据。按照工作原理，内存储器分为随机存储器（Random Access Memory，RAM）、只读存储器（Read-Only Memory，ROM）以及高速缓冲存储器（Cache）。

RAM 是 CPU 用于存取信息的随机存储器，可以随意、不按顺序地存取信息。但如果断电，RAM 中存储的信息就会丢失，所以在停机前应将当前处理过的有用信息存入外存储器（如硬盘），以备后用。我们通常所说的内存条就是将 RAM 集成块集中在一起的一小块电路板，把它插在计算机中的内存储器插槽上，以减少 RAM 集成块占用的空间，用作电脑的内存储器。目前市场上常见的内存条有 4 GB/条、8 GB/条、16 GB/条、64 GB/条、128 GB/条等。RAM 又分为动态随机存储器（Dynamic Random Access Memory，DRAM）和静态随机存储器（Static Random Access Memory，SRAM）。DRAM 运行时需要周期性刷新，以保持电荷状态，否则电荷不足将会导致存储单元数据出错。DRAM 结构较简单且集成度高，通常用于制造内存条中的存储芯片。SRAM 运行速度快且无须刷新操作，但集成度差且功耗较大，通常用于制造容量小但效率高的 CPU 缓速存储。

ROM 主要用于存储启动引导程序和基本输入输出程序等，CPU 只能从中读出信息。这种存储器中的信息在制造的时候就被永久存入，即使断电也不会丢失。

随着高速 CPU 的出现，CPU 处理数据的速度大大提高，而作为内存储器的动态存储芯片的存取速度却跟不上，两者之间产生了"等待"现象。为了解决这种存取速度的不匹配问题，可在 CPU 或主板上加入小容量的高速存储器。在运算处理时，CPU 首先在 Cache 中提取数据，这不仅提高了内存储器读写速度，而且克服了内存储器读写速度比 CPU 运算速度慢的缺陷。目前，主流 CPU 采用双通道、多级缓速存储等技术，大大缩短了两者之间的"等待"时间。

计算机内存储技术已由过去的快速页面 FRM 内存技术、扩展输出 EDO 内存技术发展到今天的同步内存技术 SDRAM 等。

3. 外存储器

内存储器中的信息在断电后即消失，要想将计算机处理的有用信息永久地保存起来，要采用辅助的外存储器。外存储器可用于扩大逻辑工作内存储器容量。常用的外存储器列举如下。

（1）硬盘存储器。

硬盘存储器简称硬盘，是计算机系统中最主要的外存设备。一个完整的硬盘由驱动器（也叫作磁盘机）、控制器和盘片 3 部分组成，通过驱动器及控制器对盘片进行读写操作，实现数据的存取。硬盘有多个盘片，其驱动器有多个读写磁头。

反映硬盘工作质量的主要技术参数是硬盘存储容量、读写速度以及传输数据的速度。硬盘通过控制器与 CPU 连接，不同的硬盘控制器及接口的数据传输速度差别很大，在计算机上主流的接口有以下 4 种。

① SCSI 接口。SCSI（Small Computer System Interface）是 1986 年推出的小型机和外部设备接口标准，是一种系统级的接口，可以同时接到各种不同设备上，如扫描仪、CD-COM 等，最多可以同时连接 15 个设备，其数据传输速度比 IDE 接口快。由于 SCSI 卡本身带有 CPU，可处理一切 SCSI 设备的事务，在工作时主机 CPU 只要向 SCSI 卡发出工作指令，SCSI 卡就会自己进行工作，工作结束后将工作结果返回给 CPU，在整个过程中，CPU 仍可以进行自身工作，所以 SCSI 占用 CPU 极低，在多任务系统中有着明显的优势。

② SATA 接口。SATA（Serial ATA）标准的出现，使计算机储存由并行传输的方式转为串行传输的方式。更重要的是，串行 ATA 总线使用嵌入式时钟信号，具备了更强的纠错能力，与以往相比其最大的区别在于能对传输指令（不仅仅是数据）进行检查，如果发现错误会自动纠正，这在很大程度上提高了数据传输的可靠性。目前，市场上一般采用的是 SATA 接口，SATA 接口至今已经发展了三代，即 SATA 1.0、SATA 2.0、SATA 3.0。理论上，第三代 SATA 接口可以将总线最大传输带宽提升到 6 GB/s。Mini-SATA（MSATA）接口是 SATA 的缩小版，可以实现 SATA 的功能，但体积更加小巧。

③ M.2 接口。M.2 接口是 Intel 推出的一种替代 MSATA 接口的新的接口规范，也就是我们以前经常提到的 NGFF（Next Generation Form Factor），是为超极本量身定做的。M.2

接口有 Socket 2 和 Socket 3 两种类型，其最高理论带宽可达 4 GB/s。相对于 MSATA，M.2 的规格尺寸更小，传输性能更强。

④ PCIe 接口。PCI-Express（Peripheral Component Interconnect Express）是一种高速串行计算机扩展总线标准，原来的名称为"3GIO"，是由英特尔在 2001 年提出的，旨在替代旧的 PCI、PCI-X 和 AGP 总线标准。目前，PCIe 接口已发展了 5 代，截至 2023 年 1 月，当前主流主板均支持 PCIe 4.0。PCIe 4.0 的每个通道以 16 GT/s 的速度运行，带宽理论上可达 4 通道×16 GT/s = 64 GT/s，而第五代 PCIe 接口的带宽理论上可达 160 GT/s。2020 年，PCIe 的 PC 和 OEM 搭载率已接近 85%。其中，企业级 SSD 将成为 PCIe 接口数量增长的重要助推器，特别是随着 PCIe SSD 的价格逐渐下降，企业服务器对 PCIe SSD 的支持越来越成熟，其增幅已超过了传统的 SATA SSD。

硬盘存取速度是指主机从硬盘读写数据的平均存取时间，它受到多个因素影响，包括硬盘转速、寻道时间、外部传输速率以及硬盘驱动器内部模具结构等。提高硬盘存取速度的方法是使用高速缓冲存储器技术。另外，各制造商也在不断地研究新的接口技术。

总之，容量、接口技术和存取速度是硬盘系统的 3 个技术特征。

（2）软盘存储器。

软盘存储器简称软盘，与硬盘存储器的存储原理相同，但在结构上存在一定差异。硬盘转速高、存取速度快，软盘转速低、存取速度慢；硬盘是固定磁头、固定盘及盘组结构，软盘是活动磁头、可换盘片结构；硬盘磁头不接触盘片，软盘磁头是接触式读写；硬盘对环境要求苛刻，软盘则对环境要求不太严格。

软盘存储器也是由驱动器、控制器和软盘 3 部分组成。目前，国内用户仍在使用的软盘主要是 3.5 英寸软盘，以前常用的 5.25 英寸软盘及其控制器已被淘汰。在一些老式的微型机系统、小型机系统以及大中型计算机系统中仍配有软盘存储器。但是，由于 U 盘的出现和快速发展，软盘的应用也逐渐衰落直至退出市场。

（3）光盘存储器。

光盘存储器发明于 20 世纪 70 年代，是 20 世纪 80 年代世界电子科技十大开发项目之一。目前，在计算机系统中使用的光盘有只读型光盘、一次写入型光盘和可读写型光盘 3 类。只读型光盘是在制造时，由厂家将信息写入，且只能写一次，写好后的信息将永久保存。光盘一般使用聚碳酸酯（Polycarbonate）作为基片，基片上涂覆着一层反射性的金属薄膜，通常是铝，以反射激光的信号；金属薄膜上涂覆了一层保护性的光敏材料，如锑化铟（Indium Antimonide）或硒化铟（Indium Selenide）。利用光盘记录信息时，使用激光照射介质表面，用输入数据调制光电的强弱，在盘面上就会形成一系列凹凸不平的变化，信息就以这种方式记录下来了。读出信息时，由于光盘表面凹凸不平，当激光光源照射盘面时，光的强弱变化经过调制就可输出数据。生产厂家将这些装置做成光盘驱动器，与计算机相连，通过显示器便可展示输出的数据。一次写入型光盘允许用户写入一次信息，且写入之后不能修改，只能直接读出。可擦写型光盘允许重写，写入与读出的原理随着记录介质的不同而不同。光盘的存储容量可达 700 MB 以上，常用于保存信息量庞大的数据、资料、技术手册等。

（4）磁带存储器。

磁带存储器是以磁带为存储介质，由磁带机及其控制器组成的存储设备，是计算机的一种辅助存储器。磁带机由磁带传动机构和磁头等组成，能驱动磁带相对于磁头运动，再用磁头进行电磁转换，在磁带上按顺序记录或读出数据。磁带控制器是 CPU 在磁带机上存取数据用的控制电路装置。磁带存储器以顺序方式存取数据。存储数据的磁带可脱机保存和互换读出。磁带的存储原理和录音带或录像带相似，区别在于规格及材质等有所不同。磁带存储的容量比较大，记录单位信息的价格比磁盘低。磁带的格式统一、互换性好，与各种类型机器连接方便，常用于系统备份，是主要的后备存储器。

与磁带存储器相比，磁盘存储器属于直接存取设备，只要给出信息所在的位置（即盘面、磁道、扇区），磁头就能直接找到相应的位置并存取信息；而磁带存储器是顺序存取设备，磁带上的文件按顺序存放，只能按顺序查找，信息存取时间比磁盘长。

需要说明的是，随着硬件技术的发展，过去插在槽中的控制器结构大都集成到了计算机主板上，包括磁盘控制器、光驱控制器等多种输入/输出接口等。

对于一个计算机系统，存储器是一个关键的配置，其容量影响了某些应用软件的运行，内存储器的容量一方面受 CPU 寻址能力的限制，另一方面受价格的约束。外存储器的容量也是计算机的技术指标之一，应使得计算机既能有足够的存储容量支持各类软件的运行，又能具有较好的经济性。事实上，一个计算机系统的存储器的配置是一个存储体系，其性能价格比如图 2-2 所示。

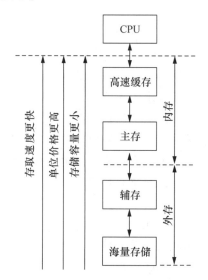

图 2-2　存储体系的性能价格比

4. 输入设备

输入是指将各种外部数据转换成计算机能识别的电子脉冲信号，实现这种功能的装置叫作输入设备。如果将计算机信息处理系统比作人的大脑，那么输入设备相当于人的感官。输入设备是用户和计算机系统之间进行信息交换的主要装置之一，是计算机与用户或其他设备通信的桥梁。由于在不同的场合，需使用不同类型的数据，因此人们开发了各种各样的输入设备对计算机系统进行输入，如图形、图像、声音等都可以通过不同类型的输入设备输入到计算机中进行存储、处理和输出。

（1）键盘。

键盘是计算机上最常用、最基本的输入设备之一，用以完成文字和基本命令的输入及菜单的选取等。键盘由一组开关矩阵组成，包括数字键、字母键、符号键、功能键以及控制键等，每一个按键在计算机中都有它的唯一代码。键盘上的键主要分为打字键、功能键和控制键。按结构划分，键盘有模具式、薄膜式、电容式 3 类。其中，模具式信号稳定，不易受灰尘干扰；薄膜式触感稍差，但可以防潮；而电容式使用省力，操作灵活，触感好。目前市面上大多数使用的都是电容式键盘。

（2）鼠标和操纵杆。

鼠标和操纵杆的功能非常相似，都是手持式屏幕坐标定位设备。鼠标是为适应菜单操作的软件和图形处理环境而出现的一种输入设备，特别是在现今流行的 Windows 图形操作系统环境中，应用鼠标更加方便快捷。按照工作原理的不同，鼠标可以分为模具式和光电式。

模具式鼠标是最早出现的，其内部配置一个橡胶球，当鼠标在任一平面上滑动时，橡胶球在平面上滚动，带动两个相互垂直的电位器或者旋转编码器旋转，其中一个用于 X 轴，另一个用于 Y 轴，电位器阻值或旋转编码器转角的变化使得光标在屏幕上同步移动。目前，模具式鼠标已逐渐被淘汰。

光电式鼠标是继模具式鼠标之后出现的速度快、精度高的屏幕指示装置，它本身有发光管和光电检测器，配有一块专用的鼠标板，板上有很精细的网格作为坐标。如果在透明的表面上（如玻璃镜面）工作，鼠标的运动就不能被检测到。当鼠标在板上移动时，发光管发出的光经过鼠标反射至光电检测器，光电检测器能够检测到网络发出的 0、1 红外信号，并将其传到计算机内部以实现光标的同步移动。

在 CAD/CAM 系统运行中，有许多操作需要移动光标位置，如选择绘图位置、拾取图形上的目标、选择菜单中的选项等。如果仅靠键盘上的光标移动键则效率较低，操作人员会感到疲劳，使用鼠标就方便多了。在平台上移动鼠标，就可改变光标在屏幕上的位置，因此，用鼠标取代键盘上的光标键使得用户交互操作更加简便。

上面介绍的两类鼠标都只能输入二维坐标信息，随着虚拟现实技术在 CAD/CAM 系统中的应用发展，出现了空间球（三维鼠标）和三维的操纵杆，可用来输入三维坐标。

（3）光笔。

光笔的外形似笔，是一种能检测光信号的输入装置，具有定位和选图功能。光笔由笔体、透镜组、光导纤维、光电倍增管、放大整形电路、接触开关和导线等部分组成，如图 2-3 所示。光电信号通过笔体上的小孔送到透镜组，经聚焦后集中在光导纤维的端面上。由于光导纤维的端面磨得很平，所以光线基本上无折射、无衰减地传到另一端。有的光笔内还装有滤色片，只有阴极射线管（Cathode Ray Tube，CRT）的光才能通过。光经过光电转变成光电信号，再反馈到图形控制器或计算机。

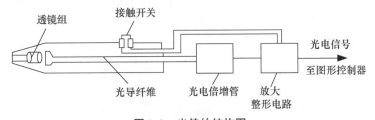

图 2-3　光笔的结构图

对于随机扫描图形显示器，光笔接收的光是执行某一显示指令时发出的，因而主机能根据执行该显示指令时产生的反馈信号进行相应的处理，使用光笔在屏幕上"指点"一个图形对象就相当容易。而对于光栅扫描图形显示器来说，光笔的处理过程就不一样。因为此时光笔接收的光是由显示器上某一个像素发的，而要确定此像素属于哪一个图形是不容易的，所以使用这种方法去修改或编辑某个图形对象就较困难。

（4）数字化仪。

数字化仪又称图形输入板或书写板，是一种功能很强的图形输入设备，如图 2-4 所示。当专门的触笔或游标在平板上移动时，屏幕上能同步生成相应的图形或文字，可用于画图或写字。

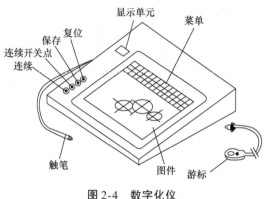

图 2-4　数字化仪

数字化仪有模具式、电子式和超声波式等几种。数字化仪的基本功能有：第一，点菜单功能，即可在输入板指定位置或屏幕上设置的菜单区点取菜单；第二，徒手绘图功能，即可以将需绘制的图纸固定在板上，然后用数字化仪定位坐标进行描图，几乎和手绘一样方便。数字化仪的应用特点是使用方便、精度较高，但价格较贵。随着三维（Three-dimensional, 3D）建模技术的发展，数字化仪将逐步被淘汰。

（5）三坐标测量仪。

三坐标测量仪是一种具有可作三个方向移动的探测器，可在三个相互垂直的导轨上移动。此探测器以接触或非接触等方式传递信号，三个轴的位移测量系统（如光栅尺）经数据处理器或计算机等计算出工件的各点 (x, y, z) 及各项功能。三坐标测量仪的测量功能包括尺寸精度、定位精度、几何精度及轮廓精度等。

三坐标测量仪属于接触式扫描测量设备，如图 2-5 所示。三坐标测量仪可以通过三维测量头与产品表面接触扫描，通过传感器对产品表面进行采样记录并生成连续坐标数据，然后通过 CAD 三维建模技术，建立出被测产品表面的三维数据模型。三坐标测量仪测量简单、精确、可靠、柔性好，而且通过后续不同的数据处理软件可以实现不同的分析功能，所以它非常适合普通尺寸的测量；其缺点是频响不能太快，不适合做大范围的动态测量且其造价相对昂贵。

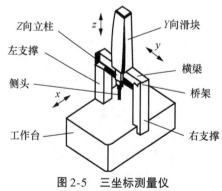

图 2-5　三坐标测量仪

（6）扫描仪。

常见的扫描输入方式有扫描仪输入、条形码扫描输入等。台式扫描仪是 CAD/CAM 系统中常采用的图形扫描输入设备，能扫描 A4 幅面的图纸以及文件。大扫描仪能扫描 A0 幅面的图纸。如在滚筒式绘图机上装上扫描附加器，扫描幅面就可达 A1 或 A0。系统工作时，首先用扫描仪扫描图纸，得到一个光栅文件；接着对其进行矢量化处理，将其转化成一个格式紧凑的二进制矢量文件，即 MIB 格式文件；然后通过某种 CAD/CAM 系统进行矢量文件转换，将其转换成该 CAD/CAM 系统可接收的文件格式；最后输出矢量图。扫描仪的主要技术指标有扫描幅面、扫描分辨率、扫描速度、图形灰度级。

扫描仪输入方便、速度快，并且输入数据准确，不易出错，可以快速地将大量图纸输入计算机，比其他输入方式节省了大量的人力和时间。

（7）三维激光扫描仪。

三维激光扫描仪利用激光测距的原理，通过记录被测物体表面大量的密集点的三维坐标、反射率和纹理等信息，可快速复建出被测目标的三维模型及线、面、体等各种图件模型。三维激光扫描仪每次测量的数据不仅包含 x、y、z 点的信息，而且包括红、绿、蓝颜色信息，同时还包括物体反射率的信息，这样全面的信息能给人一种物体在电脑里真实再现的感觉。

三维激光扫描仪原理如图 2-6 所示。光学投影系统发射一系列的光线到被测物体的表面；电荷耦合器件（Charge-Coupled Device，CCD）传感器相机对反射回来的光线做出响应；软件系统计算扫描仪测得的深度值，并根据扫描仪坐标调整系统标定的位置点与光源和传感器位置，将其转化为 3D 点坐标数据值进行输出。

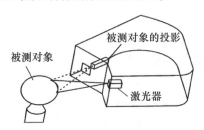

图 2-6　三维激光扫描仪原理

（8）触摸屏。

触摸屏是一种特殊的显示屏，又称触感型终端。触摸屏的本质是传感器，它由触摸检测部件和触摸屏控制器组成。触摸检测部件安装在显示屏前面，用于检测用户触摸位置，接收触摸信息后将其送至触摸屏控制器；触摸屏控制器的主要作用是从触摸检测部件处接收触摸信息，并将它转换成触点坐标发送给 CPU，同时能接收 CPU 发来的命令并加以执行。根据传感器的类型，触摸屏大致分为红外线式、电阻式、表面声波式和电容式 4 种。触摸屏具有方便直观、图像清晰、坚固耐用和节省空间等优点。使用者只要用手轻轻触碰触摸屏上的图符或文字就能实现对主机的操作和查询，摆脱了键盘和鼠标操作，从而大大提高了 CAD/CAM 系统的可操作性和安全性，使人机交互更为直接。

（9）语音输入设备。

语音输入设备是将人类说话的语音直接输入计算机的设备，将声音通过话筒变成模拟信号，再将模拟信号通过调制变成数字信号。随着电子、通信等技术的发展，语音识别的准确率可以达到97%以上，即使在嘈杂的工厂里也完全可以精准地识别操作人员发出的语音命令。语音识别的功能已广泛应用到各种商业设备中，也走进人们的生活中。语音输入相当于键盘和鼠标的输入，它更符合人们的日常习惯，也更自然、更高效。

（10）数据手套。

数据手套是近年来随着虚拟现实技术发展起来的一种输入装置，也是虚拟现实系统中最常用的输入装置。随着虚拟现实技术在 CAD/CAM 中的应用，数据手套的应用也在增多。数据手套利用光导纤维的导光量来测量手指角度：当光导纤维弯曲时，传输的光会有所损失，弯曲越大，损失越多。数据手套可以帮助计算机测试人手的位置与指向，从而实时地生成人手与物体接近或远离的图像。

5. 输出设备

输出设备是计算机使用价值的体现。CAD/CAM 系统的输出设备的作用主要是将设计的数据、文件、图形、程序、指令等显示、输出或者发送给相关的执行设备。输出设备主要有显示器、绘图仪、打印机、影像设备、语音系统、生产设备接口等几大类。下面主要介绍显示器、绘图仪和打印机。

（1）显示器。

人们使用计算机时，总是希望每一次操作都能直观地看到计算机的反馈信息。显示器是一种快速反应的输出设备，是计算机系统的基本配置之一，也是 CAD/CAM 系统中最为重要的设备，它不仅能显示所设计的图形，而且能显示用户对图形进行的增、删、改、移动等交互操作，因此它不是被动地显示图形，而是交互式地显示图形。

CRT 显示器的工作原理是：阴极被灯丝加热后产生电子束，电子束从阴极射向阳极，经变加速和聚焦，成为动能更大、形状更细的电子束，射到荧光屏上使荧光物质发光。通过栅极上施加的负偏压来改变电子束的强弱，可改变电子束击中点的亮度；通过增大或减小偏转线圈中的电流来控制电子束的方向，可在荧光屏上画出任意图形。电子束打在荧光屏上，瞬间发光然后立即变暗。图 2-7（a）所示为 CRT 显示器的结构原理。

液晶显示器（Liquid Crystal Display，LCD）是一种借助于薄膜晶体管（Thin Film Transistor，TFT）驱动的有源矩阵液晶显示器，它主要是以电流刺激液晶分子产生点、线、面配合背部灯管构成画面。LCD 的工作原理是：在电场的作用下，液晶层中液晶分子的排列方向发生变化，使外光源透光率改变（调制），完成电—光变换，再利用红、绿、蓝三基色信号的不同激励，通过红、绿、蓝三基色滤光膜，完成时域和空间域的彩色重现。图 2-7（b）所示为 LCD 显示器的结构原理。

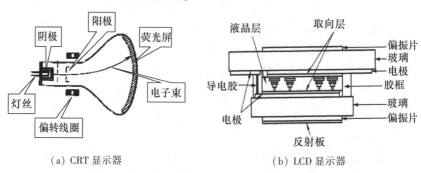

（a）CRT 显示器　　（b）LCD 显示器

图 2-7　CRT 显示器和 LCD 显示器的结构原理

图形显示器的性能指标包括屏幕的尺寸大小、最高分辨率、点距、刷新频率、行扫描频率等。

（2）绘图仪。

按照工作原理，绘图仪可分为笔式绘图仪和非笔式绘图仪两大类。

① 笔式绘图仪。

笔式绘图仪以墨水笔为绘图工具。计算机通过程序指令控制笔和纸的相对运动，同时，对图形的颜色、图形中的线型以及绘图过程中抬笔、落笔的动作加以控制，从而将屏幕显示的图形或存储器中存储的图形输出。根据笔与纸相对运动的实现方法的不同，笔式绘图仪分为平板式和滚筒式两种。

平板式绘图仪如图 2-8 所示。在绘图过程中，将图纸固定在绘图仪的台面上保持不动，笔架沿两个方向移动，进行绘制。一般来说，这种绘图仪具有绘图精度高、观察方便、纸张选择自由等优点。但是，这种绘图仪占地面积较大，价格较高。这种绘图仪有时使用刀具代替绘图笔，可以实现其他特殊的功能，如在平板材料上刻字等。

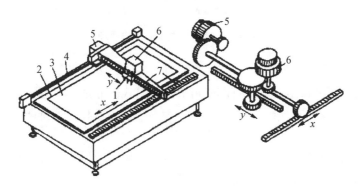

1—笔架；2—台面；3—图纸；4—导轨；5—x 向驱动电机；6—y 向驱动电机；7—齿条。

图 2-8 平板式绘图仪

滚筒式绘图仪如图 2-9 所示，由一个水平放置的滚筒和一支能够沿滚筒轴线方向导轨移动的绘图笔组成。绘图笔沿一个方向移动，卷在滚筒上的纸做回转运动，从而实现笔相对于纸的两个方向的运动。这种绘图仪具有占用空间较小、绘图速度较快、价格便宜等优点，但绘图精度相对较低。

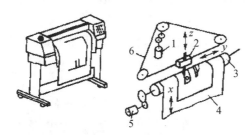

1—y 向步进电机；2—笔架；3—滚筒；4—图纸；5—x 向步进电机；6—钢丝绳。

图 2-9 滚筒式绘图仪

② 非笔式绘图仪。

非笔式绘图仪一般包括喷墨绘图仪、静电绘图仪、热敏绘图仪等几种类型，使用最多的为滚筒式喷墨绘图仪。

喷墨绘图仪的工作原理如图 2-10 所示。喷墨绘图仪利用喷墨枪做记录头，通过图形数据控制喷射强度或单位面积点密度的方法实现图形的绘制。绘图仪的笔架上有 30 个喷嘴，在高压的作用下，按一定的时间间隔喷出墨汁。每个喷嘴产生一个基本色调，组合形成多种颜色的图案。喷墨绘图仪可以实现高质量的绘图效果，但要注意在墨盒保质期内使用，避免喷嘴堵塞。

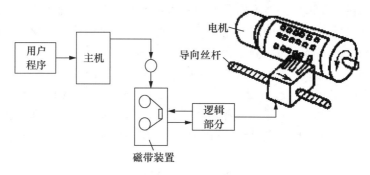

图 2-10　喷墨绘图仪的工作原理

（3）打印机。

打印机是最常用的输出设备。打印机可分为击打式和非击打式两大类。

根据工作方式的不同，击打式打印机可分为串行打印机和并行打印机。串行打印机有针形、菊花瓣形、球形、轮形、杯形等多种。其中，针形串行打印机模具结构比较简单，打印速度快，应用比较广泛，但噪声较大。并行打印机有鼓形、点阵形、链式、带式等多种，打印速度明显比串行打印机快得多。

非击打式打印机有喷墨式、激光式、静电式、电灼式、热敏式等多种，打印质量和打印速度远高于击打式打印机。目前，喷墨式打印机和激光式打印机的应用最为广泛。

6. 生产系统设备

在模具 CAD/CAM 系统中，生产系统设备主要包括加工设备（如各类 NC 机床、加工中心等），物流搬运设备（如有轨小车、无轨小车、机器人等），仓储设备（如立体仓库、刀库等），辅助设备（如对刀仪等）等。模具 CAD/CAM 系统中计算机与这些设备的连接通常采用 RS232 通信接口、DNC 接口或某些专用接口，以实现计算机与设备间的通信，如获取和接收设备的状态信息和其他数据信息，向设备发送命令和控制程序（如 NC 加工程序、机器人控制程序）等。

7. 网络设备

模具 CAD/CAM 系统网络建立在一些相互连接的设备的基础上。最简单的网络就是将两台计算机直接连接起来，共享文件和打印机，但这是一种极端简单的情况。实际上，网络的规模千差万别，大小相差悬殊。小者如两台计算机连接起来就组成网络；大者如 Internet，可以把全世界难以计数的机器连在一起。不管网络的类型及模式如何，从硬件的角度看，一个网络通常由电缆、网络适配器、集线器和其他网络配件组成，有时为了扩展网络范围还要引入网桥、路由器和网关等部件与设备。

（1）电缆。

网络通信采用的电缆有多种，包括细同轴电缆、粗同轴电缆、双绞线和光纤等。细同轴电缆组网容易安装，并且由于电缆线比较便宜，因此成本较低，但连接的长度较短。粗同轴电缆组网成本要高得多，网络维护较困难。双绞线在目前局域网组网中最为流行，具有价格便宜、容易安装、维护方便的优点。常用的双绞线电缆的双绞线有 2、4、8、16、32、64 等多种规格。双绞线的传输速率较高，但传输速率越高，网段的最大长度越小。光纤适用于组建较大型的网络，它具有频带极高、无能量损失、传输距离远等特点。

（2）网络适配器。

网络适配器（Network Adapter）又称网络接口卡或网卡。它在计算机的管理下，按照某种约定的协议，将计算机内信息保存的格式与网络线缆发送或接收的格式进行双向交换（一般是借助共享内存储器，在系统内存储器和网卡内存储器之间进行数据信息交换），以控制信息传递及网络通信。

典型网卡由接口控制器、数据缓冲器、数据链路控制器、编码/译码器、内收发器及介质接口装置 6 部分组成。每块网卡一般都具有多种连接器，能连接同轴电缆、双绞线电缆等多种传输介质，以适应不同的网络配置环境。为实现网络通信，网络中的每个网络节点（如文件服务器、工作站）必须装有一块网卡。

网卡对网络通信性能的影响很大，其质量和兼容性直接影响网络的功能，只有优质、可靠的网卡才能真正保证网络工作的可靠和高效。

（3）集线器。

集线器（Hub）又称集中器，可分为独立式、叠加式、智能模块式集线器和高档交换式集线平台。在组网中常选用的是独立式集线器。这类集线器主要用于解决总线结构的网络布线困难和易出故障的问题，一般不带管理功能，没有容错能力，不能支持多个网段。独立式集线器适用于小型网络，一般有 8 端口、16 端口和 32 端口等类型，可以利用串接方式连接来扩充端口。

（4）中继器。

中继器是一种附加设备，工作在物理层，主要用来放大电缆上的信号以便在网络上传输得更远，一般并不改变信息。中继器还具有增加节点最大数目、提高可靠性等优点。

（5）网桥。

网桥能够连接相同或不同的网段，可以将一个大网分成两个或多个子网，这样可以平均各个网段的负载，减少网段内的信息量，从而提高网络的性能。网桥工作在数据链路层，在下列情况下可以安装网桥：

① 要扩充一个已经达到最大距离范围的网络；

② 要解决由于单个局域网段上挂接了太多的工作站而引起的信息量瓶颈问题；

③ 将不同类型的局域网连在一起。

（6）路由器。

作为连接广域网（Wide Area Network，WAN）的端口设备，路由器已经得到广泛应用，其主要功能是连接多个独立的网络或子网，实现互联网间的最佳寻径以及数据传送。

（7）网关。

网关是在连接两个协议差别很大的计算机网络时使用的设备，它可将具有不同体系结构的计算机网络连接在一起。在开放系统网络标准模式参考模型中，网关属于最高层（应用层）的设备。常用的网关设备都是用在与大型计算机系统的连接上，为普通用户访问大型机提供帮助。

2.1.2　硬件系统的配置

模具 CAD/CAM 系统的配置形式，按照所用计算机类型的不同，可分为大中型机系统、小型机系统、工程工作站系统和微型机系统；按照是否联网，可分为集中式系统和分布式系统。

集中式模具 CAD/CAM 系统的硬件配置如图 2-11 所示。在这种系统中，如果计算机仅与一台图形终端相连，则该系统为单用户系统。此时，用户拥有系统的全部资源，不会发生与其他用户争夺资源的问题。但是，因为整个计算机资源在某一时间内只为一个用户所占有，所以会造成资源的浪费。

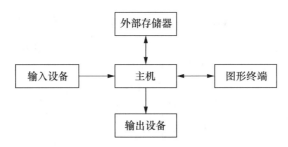

图 2-11　集中式模具 CAD/CAM 系统的硬件配置

在集中式模具 CAD/CAM 系统中，如果计算机与多台图形终端相连，则该系统为分时系统。采用大型主机的分时系统具有很强的计算能力和比较完备的外部设备，为多用户提供了共享硬件资源和软件资源的环境。但是，这种系统与用户的交互能力很差。

20 世纪 80 年代以来，随着计算机网络的发展，分布式模具 CAD/CAM 系统得到了发展。利用局域网技术，可以将多个独立工作的模具 CAD/CAM 工作站组织在局域网中。这种局域网具有良好的交互性能，可以快速响应用户的要求，使得多用户共享硬件资源和软件资源。局域网还可以通过网关与其他局域网或大型主机相连，构成远程广域网。

局域网可分为有线局域网和无线局域网，前者是由电缆连接起来的多个计算机、外围设备和通信设备组成的，连接距离一般在 $1 \sim 2$ km 之间。组织局域网的方式大多是总线和环形网络结构。后者多采用 Wi-Fi 协议，只需要一个路由器，即可以让所有具有无线功能的设备组成一个无线局域网，非常方便灵活。大多数无线局域网都是基于 IEEE 802.11 标准，广泛使用的是 2.4 GHz 或 5 GHz 的射频。家庭一般只需要一个路由器就可以组建小型的无线局域网；中等规模的企业通过多个路由器以及交换机，就能组建覆盖整个企业的中型无线局域网；而大型企业则需要通过一些中心化的无线控制器来组建强大的、覆盖面广的大型无线局域网。

以太网是总线结构的局域网，现已经成为一种行业标准（IEEE 802.3）。在这类网络中，所有工作站都连接在具有双向传输能力的电缆上，由工作站共同管理总线上的信息存取，按争用方式操作。图 2-12 所示为以太网连接的分布式模具 CAD/CAM 系统。以太网的一个优点是具有很高的数据传输速度，但是当信息流量超过一定值时，其传输速度会大大降低。当网络中信息流量不大时，以太网能保持良好的工作性能。以太网的另一个优点是网络中可带的工作站多，存取方式不受工作站的位置和数量的影响。

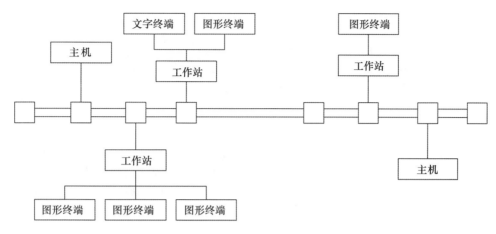

图 2-12 以太网连接的分布式模具 CAD/CAM 系统

在环形网络结构中，所有的工作站都连接在一个封闭环中，如图 2-13 所示。在环中流动着称为"标志"的特殊位串，它表示信息的发送权。获得"标志"的工作站，有权把要发送的信息附加在"标志"之后发送出去。环形网的优点是传输距离远、传输速率快，即使在重载时也不会发生冲突。环形网的缺点是当一个工作站发生故障时容易影响整个网络的工作。

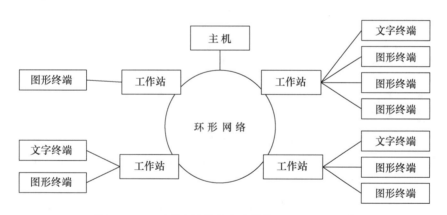

图 2-13 环形网连接的分布式模具 CAD/CAM 系统

随着分布式计算机系统的发展和完善，其应用越来越广泛。多个模具 CAD/CAM 工作站可以连成局域网，以共享软硬件资源。在更多的情况下，模具 CAD/CAM 工作站作为一个节点，连接在本企业或本部门的计算机网络中。

2.1.3 硬件的选用原则

模具 CAD/CAM 系统对硬件的选择不仅要适应 CAD/CAM 技术的发展水平，而且要满足它服务的对象，应以使用目的和用户具有的条件（包括经费、人员技术水平等）为前提，以制造商提供的性能指标为依据，以性能价格比以及其适用程度为基本出发点，综合考虑各方面因素加以决策。具体应考虑以下几个方面。

1. 系统功能和性能

根据系统的功能要求确定所要配备的硬件设备类型，在此基础上，确定每个设备的主要技术指标，如 CPU 的计算与数据处理能力、运算精度和运算速度；内存储器和外存储器的容量和速度；输入输出设备的精度、速度、容量、规格；各设备与多种外部设备的接口以及通信联网能力，特别是与其他机型通信联网的能力等。

2. 系统的开放性和可移植性

开放性是指设备独立于制造厂商并遵循国际标准的应用环境，为各种应用软件提供交互操作和移植界面，满足新安装系统与原安装系统的兼容性等方面的性能要求。可移植性是指应用程序从一个平台移植到另一个平台上的方便程度。这是保证系统易于维护和升级的基础。

3. 系统的升级扩展能力

由于硬件的发展、更新速度很快，为了保护用户的投资不受或少受损失，选用硬件时应注意预购产品的内在结构是否具有随着应用规模的扩大而升级扩展的能力，以及能否向下兼容以便在扩展系统中继续使用。

4. 良好的性能价格比

目前，模具 CAD/CAM 系统硬件的开发厂家和供货商有很多，对于同样功能的硬件，不同的厂家在性能价格方面有较大的差异；不同的供货渠道在价格上也存在一定的差异。因此，在选定硬件产品时，要进行系统的调研与比较，选择满足要求的具有良好性能价格比的产品。

5. 系统的可靠性、可维护性与服务质量

可靠性是指系统在给定时间内运行不出错的概率。选用硬件时应注意了解预购产品的平均年维修率、系统故障率等指标。可维护性是指排除系统故障以及满足新的要求的难易程度。

除此之外，选用硬件时也要考虑供应商的发展趋势、信誉、经营状况和售后服务能力，考察其维护服务机构、维护服务手段、维护服务响应效率，能否提供有效的技术支持、培训、故障检修和技术文档，以及产品的市场占有率和已有用户的反馈信息等。

2.2 模具 CAD/CAM 系统的软件

2.2.1 软件系统

模具 CAD/CAM 系统除了配备必要的硬件设备外，还必须配备相应的软件。如果没有软件的支持，硬件设备便不能发挥作用。软件是决定模具 CAD/CAM 系统的功能强弱、效率高低和使用是否方便的关键因素。在购置模具 CAD/CAM 系统时，软件部分的投资往往超过硬件部分的投资。

模具 CAD/CAM 系统的软件多种多样，其作用也各不相同。一般来讲，模具 CAD/CAM 系统的软件可以分为操作系统、支撑软件和应用软件 3 个层次，模具 CAD/CAM 系统软件关系如图 2-14 所示。

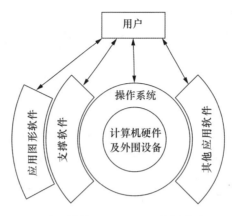

图 2-14　模具 CAD/CAM 系统软件关系

1. 操作系统

系统软件是使用、管理、控制计算机软硬件资源的程序集合，是用户与计算机硬件交互的纽带。它具有处理机管理、存储管理、设备管理、文件管理和作用管理 5 个主要管理功能。操作系统密切依赖计算机系统的硬件。用户通过操作系统操作计算机，任何程序都需要经操作系统分配必要的资源后才能执行。

操作系统按功能及工作方式的不同可以分为单用户、批处理、实时、分时、网络和分布式操作系统 6 类。计算机上使用的 DOS 就是一种单用户、单任务的操作系统。批处理操作系统是将要执行的程序及所需的数据一起传输给计算机，然后逐步执行，力图使作业流程自动化。实时操作系统是较少有人工干预的监控系统，其特点是事件驱动和过程监控。分时操作系统通过将时间划分成若干个时间片（Time Slice）来执行多任务。每个用户或程序在分配给它的时间片内独占处理器资源，这种切换以非常快的速度进行，从而给用户创造出同时运行多个程序的错觉。网络操作系统提供网络通信和网络资源的共享。分布式操作系统管理由多台计算机组成的分布式的系统资源。工作站上一般采用 UNIX 多用户分时操作系统，这种操作系统使用户以对话的方式工作，因此也称为多用户交互式操作系统。

目前，模具 CAD/CAM 系统中比较流行的操作系统有：工作站采用 UNIX 和 VMS，计算机采用 Windows、PS/2、OS/2、UNIX、XENIX 等。

2. 支撑软件

模具 CAD/CAM 系统的支撑软件主要是指那些直接支持用户进行 CAD/CAM 工作的通用性功能软件，一般可以分为集成型和单一功能型。集成型 CAD/CAM 系统的支撑软件提供了设计、分析、造型、NC 编码以及加工控制等多种模块，功能比较完备，如美国参数技术公司（Parametric Technology Corporation，PTC）的 Pro/Engineer、EDS 公司的 UG、SDRC 公司的 I-DEAS、洛克希德公司的 CADAM 以及法国达索公司的 CATIA 等。单一功能型支撑软件只提供用于实现模具 CAD/CAM 系统中某些典型过程的功能，如 SolidWorks 系统只是完整的桌面 CAD 模具设计系统，Ansys 主要用于分析计算，Oracle 则是专门的数据库系统。

模具 CAD/CAM 系统的支撑软件通常都是已经商品化的软件，一般由专门的软件公司开发。用户在组建模具 CAD/CAM 系统时，要根据使用要求来选购配套的支撑软件，形成相应的应用开发环境，既可以以某个集成型系统为主来实现，也可以选取多个单一功能型支撑软件的组合来实现，并在此基础上进行专门应用程序的开发，以实现既定的模具 CAD/CAM 系统的功能。支撑软件一般包括以下几种类型。

（1）二维绘图软件。

在常规设计工作中，60% 以上的设计工作是设计绘图，而工程 CAD 最普及的应用就是计算机辅助绘图，所以二维绘图软件是模具 CAD/CAM 系统中最基本的支撑软件包。二维绘图软件通过人机交互的方法完成二维工程图的绘制，具有完备的模具标准件参数库；具有增删、复制、镜像、旋转等对图形的编辑功能；具有尺寸标注、公差标注、注释等图形处理功能等。目前，计算机广泛使用的典型产品有：美国 Autodesk 公司的 AutoCAD，国内自主开发的高华 CAD、开目 CAD、数码大方 CAXA-EB 电子图板等。此类软件以工程设计样图的生成和绘制为主要应用目标，具有图形功能强、操作方便、开放性好等优点。

（2）三维造型软件。

建立统一的产品模型并获得统一的产品定义，是实现 CAD/CAM 一体化的基础。通过三维造型软件，可以建立产品完整的几何描述和特征描述，并能随时提取所需要的信息，支持 CAD/CAM 全过程中的各个环节工作，如为有限元分析或 CAPP 提供相关数据等，从而实现系统的集成。

三维造型软件一般包括几何造型，特征建模，物性计算（如质量、重心计算），真实感图形显示，干涉检查，二维图生成等功能。

产品建模技术是 CAD/CAM 一体化的关键，传统的几何造型着眼于几何信息，难以提供公差、表面粗糙度、材料性能以及加工要求等制造信息，使得 CAD/CAM 不能有效地集成。特征建模则是在更高的层次上表达产品的功能信息和形状信息，它充分考虑了产品形状、精度、材料、信息管理以及加工技术等方面的特征，为产品整个设计制造过程提供统一的产品信息模型。基于特征的造型设计是 CAD/CAM 技术发展中很有价值的方向。物性计算是指对物体的物理行为和相互作用进行模拟和计算的过程。这种计算使得三维模型能够表现出真实世界中的物理特性，如重力、碰撞、运动、弹性等。通过使用物性计算，三维造型软件可以提供更逼真的模拟和动画效果，使得三维模型在虚拟环境中表现出更加真实和自然的行为。

目前，计算机上的三维造型软件有 PTC 的 Pro/Engineer、Autodesk 公司的 MDT（Mechanical Desktop）和 Inventor、UG 公司的 SolidEdge、SolidWorks 公司的 SolidWorks 等。国内的三维几何造型软件有 CAXA-3D、金银花 MDA、浙江大天电子信息工程有限公司开发的基于特征的参数化造型系统 GS-CAD98 等。

（3）有限元分析软件。

有限元分析软件是利用有限元进行结构分析的软件，可以进行静态、动态、热特性分析，通常包括前置处理、计算分析及后置处理 3 个部分。前置处理是根据使用者提供的对计算模型的简单描述，自动或半自动生成离散模型的数值文件，并以网格图的形式输出供用户查看与修改；计算分析是主体程序的核心部分，是有限元分析准确可靠的关键，它根据离散数值模型的数据文件进行有限元计算；后置处理是以图形的形式直观表达有限元计算结果，便于用户掌握分析对象的情况。目前，世界上已经投入使用且比较著名的商品化有限元分析程序有 SAP、Nastran、Ansys、Abaqus 等。

（4）优化方法软件。

优化方法软件的开发是将优化技术用于工程设计。优化方法软件是综合多种优化计算方法，为求解数学模型提供强有力的数学工具的软件。其目的是选择最优方案，取得最优解。

（5）数据库系统软件。

数据库系统软件在模具 CAD/CAM 系统中具有重要的地位，是能够有效地存储、管理、使用数据的一种软件。在集成化的模具 CAD/CAM 系统中，数据库系统能够支持各个子系统间的数据传递与共享。目前，比较流行的数据库系统软件有 SQL Server、Oracle、Informix、Sybase、DB2、Access、Foxpro 等。

（6）系统动力学/运动学模拟仿真软件。

仿真技术是一种用于建立真实系统的计算机模型的技术。该技术可利用模型分析系统的行为而不用建立实际系统，在设计产品时，实时模拟产品生产或各部分运行的全过程，以预测产品的性能、产品的制造过程和产品的可制造性。动力学模拟可以仿真、分析计算模具系统在质量特性和力学特性的作用下，运动和力的动态特性；运动学模拟可根据系统的模具运动关系来仿真系统的运动特性。这类软件在模具 CAD/CAE/CAM 技术领域得到了广泛的应用，如 ADAMS 模具系统动力学自动分析软件，MSC 公司的 Visual Nastran Desktop 和 Working Model。

3. 应用软件

应用软件是用户为了解决实际问题而自行开发或委托开发的程序系统。它是在系统软件的基础上，用高级语言编写或基于某种支撑软件，针对特定的问题而设计研制，具有很强的针对性和专用性，既可供一个用户使用也可供多个用户使用。应用软件不仅可以方便调试和管理，而且可以提高使用的柔性、可靠性和经济性。

根据用户的要求和配备支撑系统的不同，应用软件可以分为检索与查询软件、专用计算与算法软件、专用图形生成软件、专用数据库、专用设备接口与控制程序（含专用设备驱动程序）、专用工具软件等。

2.2.2　国内外流行的 CAD/CAM 软件的特点及应用情况

1. 国外市场

（1）UG。

UG 起源于美国麦道（MD）公司，该公司 1991 年 11 月并入美国通用汽车公司 EDS 分部。UG 由其独立子公司 Unigraphics Solutions 开发，是一个集 CAD/CAE/CAM 于一体的模具工程辅助系统，适用于航空、航天、汽车、通用模具以及专用模具等的设计、分析及制造工程。UG 将优越的参数化和变量化技术与传统的实体、线框和表面功能结合在一起，还提供了二次开发工具 GRIP、UFUNG、ITK，允许用户扩展 UG 功能。

（2）AutoCAD。

AutoCAD 是美国 Autodesk 公司开发的一个绘图软件，具有交互性和强大二维功能，如二维绘图、编辑、剖面线和图案绘制、尺寸标注以及二次开发等，同时有部分三维功能。AutoCAD 软件是目前世界上应用最广泛的 CAD 软件，占整个 CAD/CAE/CAM 软件市场的 37% 左右，在中国二维绘图 CAD 软件市场占有绝对优势。

（3）MDT。

MDT 是美国 Autodesk 公司在模具行业推出的基于参数化特征的实体造型和曲面造型的 CAD/CAM 软件，它以三维设计为基础，集设计、分析、制造以及文档管理等多种功能于一体，为用户提供了从设计到制造的一体化解决方案。

（4）SolidWorks。

SolidWorks 是由美国 SolidWorks 公司于 1995 年 11 月研制开发的基于 Windows 平台的全参数化特征造型软件，被世界各地用户广泛使用，是富有技术创新的软件，已经成为三维模具设计软件的标准。它可以十分方便地实现复杂的三维零件实体造型、复杂装配和生成工程图。其图形界面友好，用户易学易用。SolidWorks 软件于 1996 年 8 月由生信国际有限公司正式引入中国，并在模具行业获得普遍应用。

（5）Pro/Engineer。

Pro/Engineer 是美国 PTC 的产品，于 1988 年问世。Pro/Engineer 具有先进的参数化设计、基于特征设计的实体造型和便于移植设计思想的特点。该软件用户界面友好，符合工程技术人员的模具设计思想。Pro/Engineer 建立在统一完备的数据库以及完整而多样的模型上，并且由于它有 20 多个模块供用户选择，故其能将整个设计和生产过程集成在一起。在最近几年，Pro/Engineer 已成为三维模具设计领域里最富有魅力的软件之一，在中国模具工厂得到了非常广泛的应用。

2. 国内市场

（1）高华 CAD。

高华 CAD 是由清华大学开发的 CAD 系列产品，包括计算机辅助绘图支撑系统 GHDrafting、模具设计及绘图系统 GHMDS、工艺设计系统 GHCAPP、三维几何造型系统 GHGEMS、产品数据管理系统 GHPDMS 及 NC 自动编程系统 GHCAM。高华 CAD 也是基于参数化设计的 CAD/CAE/CAPP 集成系统，是全国"CAD 应用工程"的主推产品之一，其中 GHGEMS 5.0 曾获第二届全国自主版权 CAD 支撑软件测评第一名。

（2）北航海尔 CAXA。

CAXA 是北京北航海尔软件有限公司（原北京华正软件工程研究所，简称北航海尔）面向我国工业界推出的自主开发的中文界面、三维复杂形面 CAD/CAM 软件。CAXA 包括 CAXA 电子图板、CAXA 三维电子图板等绘图软件，CAXA 实体设计、CAXA 注射模设计师等设计类软件，以及 CAXA 制造工程师等 CAM 软件。

（3）浙江大天 GS-CAD98。

GS-CAD98 是浙江大天电子信息工程有限公司开发的基于特征的参数化造型软件。GS-CAD98 是一个具有完全自主版权、基于计算机三维 CAD 系统的软件。该软件是在国家"七五"重大攻关及国家高技术研究发展计划（"863"计划）CIMS 主题目标产品开发成果的基础上，参照 SolidWorks 的用户界面风格及主要功能开发完成的。它实现了三维零件设计与装配设计，工程图生成的全程关联，以及在任一模块中所做的变更在其他模块中都能自动地做出相应变更。

（4）金银花系统。

金银花系统来源于北京航空航天大学国家"863"高技术 CIMS 设计自动化工程实验室，经该实验室和广州红地技术有限公司联手进行的商品化、产业化开发而成。金银花系统主要用于模具产品的设计和制造中，可以实现设计制造的一体化和自动化。金银花系统采用面向对象的技术，使用先进的实体建模、参数化特征造型、二维和三维一体化、SDAI 标准数据存取接口的技术；具备模具产品设计、工艺规划设计和 NC 加工程序自动生成等功能；同时还具有多种标准数据接口。目前，金银花系统的系列产品包括模具设计平台 MDA、NC 编程系统 NCP、产品数据管理 PDS、工艺设计工具 MPP。

（5）开目 CAD。

开目 CAD 是华中科技大学开发的具有自主版权的基于计算机平台的 CAD 和图纸管理软件。它面向工程实际，能够模拟人的设计绘图思维，操作简便。开目 CAD 支持多种几何约束种类及多视图同时驱动，具有局部参数化的功能，能够处理设计中的过约束和欠约束的情况。开目 CAD 实现了 CAD、CAM、CAPP 的集成，符合我国设计人员的习惯，是全国 CAD 应用工程主推产品之一。

（6）天喻 InteCAD。

天喻 InteCAD 是由武汉天喻信息公司开发的具有完全独立自主版权的二维模具 CAD 系统。它采用面向对象技术和先进的几何造型器 ACIS 作为底层造型平台，面向用户的设计意图通过零件造型、装配设计和工程图的生成来满足产品设计与造型的需要，在国内处于领先地位。天喻信息公司产品包括 InteCADTool、InteSolid、InteCAPP、IntePDM 等软件。

2.2.3　软件的选用原则

选用 CAD/CAM 软件时一般考虑如下因素。

（1）系统的功能配置。

目前，市场上支持 CAD/CAM 系统的系统软件和支撑软件有很多，并且大多数采用了模块化结构。不同的功能通过不同的模块来实现，通过组装不同模块的软件可构成不同规模和功能的系统。因此，要根据系统的功能要求确定系统所需要的软件模块和规模。

（2）软件的性能价格比。

与硬件一样，目前，CAD/CAM 软件的开发厂家和供货商有很多。对于同样功能的软件，不同的厂家在性能价格方面有较大的差异；不同的供货渠道，在价格上也存在一定的差异。因此选择软件产品时，也要进行系统的调研与比较，选择满足要求、运行可靠稳定、容错性好、人机界面友好的具有良好性能价格比的产品。同时，在选用软件时还要注意预购软件的最新版本号以及新增功能。

（3）软件与硬件的匹配性。

不同的软件往往由不同的硬件环境的支持，如果软件、硬件都需配置，则要先选软件，再选硬件，因为软件决定着 CAD/CAM 系统的功能。如果已经有硬件，只需要配软件，则要考虑硬件能力，以配置相应档次的软件。多数软件分工作站版和微机版，如

AutoCAD、IDEAS、UG、Pro/Engineer 等分别有工作站版和微机版。

（4）二次开发能力与环境。

为高质、高效地充分发挥 CAD/CAM 软件的作用，通常都需要对其进行二次开发。因此，在选用软件时要了解所选用软件是否具备二次开发的可能性及其开放性程度，所提供的二次开发工具，以及进行二次开发需要的环境和编程语言。有的支撑软件提供专门的二次开发语言，有的采用通用编程语言进行二次开发，前者的专用性很强，后者在使用中效率较高。

（5）开放性。

开放性是指所选用软件应与 CAD/CAM 系统中的设备、其他软件和通用数据库具备良好的接口；具备数据格式转换和集成能力；具备驱动绘图机以及打印机等设备的接口；具备升级能力，便于系统的应用和扩展。

除此之外，在选用软件时也要考虑供应商的发展趋势、信誉、经营状况和售后服务能力，考察其维护服务机构、维护服务手段、维护服务响应效率，能否提供有效的技术支持、培训、故障检修和技术文档，以及产品的市场占有率和已有用户的反馈信息等。

2.3 思 考 题

1. 模具 CAD/CAM 系统常见的硬件有哪些？各有何作用？
2. 模具 CAD/CAM 系统常见的配置有哪些形式？各有何特点？
3. 模具 CAD/CAM 系统常见的软件有哪些？各有何作用？
4. 模具 CAD/CAM 系统软件、硬件的选用各有哪些原则？

第3章 CAD 技 术

3.1 概 述

3.1.1 CAD 的概念

CAD 是一种用计算机软件、硬件辅助人们对产品或工程进行设计的方法与技术。虽然 CAD 只经历了几十年的发展，但其几乎已经渗透科学技术一切领域，使传统的产品设计方法与生产模式发生了深刻的变化，并产生了巨大的社会经济效益。

CAD 一般具有以下功能。

（1）产品几何造型。CAD 利用线框、曲面和实体造型技术显示三维形体的外形，并且利用消隐、明暗处理等技术增加显示的真实感。

（2）计算分析。CAD 具有根据产品的几何模型计算物体的物性（如体积、质量、重心、转动惯量等）的能力，从而为系统对产品进行工程分析提供必要的参数和数据。同时，系统还具有对产品的特性、强度、应力等进行有限元分析的能力。

（3）仿真模拟。CAD 具有研究运动学特征（如凸轮连杆的运动轨迹、干涉检验等）的能力。

（4）工程图样处理。CAD 的结果是工程图，因此，CAD 具备自动二维绘图能力。

值得指出的是，应该将 CAD 与计算机绘图、计算机图形学区分开来。计算机绘图是指使用图形软件和硬件进行绘图及有关标注的一种方法和技术，主要目的是摆脱繁重的手工绘图。计算机图形学是研究通过计算机将数据转换为图形，并在专用设备上显示的原理、方法和技术的科学。在 CAD 中，若加入人工智能技术，则可以极大地提高设计过程的自动化水平，实现对产品设计全过程的有力支持。

3.1.2 CAD 的发展历程

1. CAD 技术的萌芽期

20 世纪 40 年代，世界上第一台计算机问世，并且能够进行信息储存和高速运算，标志着计算机开始应用于工程产品的建模设计以及计算。

20 世纪 50 年代中期，美国麻省理工学院成功研发出"旋风型"阴极射线管图形显示设备，能够显示出一些简单的图形；之后美国一家公司又研发出滚筒式的绘图仪。这些图形设备的相继问世，标志着 CAD 技术的诞生。

2. CAD 技术的成长期

1963 年，美国学者 I. E. Sutherland 发表了《人机对话图形通信系统》的论文，并设计出了名为 SKETCHPAD 的系统。正是 Sutherland 的论文和他的 SKETCHPAD 系统首次提出了计算机图形学、交互技术、分层存储等 CAD 技术的理论和概念，第一次实现了人机交互的设计方法，成为 CAD 技术发展历史上非常重要的里程碑。随后，许多企业都认识到了这一技术的先进性和重要性及其广泛的应用前景，纷纷投入巨资研制和开发早期的 CAD 系统，如 IBM 的基于大型计算机的 SLT/MST 系统和通用公司的 DAC-1 系统等。到了 20 世纪 60 年代末，美国已安装 200 多套 CAD 工作站。

3. CAD 技术的发展期

到了 20 世纪 70 年代，随着计算机图形学和交互式技术的日趋成熟和广泛应用以及计算机硬件的发展，不同形式的图形输入输出设备已经商业化，基于小型机的通用 CAD 系统也开始进入市场。这个时期还有一个重要的特征就是三维几何造型软件业发展起来了，B 样条曲线曲面成功应用于 CAD 系统，并在系统中采用了数据库技术，形成了众多商品化的实用 CAD 系统。这一时期是 CAD 技术发展的黄金时期，各种功能模块已基本形成，各种建模方法及理论得到一定研究。

4. CAD 技术的成熟期

第三代 CAD 系统始于 20 世纪 80 年代中期，这个时期在建模方法上分别出现了特征建模方法和基于约束的参数化和变量化建模方法，由此出现了各种特征建模系统、参数化设计系统以及这两种方法相互交叉、相互交融的系统。同时还开始强调信息集成，出现了计算机集成制造系统，把 CAD/CAM 技术推向了一个更高的层次。这一时期，CAD 技术从军工企业以及其他大型企业向中小型企业发展，从发达国家向发展中国家普及。

进入 20 世纪 90 年代，CAD 技术进一步向标准化、集成化、智能化和自动化方向发展，不再局限于单一领域单一水平，从而出现了数据标准和数据交换问题，并开发了 PDM 软件系统。同时由于互联网的发展，CAD 技术具备了在广域网上协同设计和虚拟设计的环境。

20 世纪 90 年代初，中国的 CAD 软件市场基本上被国外产品垄断。在政府的积极支持和引导下，中国 CAD 技术的开发和应用于 20 世纪 90 年代中后期取得了长足的发展，开发了不少具有独立版权的 CAD 系统，如开目 CAD、高华 CAD、PICAD 等，打破了国外产品一统天下的局面。CAD 软件产品也从单一的二维绘图软件发展到涵盖 CAD、CAPP、CAE、CAM、PDM 和 ERP 等方面的系列化产品，尽管中国在 CAD 技术的研究、开发和推广上取得了较大的进展，但 CAD 技术在应用的广度和深度上与工业发达国家相比仍然存在较大差距，严重制约了 CAD 技术在中国模具制造业中发挥更大作用。

"三维 CAD 系统"是国家"863"计划"制造业信息化工程"的关键技术产品，由北航海尔牵头，联合国内 8 家在技术和市场上最有实力的研究机构和 CAD 厂商共同承担，开发具有自主知识产权、支持产品与工程创新设计的三维数字化设计核心系统和面向行业的应用系统、相关构件和专用工具集。目前，北航海尔的 CAD/CAM/CAE 软件产品出口量占国内同类产品总量的 40% 以上。

3.1.3　特征建模技术

1. 特征的定义和分类

所谓特征，是从工程对象中概括和抽象后得到的具有工程语义的产品结构功能要素。因此它不仅具有按一定拓扑关系组成的特定形状信息，而且具有产品的功能要素、技术要素、管理要素等信息，它是产品具有确切工程含义的高层次抽象描述。特征建模就是通过特征及其几何关系来定义、描述实体模型的方法和过程。

特征建模是在实体几何模型的基础上，抽取作为结构功能要素的特征，从而可以对设计对象进行更加丰富的描述与绘制。目前，商品化的 CAD 系统已经普遍采用了特征建模技术。不同的应用领域和不同的对象，特征的含义和表达形式也有所不同。对于模具类产品，可以把产品的特征分成 6 类。图 3-1 所示为产品的特征分类。

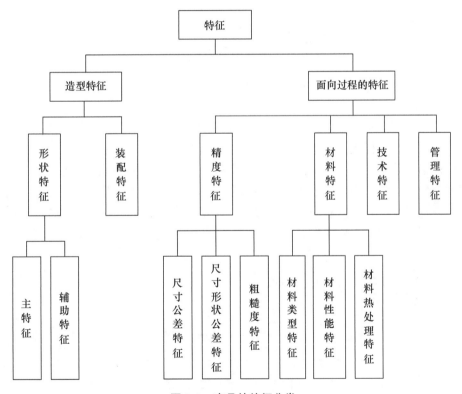

图 3-1　产品的特征分类

形状特征是零件上具有一定拓扑关系的几何元素所构成的特定形状，其中，主特征构造零件总体形状结构，它可以单独存在，且不与其他特征发生关系，如拉伸、旋转、扫描、混合；辅助特征则不能单独存在，它与主特征发生联系，如孔、圆角、槽、加强筋等。装配特征描述零件在装配过程中需要的信息，如相互作用面、配合关系。技术特征描述零件的性能和技术要求的信息集合。管理特征则描述与零件管理有关的信息集合，如标题栏信息等。

2. 特征建模

特征建模是实现产品设计与制造信息集成的一种行之有效的产品设计模型。它可以分为以下 3 种。

（1）交互式特征定义（Interactive Feature Definition）。交互式特征定义首先利用现有的几何造型系统建立产品的实体几何模型，然后在特定的系统环境下由用户直接通过图形来提取定义特征的几何要素进行特征定义，并将特征参数或精度、技术要求、材料热处理等信息作为属性添加到几何模型相关特征中，从而建立产品描述的数据结构，图 3-2 所示为交互式特征定义原理。该方法易于实现、相对简单，但效率低，且几何信息和非几何信息是分离的，因此产品数据的共享难以实现，同时在信息处理过程中容易产生人为的错误。

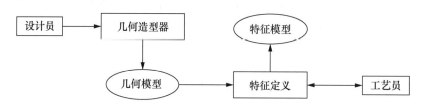

图 3-2 交互式特征定义原理

（2）自动特征识别（Automated Feature Recognition）。它是在建立几何模型后，在此基础上按照预先定义的模板通过给定算法利用实体建模信息，自动地处理几何数据库，搜索并提取特征信息确定特征参数从而产生特征模型。图 3-3 是自动特征识别原理。这种方法的建模效率较高，应用面广，但识别能力有限，识别过程复杂，且提取特征信息很困难，适用的零件范围小，通常只对简单形状的零件有效，难以处理复杂情况，缺乏实体结构的尺寸公差，因而有很大的局限性。

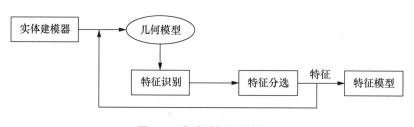

图 3-3 自动特征识别原理

（3）基于特征的设计（Design by Feature）。基于特征的设计首先要提前定义一些特征，建立系统特征库，利用预定义的标准特征或用户自定义的特征存储到特征库，以此为基本建模单元，通过并、交、差集合运算建立特征模型，如图 3-4 所示，从而完成产品的设计。这种方法适用范围广，信息丰富全面，建模过程灵活方便，有利于他人理解，易于实现数据共享，因此有很大的应用范围。

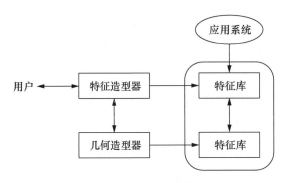

图 3-4　基于特征的设计

3.1.4　参数化设计和变量化设计

　　传统的 CAD 都是用固定的尺寸值定义几何元素，它要求每输入一个几何元素都要有确定的位置。但在实际工程设计中，人们逐渐发现它存在的不足：它是一个适应多行业的通用系统，对某一专业而言，并不专用。在实际设计过程中，往往会由于应用环境或设计条件发生变化，图形的尺寸就会随之发生相应的变化。这要求 CAD 系统具有参数化设计和变量化设计功能，从而实现几何元素可任意改动。

　　参数化设计所采用的方法是变量几何法，就是将几何约束转化为非线性方程组进行整体求解，确定出特征点集。几何图形可以是用点集表示的。点集改变，图形也必然随之改变。因此，对图形的变换，实质上是对点集的变换。在设计过程中，有些设计对象的结构比较固定（即拓扑关系保持不变），只是它们的尺寸往往由于产品设计规格的不同而有所差异，如常用的系列化、标准化、通用化的定型件就是属于这种类型。于是可以这样处理：将已知条件和随着产品规格而变化的基本参数用相应的变量代替，然后根据这些已知条件和基本参数，由计算机自动查询图形数据库，由专门的绘图软件自动生成图形。这种由尺寸驱动图形的思想就是参数化设计。参数化设计原理如图 3-5所示。

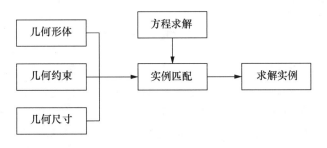

图 3-5　参数化设计原理

　　参数化设计技术的特点是：可以使 CAD 系统具有交互式绘图功能，以及自动绘图功能；更为符合和贴近现代 CAD 概念设计以及并行设计的思想，是实现特征造型技术、全相关和系列化设计的基础；利用参数化设计技术开发的专用产品设计系统，可以大大提高设计速度，并减少信息的储存量。

一般认为理想的图形参数的确定满足以下要求：

（1）要保证图形参数可以确定唯一的图形。

（2）模具图中的图形已经不再是抽象的几何图形，而是表示具体零件的结构，因此参数的名称和定义应尽量结合工程实际。

（3）优先考虑将描述零件规格、性能的参数作为图形参数。

（4）为便于用户操作，参数的个数应尽量少。

（5）在不影响对零件进行表达的情况下，图形的某些部分可以采用简化画法，或者使其与某些参数建立一定的关系，从而省去一些参数。

（6）为了便于参数输入操作，在程序编制时可以采取不同的输入方式。

但在大量的新产品开发的概念阶段，设计人员首先考虑的是设计思想及概念，并将它体现在某些几何形状中。这些几何形状的准确尺寸和各种形状之间的严格的尺寸定位关系在设计的初始阶段还很难完全确定。显然这个时候用参数化的思想解决问题就困难重重，为此，美国麻省理工学院 Gossard 教授在参数化的基础上做进一步改进后提出了变量化设计的思想。

变量化设计系统克服了普通 CAD 系统的不足，从设计与图形两个方面实现参数化，运用尺寸驱动进行设计修改，能够很好地进行产品初始设计、修改设计、相似设计和系列设计。它与特征造型相结合，更进一步提高了产品整体设计的效率，成为进行产品设计的有力工具。这种系统充分利用了形状和尺寸约束分开处理、无须全约束的灵活性，让设计人员可以有更多的时间和精力去考虑设计方案，而无须过多地关心设计规则的限制和软件的内在机制，使设计过程更加灵活，也更加符合设计人员的创造性思维规律。变量化设计原理如图 3-6 所示。

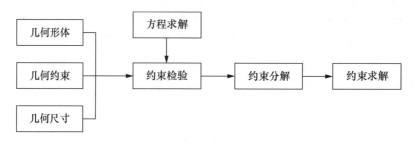

图 3-6　变量化设计原理

当前的 CAD 变量化设计主要有三种方法：一是变量几何法，又称代数法，它将图形中的各种约束转化为一组非线性方程组，然后用牛顿–拉普森迭代等代数方法对方程组进行整体求解；二是几何推理法，它是基于几何构成，将几何约束化为一阶谓词，通过专家系统进行几何推理，逐步确定出未知的几何元素；三是图形操作法，将几何约束直接在图形设计、绘制的交互过程中表示，每一步图形操作都对应于一定的计算程序得到的几何元素，所有的计算都是局部的。

参数化、变量化设计方法在开始提出时并未引起 CAD 业界的重视，直到美国 PTC 公司推出了基于参数化、变量化、特征设计的新一代实体造型软件 Pro/Engineer 后，CAD 业界才真正意识到参数化、变量化设计的巨大威力。

3.1.5　CAD 技术的发展趋势

在过去的几十年里，人们已在计算机辅助设计领域中取得了巨大的成就，CAD 技术作为较成熟的技术已在相关行业中广泛应用。随着计算机硬件和软件，以及人工智能技术、网络技术和计算机模拟技术等的不断发展，未来 CAD 技术的发展将趋向标准化、协同化、集成化、智能化和网络化这 5 个方面。

1. 标准化

CAD、CAM 软件最初开发过程中的孤岛效应导致了它们数据表示格式的不统一，使不同系统、不同模块间的数据交换难以进行，影响了 CAD/CAM 的集成，因此国际上提出了通用的数据交换规范，使 CAD 软件建立在这些标准上，以实现系统的开放性、可移植性和可互连性。除了 CAD 支撑软件逐步实现国际标准化组织（ISO）标准和行业标准外，面向应用的标准构件（零部件库）、标准化方法也已成为 CAD 系统中的必备内容，且向着合理化工程设计的应用方向发展。传统形式的手画工程图已经有了成熟的国际标准，而存储在磁盘、光盘上的形形色色的 CAD 二进制数字记录，要想实现标准化就复杂、困难得多。从 20 世纪 80 年代中期开始，ISO 着手制定这类标准，称作代号 ISO 10303 的产品模型数据交换标准，简称 STEP。它要涵盖所有人工设计的产品，采用统一的数字化定义方法。由于 STEP 的涉及面非常宽，因此标准的制定过程十分缓慢。我国在 CAD 应用工程的实施上具有更加严密的组织领导体系，而且实际从事 CAD 应用软件开发的单位相对比较集中，起步比国外晚，不存在要与过去开发的老系统保持兼容的问题。迄今已制定了许多标准，如计算机图形接口标准（Computer Graphics Interface，CGI）、计算机图形元文件标准（Computer Graphics Metafile，CGM）、计算机图形核心系统标准、程序员层次交互式图形系统标准（Programmer's Hierarchical Interactive Graphics Standard，PHIGS）、基本图形转换规范标准和产品模型数据交换标准等。回顾历史，CAD 和计算机图形学的国际标准制定总是滞后于市场上的行业标准。CAD 产品更新频繁，谁家产品的技术思想领先、性能最好、用户最多，谁就是事实上的行业标准。CAD 技术的发展不是一种纯学术行为，它在高技术产品所固有的激烈市场竞争中不断进步，永无止境。

CAD 软件一般应集成在一个异构的工作平台之上，为了支持异构跨平台的环境，就要求它应是一个开放的系统，这里主要是靠标准化技术来解决这个问题。目前，标准有两大类：一是公用标准，主要来自国家或国际标准制定单位；另一类是市场标准或行业标准，属私有性质。前者注重标准的开放性和所采用技术的先进性；而后者以市场为导向，注重有效性和经济利益。因此，市场标准容易导致垄断和无谓的标准战。有专家建议标准革新的目标是将公用标准变成行业标准，也就是说革新后仍应以公用标准为基础，不过要从行业标准中吸收其注重经济利益和效率的优点。另外，也有人提出现在制定标准的单位很多，但是标准制定过程却没有标准，这也是标准革新过程中值得考虑的问题。随着技术的进步和新功能的需要，新标准还会不断地推出。

2. 协同化

传统的设计模式采用的是串行的工作模式，设计工作不能有效地协调，设计周期过长。日益激烈的市场竞争要求高效率的生产模式，因此必须把原有的串行工作模式改成并行工作模式。这就必须要求产品研发人员在设计的最初阶段就要考虑产品整个周期的所有要求，包括质量、成本、进度、用户需求等，以便更大限度地提高产品开发效率以及一次成功率。

协同产品商务（Collaborative Product Commerce，CPC）定义为一类采用 Internet 技术的软件和服务，它允许企业或个人在产品的整个生命周期中协作开发、生产、管理产品。CPC 能用来为产品开发和管理的协同建立一个广义的企业信息基础设施，现在的 CPC 基础设施建立在用于产品数据管理，采购，可视化，CAD、CAM、CAE 产品建模，文档管理，结构化和非结构化数据存储以及任何其他工具和服务的平台上。

3. 集成化

在生产制造型企业中，设计、工艺编制、制造与管理构成了主要的生产活动。CAD 技术是企业采用先进制造技术的基础，所以，为适应设计与制造自动化的要求，特别是适应计算机集成制造系统的要求，进一步提高 CAD 的集成化水平是 CAD 技术发展的一个重要方向。而且集成化是多角度、多层次的。

CAD 技术的集成化体现在 3 个层次上。其一是广义 CAD 功能，它是将 CAD、CAM、CAPP、CAE、PDM 等系统集成起来，建立一种新的设计、生产、分析技术管理一体化的方法，真正从整体上提高效率，降低成本。CAD 系统用于产品的设计，CAE 系统用于产品的分析，CAPP、CAM 系统用于产品的生产加工，PDM 系统用于管理与产品有关的数据和过程。而目前创新设计能力与现代企业管理能力的集成，已成为企业信息化的重点。其二是将 CAD 技术能采用的算法，甚至功能模块或系统，做成专用芯片，以提高 CAD 系统的效率。其三是 CAD 系统基于网络计算环境实现异地、异构系统在企业间的集成。应运而生的虚拟设计、虚拟制造、虚拟企业就是该集成层次上的应用。这些系统并非简单的连接，而是要求从概念设计就开始考虑集成。CAD 集成系统应该从全局优化的角度出发，对产品进行管理和控制，并对已经存在的产品设计进行改进和提高。并行工程是集成地、并行地设计产品及其相关过程的系统化方法，它要求产品开发人员从设计一开始即考虑产品生命周期中的各种因素。至今最成熟的几何造型平台有 Parasolid 和 ACIS。利用几何约束求解构件的主要产品是 2D DCM 和 3D DCM。我国开发的模具 CAD 应用系统已经部分采用 Parasolid 和 ACIS 平台。

4. 智能化

传统的 CAD 技术在工程设计中主要用于计算分析和图形处理等方面，而模具设计是一种复杂的、富有创造性的活动，需要大量的专业知识、丰富的实战知识以及问题求解技巧，还需要对疑难问题进行选择、评价和决策。因此，将人工智能的原理和方法，特别是专家系统的技术，与传统 CAD 技术结合起来，从而形成智能化 CAD 系统，模拟人脑进行推理分析，提出设计方案和策略，是工程 CAD 发展的必然趋势。

从人类认识和思维的模型来看，现有的人工智能技术对模拟人类的思维活动（包括形象思维、抽象思维和创造性思维等多种形式）往往是束手无策的。因此，智能 CAD 不仅仅是简单地将现有的智能技术与 CAD 技术相结合，更是要深入研究人类设计的思维模型，并用信息技术来表达和模拟它。这样不仅会产生高效的 CAD 系统，而且必将为人工智能领域提供新的理论和方法。CAD 的这个发展趋势，将对信息科学的发展产生深刻的影响。

智能 CAD 的研究与应用要解决以下 3 个基本问题。

（1）设计知识模型的表示与建模方法：解决如何从需求出发，建立知识模型，进行计算机辅助设计与制造，并在计算机上实现等问题。

（2）知识利用：在知识利用方面，要研究各种推理机制，即要研究各种搜索方法、约束满足方法、基于规则的推理方法、框架推理方法、基于实例的推理方法等。

（3）CAD 的体系结构：研究智能 CAD 的体系结构，使之更好地体现智能 CAD 的基本思想，如集成的思想、多智能体协同工作的思想等。

5. 网络化

CAD 技术离不开网络技术，因为单台计算机的处理能力限制了其应用范围，只有通过网络将各个子系统联合在一起实现数据的交换、共享和集成，减少中间数据的重复输入输出，才能大大提高整个系统设计加工生产的效率，缩短生产周期，提高竞争力。当前，基于 Web 的 CAD 技术是 CAD 技术研究领域的又一热点。

设计工作是一个典型的群体工作。群体成员既有分工，又有合作。因此，群体的工作由两个部分组成：一个是个体工作，另一个是协同工作。群体成员之间存在相互关联的问题，一般称为接口问题。接口难免会出现矛盾和冲突，如果不及时发现和协调解决，就会导致返工和损失。传统的 CAD 系统只支持分工后各自应完成的具体任务，至于成员间接口问题，主要靠面谈或利用某种通信工具进行讨论并加以解决。但这些方式很难做到及时并充分地协商和讨论。因而一项大的设计任务难免会因接口问题而出差错，这正是设计工作会出现不断反复、不断修改这一过程的主要原因。计算机网络支持的协同设计是计算机支持协同工作（Computer Supported Cooperative Work，CSCW）技术在设计领域的一种应用，用于支持设计群体成员交流设计思想、讨论设计结果，发现成员间接口的矛盾和冲突并及时地加以协调和解决，避免设计的反复，从而进一步提高设计工作的效率和质量。网络协同设计备受人们的关注，已有不少原型系统以及一些产品在市场上出售了。

随着技术的不断进步，越来越多的技术被应用于 CAD 设计领域，在多学科交叉融合的过程中，还可能出现各种各样的设计思路。

3.2 几何造型技术

飞机、船舶、汽车的外形设计，以及模具零件的计算机辅助设计与制造，都涉及如何将三维几何信息在计算机内表示，即如何实现三维几何造型。而几何造型技术就是利用计算机及图形处理技术来构造物体的几何形状，模拟物体的静、动态处理过程的技术。几何造型技术是 CAD 的核心技术，在 CAD/CAM 技术的发展中占有重要地位。能够定义、描述、生成几何模型，以及进行交互编辑处理的系统称为几何造型系统。

几何造型技术的研究在国际上开始于 20 世纪 60 年代末，当时主要研究用线框图形和多边形来构成三维形体。20 世纪 70 年代以后，随着各个领域中 CAD/CAM 技术的发展和成熟，几何造型主要又分为表面造型和实体造型。在此期间，先后出现了英国剑桥大学的 BUILD 系统、美国罗切斯特大学的 PADL-1 系统以及日本北海道大学的 TIPS-1 系统，这 3 个系统均采用体素构造表示法，对几何造型技术的发展产生了深远影响。目前，伴随造型技术的发展，出现了各种实用化和商品化的几何造型系统，其造型技术日趋完善，功能也越来越强大。总的来说，按几何造型的发展过程，几何造型分为线框造型、表面造型、实体造型和特征造型，如图 3-7 所示。几何造型技术的发展，使得产品的信息描述更加完备，造型理论和方法也更加充实。

图 3-7　几何造型的发展过程

3.2.1　空间几何元素的定义

在几何造型中，任何复杂形体都是由基本几何元素构造而成的。几何造型通过对几何元素的各种变换处理和集合运算产生所需要的几何模型。因此，了解空间几何元素的定义将有助于掌握几何造型技术，进而熟练应用不同软件所提供的各种造型功能。

1. 点

点是几何造型中最基本的零维几何元素，任何几何形体都可以用有序的点的集合来表示。点分为端点、交点、切点、孤立点等。在形体定义中，一般不允许存在孤立点。

在自由曲线和曲面的描述中常用到 3 种类型的点，即控制点、型值点和插值点。

（1）控制点。控制点又称特征点，用于确定曲线和曲面的位置和形状，且是相应曲线或曲面不一定经过的点。

（2）型值点。型值点用于确定曲线和曲面的位置和形状，且是相应的曲线或曲面一定经过的点。

（3）插值点。插值点是为了提高曲线和曲面的输出精度，或修改曲线和曲面的形状，在型值点或控制点之间插入的一系列点。

2. 边

边是一维几何元素，是两个邻面（正则形体）或多个邻面（非正则形体）的交线。

直线边由其端点（起点和终点）定界；曲线边由一系列型值点或控制点表示，也可用显式、隐式方程表示。对正则形体而言，一条边有且仅有两个相邻面，不允许有悬边出现。一条边有两个顶点且具有方向性，其方向由起点沿边指向终点，边不能相交。

3. 环

环是有序、有向边（直线段或曲线段）组成的面的封闭边界。环中的边不能相交，相邻两条边共享一个端点。环有内外之分，确定面的最大外边界的环称为外环，通常其边按逆时针方向排序；而把确定面中内孔或凸台边界的环称为内环，其边与相应外环排序方向相反，通常按顺时针方向排序，如图 3-8 所示。基于这种定义，沿任何环正向前进时左侧总是在面内，右侧总是在面外。

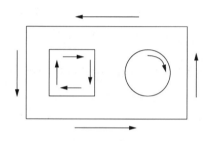

图 3-8　面的外环与内环

4. 面

面是二维几何元素，是形体上一个有限、非零的区域，由一个外环和若干个内环界定其范围。一个面可以无内环，但必须有一个且只有一个外环。面具有方向性，一般用其外法矢方向作为该面的正向。若一个面的外法矢向外，此面为正向面；反之，则为反向面。区分正向面和反向面在面面求交、交线分类、真实图形显示等方面都很重要。在几何造型中常分为平面、二次面、双三次参数曲面等形式。

5. 体

体是由封闭表面围成的有效空间，是三维几何元素，也是欧氏空间中非空、有界的封闭子集，其边界是有限面的并集。为了保证几何造型的可靠性和可加工性，要求形体上任意一点的足够小的领域在拓扑上应是一个等价的封闭圆，即围绕该点的形体领域在二维空间中可构成一个单连通域。通常，将具有良好边界的形体定义为有效形体或者正则形体，正则形体没有悬边、悬面，或一条边有两个以上邻面的情况；而把不满足上述条件的形体称为非正则形体（非流形形体）。表 3-1 所示为基于点、边、面几何元素的正则形体和非正则形体的区别。非正则形体的造型技术将线框、表面和实体模型统一起来，可以存取不同维数的几何元素，并可以对维数不同的几何元素进行求交分类，从而扩大了几何造型的形体覆盖域。

表 3-1　基于点、边、面几何元素的正则形体和非正则形体的区别

几何元素	正则形体	非正则形体
点	形体表面的一部分	可以是形体表面的一部分，也可以是形体内的一部分，或与形体相分离
边	只有 2 个邻面	可以有多个邻面、1 个邻面或没有邻面
面	至少与 3 个面（或边）邻接	可以与多个面（或边）邻接，也可以是聚集体、聚集面、聚集点或孤立点

6. 体素

体素是指能用有限个尺寸参数定位和定形的体。体素通常是一些常见的可用以组合成复杂形体的简单实体，如长方体、正方体、圆柱体、球体等，也可以是一些扫描体或者回转体。体素有以下 3 种常见的定义形式。

（1）从实际形体中选择出来，可用一些确定的尺寸参数控制其最终位置和形状的一组单元实体，图 3-9 所示为大多数实体造型系统所支持的常见体素。

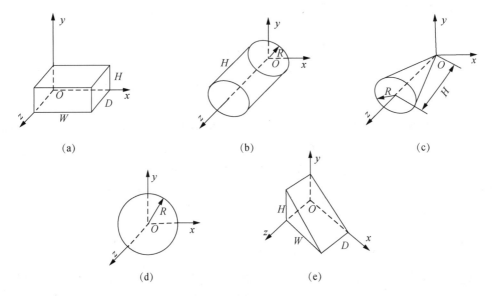

图 3-9　大多数实体造型系统所支持的常见体素

（2）由参数定义的一条（一组）截面轮廓线沿着一条（一组）空间参数曲线作扫描运动而产生形体。

（3）用代数半空间定义的形体，在此半空间中点集可定义为 $\{(x, y, z) \mid f(x, y, z) \leqslant 0\}$，此处的 f 应是不可约多项式，多项式系数可以是形状参数。半空间定义法只适用正则形体。

7. 定义形体的层次结构

形体在计算机中用上述几何元素按 6 个层次表达，如图 3-10 所示。

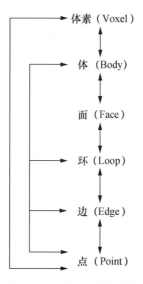

图 3-10　形体的结构层次

3.2.2　几何信息与拓扑信息

几何元素之间的关系由两种重要的信息表示。一种是几何信息（Geometry），另一种是拓扑信息（Topology）。

1. 几何信息

几何信息是指构成一个物体的点、线、面、体等各种几何元素在三维欧氏空间中的位置和大小信息。它们反映物体的位置和大小，例如顶点的坐标值、曲面数学表达式中的具体系数等。几何信息可以用数学表达式进行定量描述，也可以使用不等式对其边界范围加以限制。通常用空间直角坐标系表示各种几何数据。例如，对于空间点，既可以用它的位置矢量表示，也可以用它在三维直角坐标系中的 3 个坐标分量定义；对于一条空间直线，可以用它的两个端点的位置矢量来表示，也可以用端点在三维直角坐标系中的坐标分量定义；对于一个空间平面，可用平面方程表达；对于圆柱面、圆锥面、球面等可以用二次方程表达；对于自由曲面常采用孔斯曲面、B 样条曲面、Bezier 曲面等描述。

几何信息是描述几何形体结构的主体信息，但是只有几何信息难以准确地描述几何形体结构，常会出现物体描述上的二义性。由于连接方式的不同，所形成的形体也不尽相同，可能产生多个不同的理解。为了保证描述物体的完整性和数学的严密性，描述一个唯一确定的几何形体结构时，除了几何信息以外，还需要一定的拓扑信息进行补充说明。

2. 拓扑信息

拓扑信息是指物体的拓扑元素［顶点（V）、边（E）和面（F）］的数量、类型以及它们之间的连接关系。任何形体都是由点、线、面、体等各种不同几何元素所构成的，各种几何元素之间的连接关系可能是相交、相切、相邻、平行或者垂直等。拓扑是研究在形变状态下图形空间性质保持不变的一个数学分支，着重研究图形内的相对位置关系。对于几何元素完全相同的两个形体，若各自拓扑关系不同，则由这些相同的几何元素构成的形体可能完全不同。同样，两个完全不同的形体也可能具有相同的拓扑关系。一般来说，多面体的拓扑元素有9种拓扑关系，如图3-11所示。在这9种不同类型的拓扑关系中，至少要选择两种才能构成实体的完整信息。

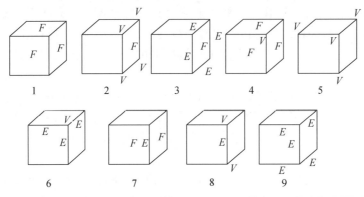

多面体的拓扑关系			表示方法
以面为中心的拓扑关系	1	面相邻性	F: {F}
	2	面与顶点包含性	F: {V}
	3	面与边包含性	F: {E}
以顶点为中心的拓扑关系	4	顶点与面的相邻性	V: {F}
	5	顶点之间的相邻性	V: {V}
	6	顶点与边之间的相邻性	V: {E}
以边为中心的拓扑关系	7	边与面相邻性	E: {F}
	8	边与顶点的包含性	E: {V}
	9	边与边的相邻性	E: {E}

图 3-11　多面体拓扑元素的拓扑关系

在计算机处理中常采用链表的数据结构记录几何信息和拓扑信息，即建立顶点表、棱线表、面表和体表。其中，顶点表仅仅记录顶点的序号及其坐标值，顶点表的数据反映了结构体的大小和空间位置，并在指针域存放该顶点的前一顶点的指针和后一顶点的指针。棱线表反映了结构体的棱线与顶点、棱线与面之间的邻接关系，它存放构成该棱线的顶点序号、相交生成该棱线的面的序号以及指向前后棱线的指针。面表反映了结构体的面与棱线、面与顶点之间的邻接关系，它存放定义每个面的顶点序号，因此面表确定了面与定义该面的诸顶点之间的关系。体表中存放各个面在面表中的首地址以及某些属性。

3.2.3　三维形体的表示

在计算机中，形体常用的表示方法有：线框模型、表面模型和实体模型。

1. 线框模型

线框模型是计算机图形学和 CAD/CAM 领域中最早用来表达形体的模型，并且至今仍在广泛应用。线框模型仅包含形体的棱边和顶点信息，利用线框模型所包含的三维形体数据，能够生成任意投影视图，如三视图、轴测图以及任意视点的透视图。它的计算机表示包括两方面的信息：一类是几何信息，记录各顶点的坐标值，即顶点表；另一类是拓扑信息，记录定义每条边的两个端点，即棱线表。实际物体是顶点表和棱线表相应的三维映像。图 3-12 为线框模型在计算机中存储的数据结构原理。图中共有两个表，一个为顶点表，它记录各顶点的坐标值；另一个为棱线表，记录每条棱线所连接的两个顶点。由此可见，三维物体是用它的全部顶点及边的集合来描述，线框一词由此而得名。

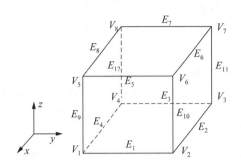

顶点号	坐标值		
	x	y	z
1	1	0	0
2	1	1	0
3	0	1	0
4	0	0	0
5	1	0	1
6	1	1	1
7	0	1	1
8	0	0	1

棱线号	顶点号	
1	1	2
2	2	3
3	3	4
4	4	1
5	5	6
6	6	7
7	7	8
8	8	5
9	1	5
10	2	6
11	3	7
12	4	8

图 3-12　线框模型在计算机中存储的数据结构原理

线框模型的优点如下。

（1）由于有了物体的三维数据，因此可以产生任意视图，且视图间能保持正确的投影关系，这为生成多视图的工程图带来了很大便利。还能生成任意视点或视向的透视图以及轴测图，这在二维绘图系统中是做不到的。

（2）数据结构简单，信息量少，占用空间小。

（3）系统好比人工绘图的自然延伸，操作简单，无须培训用户。

线框模型的缺点如下。

（1）形体表示容易产生多义性。因为所有棱线全都显示出来，物体的真实形状需由人脑解释才能被理解，因此会出现二义性理解。此外，当形状复杂时，棱线过多，也会引起模糊理解。

（2）难以表达曲面形体的轮廓线。

（3）由于没有面的信息，不能进行消隐，因此不能生成剖视图。

（4）由于没有体的信息，不能进行物性计算，没有办法检查实体的碰撞和干涉，因此无法生成加工轨迹，不能利用有限元进行仿真分析。

尽管这种模型有许多缺点，但由于它仍能满足许多设计与制造的要求，且数据结构简单，占用存储空间小，至今在不少场合仍有较高的使用率。线框模型系统一般具有丰富的交互功能，用于构图的图素是点、线、圆、圆弧、二次曲线、Bezier 曲线等。

2. 表面模型

表面模型通常是用来描述平面体结构的一种三维几何模型，用面的集合来定义形体，用环来定义面的边界，它记录了边与面的拓扑关系，图 3-13 为以立方体为例的表面模型的数据结构原理。但表面模型缺乏面与体之间的拓扑关系，无法区别面的某一侧是体内还是体外。

由于增加了有关面的信息，在提供三维实体信息的完整性、严密性方面，表面模型比线框模型进了一步，它克服了线框模型的许多缺点，能够比较完整地定义三维实体的表面，所能描述的零件范围更广，特别是对于汽车车身、飞机机翼等难于用简单的数学模型表达的物体，均可以采用表面建模的方法构造其模型，而且利用表面建模能在图形终端上生成逼真的彩色图像，以便用户直观地进行产品的外形设计，从而避免产生表面形状设计的缺陷。另外，表面建模可以为 CAD/CAM 中的其他场合提供数据，如有限元分析中的网格的划分，就可以直接利用表面建模构造的模型。

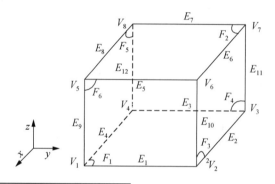

顶点号	坐标值		
	x	y	z
1	1	0	0
2	1	1	0
3	0	1	0
4	0	0	0
5	1	0	1
6	1	1	1
7	0	1	1
8	0	0	1

棱线号	顶点号	
1	1	2
2	2	3
3	3	4
4	4	1
5	5	6
6	6	7
7	7	8
8	8	5
9	1	5
10	2	6
11	3	7
12	4	8

表面	棱线号			
1	1	2	3	4
2	5	6	7	8
3	2	6	10	11
4	3	7	11	12
5	4	8	9	12
6	1	5	9	10

图 3-13 以立方体为例的表面模型的数据结构原理

表面模型清楚地描述了形体的点、边、面的几何信息，以及表面与棱边、棱边与顶点之间的拓扑关系，包含的形体信息比线框模型更加完整、严密；缺点是缺少形体的体信息，以及面与体之间的拓扑信息。因此，表面模型仍不能进行产品结构的分析，不能计算物性。

3. 实体模型

实体模型是通过一系列基本体素（如矩形体、球体、扫描体等），经过并、交等集合运算搭建的任意复杂形体的几何模型。表面模型存在的不足是无法确定面的哪一侧为实体，因此实体模型要解决的根本问题在于标识出一个面的哪一侧是实体，哪一侧是空的。为此，在实体建模中采用面的法向矢量进行约定，即面的法向矢量指向物体之外。对于一个面，法向矢量指向的一侧为空，矢量指向的反方向为实体，然后对构成的物体的每个表面进行这样的判断，最终即可标识出各个表面包围的空间为实体。为了使计算机识别出表面的矢量方向，将组成表面的封闭边定义为有向边，每条边的方向由顶点编号的大小确定，即编号小的顶点（边的起点）指向编号大的顶点（边的终点）为正方向，然后用有向边的右手法则确定所在面的外法线的方向，如图 3-14 所示。

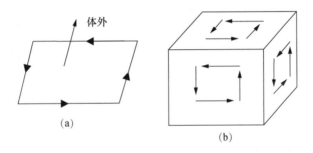

图 3-14　有向棱边决定外法线方向

由实体模型的原理可知，实体模型的数据结构全面记录了所有的几何信息，而且记录了全部点、线、面、体以及相互间的拓扑关系。在实体模型中，面是有界的、不自交的连通表面，这是实体模型与线框模型的根本区别。依靠计算机内完整的几何和拓扑信息，所有前面提到的工作，从消隐、剖切、有限元网格划分到 NC 刀具轨迹生成都能顺利实现，而且着色、光照以及纹理处理等技术的运用使得物体有着出色的可视性，使得实体模型在 CAD/CAM 领域外也有广泛应用，如计算机艺术、广告、动画等。

实体模型的缺点是尚不能与线框模型以及表面模型之间进行双向转化，因此还不能与系统中线框模型的功能以及表面模型的功能融合在一起，实体造型模块还时常作为系统的一个单独的模块。但近年来情况有了很大改善，真正以实体模型为基础的融三种模型于一体的 CAD 系统已经得到了应用。

3.2.4　实体造型的数据结构

现实世界中的物体是三维的连续实体，但其在计算机内部的表示是一维的离散描述，如何利用一维的离散数据描述现实世界三维的连续实体，并保证数据的准确性、完整性、统一性，是计算机内部表示方法研究的内容。计算机内部表示三维实体模型的方法很多，并且正向着多重模式发展。目前，实体造型系统开发中使用的三维实体有很多表示方法，常见且应用广泛的是实体几何构造法、边界表示法和扫描法。

1. 实体几何构造法

实体几何构造法（Constructive Solid Geometry，CSG）是将复杂的几何体分解成为许多简单体素，通过布尔运算将这些简单体素组合起来生成复合形体来描述实体模型的表示方法，是目前最常用、最重要的一种三维实体表示方法。进行几何造型的集合运算时，需保证体素是三维欧氏空间的一个封闭的正则集且操作的结果是具有边界的封闭的实体。CSG 包括规范化布尔运算符、体素、边界计算过程和点成员。

用 CSG 表示一个物体时，可以用有序二叉树的形式表达，这个树称为 CSG 树，如图 3-15 所示。图 3-15 中树的叶子分为两种，一种表示参加集合运算的基本体素，如长方体、圆柱体等；另一种表示带有几何变换参数的体素，如平移参数 Δx 等。图 3-15 中节点表示某种运算，有两类算子：一类是几何变换算子，如平移、旋转等；另一类是适用于形状运算的正则化集合算子。CSG 树中的每个子树都代表一个集合，是用算子对体素运算后生成的。树的根节点表示集合运算的结果，即所获得的实体。

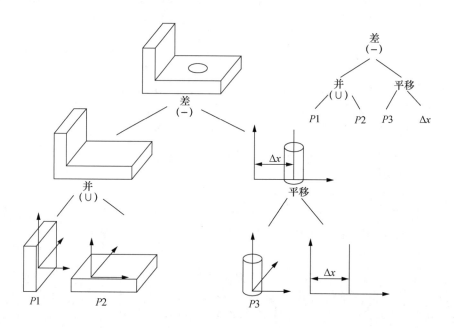

图 3-15   CSG 树的几何模型

采用 CSG 数据结构具有以下优点：

（1）方法简洁，生成速度快，处理方便，无冗余信息，而且能够详细地记录构成实体的原始特征参数，甚至在必要时可修改体素参数或附加体素以进行重新拼合。

（2）数据结构比较简单，数据量较小，修改比较容易，而且可以方便地转换成边界表示。

（3）实体的 CSG 随时可以转换成相应的边界表示法。因此，CSG 树形表示可以被用作边界编写的应用程序的接口。

（4）如果体素设置较齐全，通过集合运算就可以构造出多种不同的并且符合需求的实体。

但 CSG 的建模技术并不是完美无缺的，它的缺点主要体现在以下几个方面。

（1）集合运算的中间结果难以用简单的代数方程表示，求交困难。

（2）由 CSG 树中得到边界表面、边界棱边以及这些边界实体连接关系的信息需要进行大量运算，CSG 树不能显式地表示形体的边界。因此，从一个采用 CSG 树形结构表示的形体中提取所需要的边界信息是一件很困难的事。

CSG 是几何造型中一种强有力的方法，大多数几何模型系统都采用了 CSG 的形式。

2．边界表示法

边界表示法（Boundary Representation，B-rep）是以形体边界为基础定义和描述实体模型的方法。这种通过指明点、线、面的连接关系，将几何形体定义成由若干单元面围成的封闭边界的有限空间，以及用实体在各个面的哪一侧的信息来表示三维立体的方法叫作 B-rep。在实体造型中，B-rep 是一种重要的表示方法，在许多造型系统中都有所应用。

边界表示的一个重要特征是描述形体的信息，包括拓扑信息和几何信息两个方面。拓扑信息描述形体上的顶点、边、面的连接关系，它形成物体边界表示的“骨架”。形体的几何信息犹如附着在“骨架”上的肌肉。例如，形体的某个面位于某一个曲面上，定义这一曲面方程的数据就是几何信息。此外，边的形状、顶点在三维空间中的位置（点的坐标）等都是几何信息。一般来说，几何信息描述形体的大小、尺寸、位置和形状等。图 3-16 所示为五面体实体的数据结构。

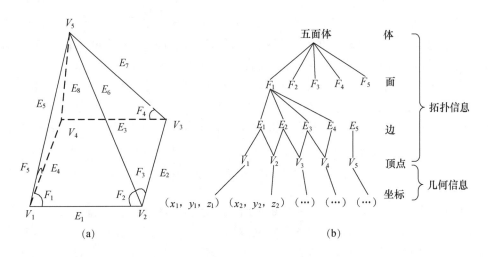

图 3-16　五面体实体的数据结构

根据上述 B-rep 可建成 B-rep 数据结构的关系列表，如表 3-2 所示。关系列表由面表、边表和点表 3 部分组成。面表存储面名以及构成面的各边界的边，各边的排列顺序按在观察形体时的逆时针方向排列。在存储每个面时，还存储面的哪侧存在实体这一信息，即可在面的任一侧定义一个点并规定该侧是否存在实体。边表存储边名以及构成边的起点和终点。点表存储各个顶点名以及一个定义实体存在的位于形体内的点（V_6），以及这些点的坐标，这些坐标通常在构造几何形体的相应坐标系中定义。

表 3-2　B-rep 数据结构的关系列表

面表		边表		点表	
面	边	边	点	点	坐标
F_1	E_1、E_2、E_3、E_4	E_1	V_1、V_2	V_1	$(x_1，y_1，z_1)$
F_2	E_1、E_5、E_6	E_2	V_2、V_3	V_2	$(x_2，y_2，z_2)$
F_3	E_2、E_6、E_7	E_3	V_3、V_4	V_3	$(x_3，y_3，z_3)$
F_4	E_3、E_7、E_8	E_4	V_4、V_1	V_4	$(x_4，y_4，z_4)$
F_5	E_4、E_8、E_5	E_5	V_1、V_5	V_5	$(x_5，y_5，z_5)$
		E_6	V_2、V_5	V_6	$(x_6，y_6，z_6)$
		E_7	V_3、V_5		
		E_8	V_4、V_5		

　　B-rep 的主要优点是详细记录了形体所有组成元素的几何信息和拓扑信息，有较多的关于面、边、点及其相互关系的信息，便于描述和表达各种复杂的三维形体，并且可以较快生成和绘制线框图和有限元网格。例如能构造飞机、汽车这样具有复杂外形的物体，这些物体如用 CSG 法的体素拼合则难以得到。另一个优点是有利于生成和绘制线框图、投影图，有利于计算几何特性，易于同二维绘图软件衔接和同曲面建模软件关联。同时，它也存在自身的不足：一是数据量巨大，占用的存储空间大；二是形体模型创建时的信息缺失，模型的体素组成和集合运算不清楚；三是用户若想直接构建 B-rep 模型非常困难。因此，现在几乎所有以 B-rep 为基础的系统都有 CSG 方式的输入界面，包括建立体素的命令、进行各种体素拼合的命令以及修改某个体素的命令等。当执行这些命令时，B-rep 数据结构中的数据被相应地生成或修改。迄今为止，B-rep 获得了广泛应用。

　　3. 扫描法

　　三维几何形体是千姿百态的。一般的三维几何造型系统多用柱、锥、台、球、环等基本体系，通过布尔运算或者局部操作运算来逐步逼近，生成设计要求的形体。这种思路具有一般性，但是对一大类具有一定形状特性的三维形体，如旋转体，如果用布尔运算局部操作来生成，则显得烦琐而低效；如果用扫描法来生成，则要求输入的原始数据少，思路简单，形成简便。

　　扫描法就是指通过在空间移动的几何集合，扫描出一个实体。首先，要定义移动物体，如曲面、曲线或者实体。其次，要定义移动轨迹。利用一定的几何规律性来生成三维形体的方法统称为扫描法，三维形体的几何规律性称为扫描特性。根据不同的扫描特性，采用不同的生成三维形体的规律，就得到不同的扫描法。

（1）平移扫描法。

一般的平移扫描法只能实现平面图形无内环的情形，而且平移过程中截面尺寸不变，这样的平移扫描法生成的形体是非常有限的。把平面图形扩展到任意形状的有效平面，而且平面平移的过程中截面尺寸可以变化，这样，使用平移扫描法不仅可以生成盘状、凸轮、齿轮、型材、块料等零部件，还可以生成各种台体、渐变体、异形体等。

（2）旋转扫描法。

一般的旋转扫描法只能生成中部实心的旋转体，这样的旋转体是非常有限的。旋转扫描法分为母线不封闭和母线封闭两种情形。当母线不封闭时，旋转扫描法可生成轴、导杆、导柱、螺栓、杯体、盒体等零部件；当母线封闭时，旋转扫描法可生成螺母、环圈、壳套、轴承、钢管等零部件。母线可与直线、规则曲线或自由曲线进行有效的组合来生成各种各样的旋转体。

（3）轨迹扫描法。

前面两种扫描法对所生成的三维形体的规律性的要求是相当高的，对工程设计的产品而言，能够满足这些规律性的三维形体毕竟只占很少的一部分。因此，在分析了形体的一般性规律的基础上，一种新的、一般性的扫描法被提出，即轨迹扫描法。

该方法要求定义一定的扫描轨迹，确定扫描路径，同时影响扫描体的形状；定义一定的母线，描述扫描体的基本形状；将母线沿着轨迹进行扫描来生成三维形体。这里要求轨迹形状为封闭平面单环，母线形状为有效的平面直、曲线段的组合。

这种轨迹扫描法也分为母线不封闭和母线封闭两种情形。因为在这种方法中，轨迹和母线均可以由直线、二次曲线或自由曲线进行有效的组合，其规律比较松散，组合较为自由。因此，用这种方法可以生成许多简单或复杂的三维几何形体，如箱体、壳体、曲面体等。

3.3　CAD/CAM 几何造型开发平台

CAD/CAM 技术历经二维绘图、线框模型、自由曲面模型、实体造型、特征造型等重要的发展阶段，其间还伴随着参数化方法、变量化方法、尺寸驱动等技术的融入。如今，CAD/CAM 技术在基础理论方面日趋成熟，已经推出了许多商品化系统，如 Pro/Engineer、UG、I-DEAS、CATIA、SolidWorks 等。

CAD/CAM 系统开发主要有以下 3 种形式：

（1）完全自主版权的开发，即从底层开始自行研发。

（2）在成熟商业软件上进行二次开发，其优点是开发难度相对较低。

（3）基于现有的 CAD/CAM 软件开发平台的开发。伴随着对软件的开放性、组件化要求的提高和大型系统的复杂化，基于通用平台基础构件进行开发成为复杂软件系统开发的流行趋势，其因开发周期短、见效快、系统稳定性和开发性好以及"即插即用"等优势而备受青睐。当今流行的 CAD/CAM 平台有很多，主要有 ACI、Parosolid、Open CasCade。其中，ACIS 较为流行。

ACIS 作为一个世界级的几何造型平台，集成了当今先进的造型方法和技术，以它为基础开发图形系统或者作为学习研究几何造型技术的工具都可以获得事半功倍的效果。在 ACIS 这个名称中，A、C 和 I 分别代表 3 个人名，即 Alan Grayer、Clarles Lang 以及 Ian

Braid（其中 Alan Grayer 和 Ian Braid 是剑桥大学的博士，Clarles Lang 是他们的导师）；S 代表实体（Solid）。ACIS 是一个基于面向对象软件技术的三维几何造型引擎，由美国 Spatial Technology 公司推出。ACIS 集线框、曲面和实体造型于一体，并允许这 3 种表示共存于统一的数据结构中，为各种 3D 造型应用系统的开发提供了几何造型平台。目前，在世界上已有 380 多个基于 ACIS 3D Toolkit 的开发商，并有 180 多个基于它的商业应用，用户已近 100 万。基于 ACIS 的开发接口有 3 个：API 函数、C＋＋类和 DI（Direct Interface）函数。

3.3.1 ACIS 的类

ACIS 是用 C＋＋技术构造的，它包含一整套的 C＋＋类（包括数据成员和方法）和函数，开发人员可以使用这些类和函数构造一个面向终端用户的二维或三维软件系统。ACIS 可以向应用程序提供一个包括曲线、曲面和实体造型的统一开发环境，并且提供通用的基本造型功能。用户可以根据自己的特殊需求采用这些功能中的一部分，也可以在这个基础上扩展它的功能。

ACIS 分为数学类、几何类、实体类、拓扑类以及其他类。

（1）数学类提供基本的数学工具，以便在右手直角坐标系中定义和操作各种几何元素。通过运用 C＋＋的功能重载机制，加、减、乘、除、点积、叉积等算子可以应用于不同的操作对象。数学类包括位置、矢量、单位矢量、矩阵、变换、参数、位置参数、参数域矢量、参数域方向、参数域包围盒等。

（2）几何类用来定义通用的曲线、曲面和实体等几何元素。ACIS 将几何分成两个层次，通用几何类属于底层，并不与物体的数据结构建立永久性联系。在物体的固定数据结构中再设置一层对应的上层几何类。几何类有曲线、直线、椭圆、交线、参数域曲线、曲面、平面、圆锥面、样条曲面等。

（3）实体类用来描述 ACIS 模型的共性数据结构和共性功能，统一管理数据的存取、查询、备份和通信。从通用的实体类再派生出各种 ACIS 模型的具体数据结构。实体类含有 9 种拓扑项——体、壳、子壳、面、环、共边、边、顶点和线；5 种几何项——点、曲线、参数域曲线、曲面和交换；1 个通用项——属性。当然用户也可以在应用程序中定义其他属性，作为通用属性的子类。ACIS 的经销公司统一协调各用户在二次开发中自己追加的属性名，以免 ACIS 平台上开发的应用系统在相互集成时发生冲突。

（4）拓扑、几何和属性是 ACIS 模型的 3 个基本类，三者统一由最基础的实体类派生。虽然实体类本身不代表任何对象，但在实体类中定义了它的所有子类应具有的数据和方法（如存储、恢复、回溯等）。ACIS 模型数据的实体类及派生类层次关系如图 3-17 所示。

ACIS 采用扩展的边界表示法表示一个三维的几何模型，将原来的以正规形体为基础的纯多面体模型扩展到引入精确表示的参数曲面中，模型不一定是通常的流形体，可以是非流形体，允许线、面、体共存于一个物体模型之中，面、环、边可以不封闭或无界，同时又允许加入零件属性等，为产品建模提供了强有力的工具。ACIS 的数据结构，既反映了经典的实体模型的计算机表示，又突出体现了实体造型技术的当前发展趋势。

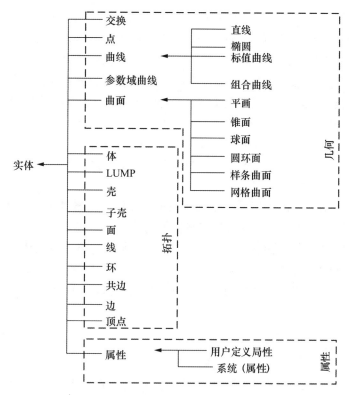

图 3-17　ACIS 模型数据的实体类及派生类层次关系

3.3.2　ACIS 的功能

ACIS 产品由两部分构成：核心模块和多种可选模块。核心模块提供了基本的通用功能，而可选模块提供了一些更高级的和更专用的功能。同时，由于 ACIS 是成熟的商品化的几何平台，因此用户只要熟悉应用程序接口（Application Program Interface，API）函数或 C++类就可以进行二次造型开发。ACIS 的功能具体如下：

（1）线框造型功能。该功能提供了多种创建二维图素的方式，包括点、直线、圆、自由曲线等，同时还提供了图素间的操作功能，包括旋转、平移、复制、等距、过渡、打断等。

（2）曲面造型功能。该功能提供了创建各种平面、柱面、锥面、球面、环面、样条曲面的方式；提供了曲面间的操作功能，包括旋转、平移、复制、等距、过渡、裁剪、延伸等。

（3）变形曲面功能。该功能允许操作人员遵循曲面上固定的点或线，频繁地改变用交互式方式构造的 3D 自由曲面的几何性。

（4）网格曲面功能。具有突变数据平面片和海量数据平面片的 ACIS 曲面模型均可以用分片曲面网格多边形表示。

（5）实体造型功能。该功能提供了多种途径创建实体，既可以通过体的拓扑元素（如立方体、圆锥体、圆柱体、棱柱、棱锥、球体、圆环体等）来创建，也可以通过包围某一区域或扫掠曲面来创建。

（6）模型管理。该功能既可以将模型信息保存到磁盘中，也可以在这些文件里读出并恢复保存的模型信息。这些文件的格式是公开的，这样非 ACIS 软件系统就可以使用这些信息。ACIS 提供了两种存储模型文件的格式：以 ASCII 文件格式存储文件（Save as Text，SAT）和以二进制格式存储文件（Save as Binary，SAB）。SAT 文件的格式是开放的，为非基于 ACIS 的应用存取 ACIS 模型提供了途径。这两种文件格式的组织结构是统一的。

（7）高级过渡模块功能。该功能扩展了 ACIS 内含有的标准过渡功能，为具有复杂拓扑和几何关系的模型提供了多样的过渡类型。

（8）局部操作功能。该功能允许操作人员在 3D 模型的曲面上进行局部操作，而不会改变实体模型的拓扑结构；同时允许现有的模型特征不通过布尔运算进行操作，可以保证模型拓扑和几何的完整性。

（9）模型渲染功能。该功能可以极大地缩短开发周期，通过光照、材质、纹理和三维裁剪创建高质量的、交互式的、具有真实感显示的 ACIS 3D 模型。

（10）隐藏线功能。该功能可以使实体、曲面、线框造型的隐藏线消失，继续保持模型的几何性，能够更好地对 3D 模型进行真实感显示，更方便地发现造型缺点或矛盾。

（11）ACIS 扩展功能。该功能可以将开发者独自开发的软件（包括类、函数、属性等）自由地添加到 ACIS 功能中。

3.3.3 ACIS 的特点

ACIS 的产品线是采用软件组件技术设计的，在 Spatial Technology 公司成立之时就打着软件组件技术和开放系统的旗帜向传统的 CAD/CAM 领域发出了挑战。ACIS 已推出许多版本，在性能、功能和稳定性方面都有提高和发展。其主要特点如下：

（1）提供扫掠、蒙面、放样、混合、无规则缩放、空间扭曲和薄面增厚等操作。此外，它还提供强大的布尔运算和过渡功能。

（2）求交器。通过对二次曲面进行光线投射的方法计算交点或交线。

（3）容限造型。选择布尔运算允许多个体素以很强的灵活性组合在一起。通过指定造型弯曲的部位和限度，可对体素的某一部分进行弯曲操作。Healing Husk 组件可自动设定容差并防止几何失真。

（4）API 函数。API 函数融入了变量错误检查、日志处理和中继模型管理。

（5）造型分析。造型分析主要包括对象关系、物理特性、单元拓扑、几何分析和光线测试。

（6）内存储管理。内存储管理组件可以控制 ACIS 调用或释放内存储单元。

（7）造型管理。ACIS 提供了两种存储模型文件的格式：SAT 和 SAB。通过零件管理组件，可把实体组织成零件并进行操作；通过回溯功能可在 ACIS 造型的各状态间切换。

3.3.4 基于 ACIS 的应用系统开发模式

几何开发平台是一个庞大而复杂的软件系统，无论使用哪一种编程语言来设计这个软件系统都不会改变它的复杂性。由于 ACIS 是一个从底层开发的软件系统，所以 ACIS 的开发者选用面向对象技术的 C＋＋语言或者 Scheme 语言两种方式，提供了一种全新的、简洁的数据和函数的组织方式。利用这种方式，用户可以方便而高效地管理开发平台中的数据和模型。由于 C＋＋语言功能强大，能为各种复杂应用提供全面支持，故被广泛采用；

但 Scheme 语言提供了一种更快捷、更简单、更高效的开发途径，在一些小型应用中应用较多。

（1）API 函数。

C＋＋应用与 ACIS 接口如图 3-18 所示，基于 ACIS 的 C＋＋开发接口有 3 个：API 函数、C＋＋类和 DI 函数。开发者也可通过创造自己的类和 API 函数扩展 ACIS。

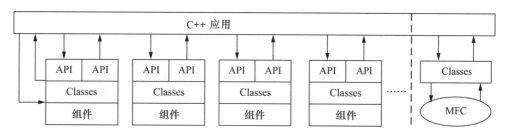

图 3-18　C＋＋应用与 ACIS 接口

API 函数提供了应用与 ACIS 间的主要接口。应用通过调用 API 函数建立、修改或恢复数据，无论 ACIS 底层的数据结构或函数如何修改，这些函数在每一版本中均保持不变。当在 API 例程中发生错误时，ACIS 可立即自己回溯到调用此 API 例程前的状态，从而保证模型不会崩溃。

（2）类。

类（Class）是 ACIS 以 C＋＋类的形式提供的开发接口，可实现定义模型的几何、拓扑以及其他功能。在应用中，开发者可直接通过类的公共（Public）数据成员、保护（Protected）数据成员以及成员函数（Member Function）与 ACIS 相互作用。开发者也可以根据特殊的需求从 ACIS 类派生出自己的应用类。类接口在各版本 ACIS 中可能有变化。

（3）DI 函数。

DI 函数提供了不依赖于 API 而对 ACIS 造型功能可直接访问的接口。与 API 不同的是，这些 DI 函数在各版本 ACIS 中可能有变化。DI 函数并不能访问 ACIS 的所有功能，它们通常用于那些并不改变模型的操作，如查询等功能。另外，DI 函数提供了底层样条库的接口。

3.3.5　ACIS 接口

C＋＋应用程序与 ACIS 接口可以通过 API、C＋＋类以及直接接口函数来实现。对于 Microsoft Windows 平台，开发人员也可以在微软基本类库（Microsoft Foundation Class，MFC）中使用 ACIS 接口。

（1）API 函数。

API 函数是应用程序和 ACIS 的主要接口，是应用程序用来产生、修改和接收数据的主要方法。API 函数将造型功能和一些应用程序特征集合在一起，如参数错误检查和返回操作等。这些函数保证了不同版本 ACIS 之间的一致性。

（2）类接口。

类接口是指用于定义 ACIS 模型中几何体、拓扑以及其他特征的 C＋＋类的集合。应用程序可以通过这些类中的公共数据成员、保护数据成员和超越函数（方法）直接与

ACIS 通信。开发人员为了实现特殊目的，可以从 ACIS 类派生出特殊用途的类。类接口在不同版本的 ACIS 之间可能存在不同。

（3）类的直接接口函数。

类的直接接口函数提供了直接调用造型操作的功能，它不具备 API 函数的应用支持特征，因此这些函数不保证不同版本的一致性。

ACIS 提供了在 VC + +5.0/6.0 下用 MFC 开发的接口 AMFC（ACIS Microsoft Foundation Class Component）。AMFC 把 ACIS 与 MFC 结合起来。AMFC 的大多数类从 MFC 派生而来并通过线索（Hook）与 ACIS 相关。另外，工具类提供了应用程序常用的功能，如摄像机移动、鼠标移动、拖动操作、布尔操作、画线、画圆。AMFC 还包括 API 函数的包裹函数。AMFC 一方面说明了 ACIS 是可以与 MFC 集成的，另一方面提供了一个初始的基于 MFC 的 ACIS 应用程序框架。

ACIS 提供 AMFC 有两个目的：其一，说明 ACIS 的几何造型功能可以与 MFC 结合起来；其二，提供一个基于 MFC 的 ACIS 应用程序框架。在 MFC 提供的 200 多个类中，AMFC 主要使用了其中 4 个最主要的类：CDocument、CWnd、CWinApp 和 COleServerItem。利用 ACIS 的 AppWizard，系统会自动产生这 4 个类的派生类，这些派生类除了含有指向 AMFC 的指针外，完全与其他基于 MFC 的应用程序中相应的类一样。

图 3-19 为 AMFC 中框架类之间的关系拓扑。其中，CAcisApp 由 CWinApp 派生，重载了 InitInstance 和 ExitInstance 方法，为 ACIS 的运行做初始化和关闭操作；CAcisView 处理显示界面，它使用 4 个数据成员跟踪视图的初始化过程；CAcisDoc 主要实现数据的操作，包括零件（Part）数据文件的管理和渲染（Rendering）的操作。

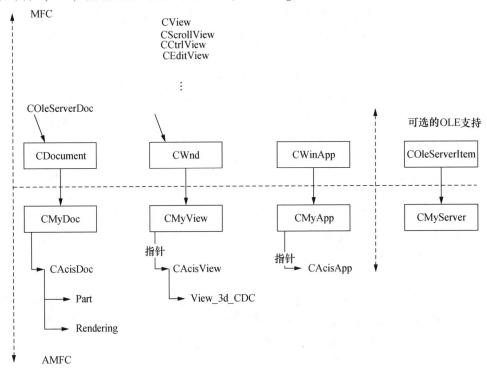

图 3-19　AMFC 中框架类之间的关系拓扑

3D 软件经常是通过鼠标操作的。AMFC 提供了两个处理鼠标事件类——Input- event- handler 和 Rubberhand- driver。CAcisView 类自动将鼠标事件（即 Pick- event 类的实例对象）传递给这两个类的实例对象。MouseTool 从 Input- event- handler 派生而来。处理鼠标事件时，应用软件可以从 MouseTool 中派生出自己的工具类。

3.3.6　扩展 ACIS

用户可以对 ACIS 进行功能扩展，扩展的形式可以是开发者开发的一个软件系统、来自 Spatial 的可选产品以及其他开发商开发的基于 ACIS 的软件组件。扩展 ACIS 的基本方法如下。

（1）类。开发者可以从 ACIS 提供的类中派生具有特殊用途的继承类。

（2）API 函数。开发者通过编写处理模型的 API 函数扩展 ACIS。

（3）属性。应用程序可以利用 ACIS 的属性机制，给数据结构中的任意实体附加上任意属性信息。

（4）套件。套件是一些标准软件的组合，它扩充 ACIS 的方法是提供一套独立的功能，如着色或消隐算法。Spatial 以单独的产品形式提供了几个这样的套件。

（5）第三方产品。由于 ACIS 是由应用组件技术设计而成的，所以第三方用户可以开发自己的组件来扩展 ACIS。

3.4　图　形　变　换

在计算机图形处理中，用户经常需要改变或控制图形显示效果。图形变换是计算机图形处理的基本内容之一。通过图形变换可以将简单图形变成复杂图形，把三维体用二维图形表示出来；而且，通过沿动画路径移动"相机"或场景中的对象来产生动画，可以将静态图形变成动态图形。基本的几何变换有平移、旋转和缩放，经常应用于对象的其他变换还有反射和错切。

3.4.1　图形变换的方法

体是由若干面构成的，而面则由若干线组成，点的运动轨迹便是线。因此，构成图形的最基本要素是点。

在解析几何中，点可以用向量表示。在二维空间中可用 (x, y) 表示平面上的一点，在三维空间里则是用 (x, y, z) 表示空间中的一点。既然构成图形的最基本要素是点，则可用点的集合（简称点集）来表示一个平面图形或三维立体，写成矩阵的形式为

$$
\begin{bmatrix} x_1 & y_1 \\ x_2 & y_2 \\ \vdots & \vdots \\ x_n & y_n \end{bmatrix}_{n \times 2}
\quad \text{或} \quad
\begin{bmatrix} x_1 & y_1 & z_1 \\ x_2 & y_2 & z_2 \\ \vdots & \vdots & \vdots \\ x_n & y_n & z_n \end{bmatrix}_{n \times 3}
$$

这样便建立了平面图形和三维立体的数学模型。

在计算机绘图中，常常要进行诸如比例、对称、旋转、平移、投影等各种变换，既然

图形可以用点集来表示，那么确定点集也就确定了图形；反之，如果点的位置改变了，图形也就随之改变。因此，要对图形进行变换，只要变换点就可以了。

由于点集可以用矩阵的方式表达，因此对点的变换也就可以通过相应的矩阵运算来实现，即

旧点（集）×变换矩阵＝新点（集）

3.4.2 基本变换

1. 平移

平移，是指在同一平面内，将一个对象上的所有点都按照某个直线路径方向做相同距离的移动，移到另一个坐标位置的重定位，即通过给原始坐标位置 P（x_1，y_1）加上平移距离 t_x 和 t_y 来平移二维点，从而实现到新的位置 P'（x'，y'）的移动，如图 3-20 所示。

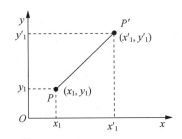

图 3-20　从位置 P 平移到位置 P'

$$\begin{cases} x' = x_1 + t_x \\ y' = y_1 + t_y \end{cases} \tag{3-1}$$

其中，平移距离（t_x，t_y）称为平移向量（Translation Vector）或移动向量（Shift Vector）。

可以使用列向量表示坐标位置，并使用平移向量将平移方程（3-1）表示为单个矩阵方程，即

$$P = \begin{bmatrix} x_1 \\ y_1 \end{bmatrix}, \quad P' = \begin{bmatrix} x'_1 \\ y'_1 \end{bmatrix}, \quad T = \begin{bmatrix} t_x \\ t_y \end{bmatrix} \tag{3-2}$$

这样就可以使用矩阵形式来表达二维平移方程，即

$$P' = P + T \tag{3-3}$$

平移是一种不产生变形而移动对象的刚性变换（Rigid-body Transformation），即对象上的每个点移动相同数量的坐标。直线的平移是将平移方程（3-3）加到直线的每个端点上，并重新绘制新的端点位置间的直线。平移变换不改变图形的形状、大小和方向（平移前后的两个图形是全等形）。为了改变圆或椭圆的位置，可以平移其中心坐标并在新的中心位置上重新绘制图形。通过替代定义的对象的坐标位置，然后使用平移过的坐标点来重构曲线路径，其他曲线（如样条曲线）即可实现平移。

2. 旋转

在平面内，一个图形绕着一个定点旋转一定的角度得到另一个图形的变换叫作旋转。

二维旋转是将对象沿着 xy 平面内的圆弧路径重定位。旋转中心、旋转方向、旋转角为旋转的三要素，为了实现旋转，需要指定旋转角 θ 和对象旋转的旋转点（Rotation Point）或基准点（Fiducial Point）位置 (x_r, y_r)，旋转角的正值定义为绕基准点逆时针方向旋转，负值则定义为绕基准点顺时针方向旋转。这种变换也可以描述为对象通过基准点，围绕垂直于 xOy 平面的旋转轴旋转。对象绕基准点的旋转如图 3-21 所示。

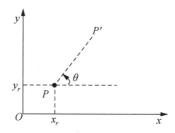

图 3-21　对象绕基准点的旋转

原始点和变换后位置的角度和坐标关系如图 3-22 所示。其中，r 是原始点到原点的固定距离，φ 是原始点的位置与水平线的夹角，θ 是旋转角。应用标准的三角等式，可以利用角度 θ 和 φ 将变换后的坐标表示为

$$\begin{cases} x' = r\cos(\varphi + \theta) = r\cos\varphi\cos\theta - r\sin\varphi\sin\theta \\ y' = r\sin(\varphi + \theta) = r\cos\varphi\sin\theta + r\sin\varphi\cos\theta \end{cases} \tag{3-4}$$

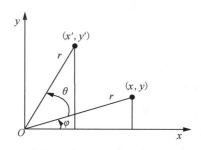

图 3-22　原始点和变换后位置的角度和坐标关系

在极坐标系中，原始点的坐标为

$$\begin{cases} x = r\cos\varphi \\ y = r\sin\varphi \end{cases} \tag{3-5}$$

将式（3-5）代入式（3-4）中，则相对于原点，将位置为 (x, y) 的点旋转 θ 角的变换方程为

$$\begin{cases} x' = x\cos\theta - y\sin\theta \\ y' = x\sin\theta + y\cos\theta \end{cases} \tag{3-6}$$

使用列向量表达式（3-2）表示坐标位置，那么旋转方程的矩阵形式为

$$\boldsymbol{P'} = \boldsymbol{R} \cdot \boldsymbol{P} \tag{3-7}$$

其中，旋转矩阵为

$$\boldsymbol{R} = \begin{bmatrix} \cos\theta & -\sin\theta \\ \sin\theta & \cos\theta \end{bmatrix} \tag{3-8}$$

点绕任意基准位置的旋转如图 3-23 所示。利用图中的三角关系，可以将方程（3-6）规范化为绕任意指定的旋转位置 (x_r, y_r) 旋转的点的变换方程，即

$$\begin{cases} x' = x_r + (x - x_r)\cos\theta - (y - y_r)\sin\theta \\ y' = y_r + (x - x_r)\sin\theta + (y - y_r)\cos\theta \end{cases} \tag{3-9}$$

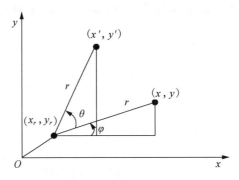

图 3-23　点绕任意基准位置的旋转

旋转是一种不变形地移动对象的刚性变换，类似于平移，对象上的所有点旋转相同的角度。线段的旋转可以通过将旋转方程（3-9）用于每个线端点，并重新绘制新的端点间的线段而得到。多边形的旋转则是将每个顶点旋转指定的旋转角，并使用新的顶点来生成多边形而实现。曲线的旋转通过定位定义的点并重新绘制曲线而完成。例如，椭圆可通过旋转其长轴和短轴来实现绕其中心位置的旋转。

图形的旋转是图形上的每一点在平面上绕着某个固定点旋转固定角度的位置移动，有以下性质：

（1）对应点到旋转中心的距离相等。

（2）对应点与旋转中心所连线段的夹角等于旋转角。

（3）旋转前后的图形全等，即旋转前后的图形的大小和形状没有改变。

（4）旋转中心是唯一不动的点。

（5）一组对应点的连线所在的直线所交的角等于旋转角度。

（6）关于中心对称的两个图形是全等形。

3. 缩放

缩放是指在一定的缩放因子下对图形对象的尺寸进行放大或者缩小。对多边形进行缩放，可以通过将每个顶点的坐标 (x, y) 乘以缩放系数 s_x 和 s_y，从而产生变换的坐标 (x', y')：

$$\begin{cases} x' = x \cdot s_x \\ y' = y \cdot s_y \end{cases} \tag{3-10}$$

缩放系数 s_x 在 x 方向对对象进行缩放，而 s_y 在 y 方向进行缩放。变换方程（3-10）也可以写成矩阵形式：

$$\begin{bmatrix} x' \\ y' \end{bmatrix} = \begin{bmatrix} s_x & 0 \\ 0 & s_y \end{bmatrix} \cdot \begin{bmatrix} x \\ y \end{bmatrix} \tag{3-11}$$

或
$$P' = S \cdot P \tag{3-12}$$
其中，S 是方程（3-11）的 2×2 缩放矩阵。

可以赋给缩放系数 s_x 和 s_y 任意正值，值小于 1 将缩小对象的尺寸，值大于 1 则放大对象。如果将 s_x 和 s_y 都指定为 1，那么对象尺寸就不会改变。当赋给 s_x 和 s_y 相同的值时，就会产生保持对象相对比例的一致缩放。s_x 和 s_y 的值不等时将产生差值缩放。这种缩放常用于设计应用中，因为设计应用中的图形是由一些基本形状构造起来的，这些形状能通过缩放和定位变换进行调整，如图 3-24 所示。

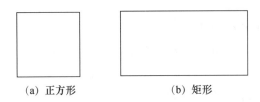

(a) 正方形　　　　　(b) 矩形

图 3-24　用缩放系数 $s_x = 2$ 和 $s_y = 1$ 将正方形变换成矩形

利用方程（3-11）变换的对象既被缩放，又被重定位。当缩放系数的值大于 1 时，则坐标位置远离原点。图 3-25 所示为将值 0.5 赋给方程（3-11）中的 s_x 和 s_y 时对线段的缩放，线段的长度和到原点的距离都减少 1/2。

可以选择一个在缩放变换后不改变位置的点（称为固定点），从而控制缩放对象位置。固定点的坐标 (x_f, y_f) 可以选择对象的顶点之一、中点或任意其他位置，如图 3-26 所示。这样，多边形通过缩放每个顶点到固定点的距离而相对于固定点进行缩放。对于坐标为 (x, y) 的顶点，其缩放后的坐标 (x', y') 可以计算为
$$\begin{cases} x' = x_f + (x - x_f)s_x \\ y' = y_f + (y - y_f)s_y \end{cases} \tag{3-13}$$
可以将乘积项和加法项分开而重写上述缩放变换方程为
$$\begin{cases} x' = x \cdot s_x + x_f(1 - s_x) \\ y' = y \cdot s_y + y_f(1 - s_y) \end{cases} \tag{3-14}$$
其中，对于对象中的任意点，加法项 $x_f(1 - s_x)$ 和 $y_f(1 - s_y)$ 都是常数。

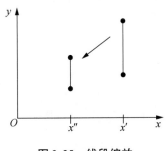

图 3-25　线段缩放

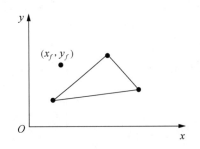

图 3-26　相对于所选固定点的缩放

在缩放方程中包含固定点的坐标，类似于在旋转方程中包含基准点的坐标。可以建立元素为方程（3-14）中常数项的列向量，然后将这个列向量加到方程（3-12）中的乘积 $S \cdot P$ 上。

多边形的缩放可以通过将变换方程（3-14）应用于每个顶点，然后利用变换后的顶点重新生成多边形来实现。其他对象的变换则可将缩放变换方程应用到定义对象的参数上。标准位置中的椭圆通过缩放半长轴和半短轴而缩放椭圆尺寸，并且利用该尺寸相对于设定的中心坐标重新绘制椭圆。圆的一致缩放通过简单地调整半径，然后用变换后的半径相对于中心坐标重新绘制圆来实现。

3.4.3　矩阵表达式和齐次坐标

前面的每个基本变换都可以用普通的矩阵形式表达，即

$$P' = M_1 \cdot P + M_2 \qquad (3\text{-}15)$$

其中，坐标位置 P' 和 P 表示列向量；矩阵 M_1 是一个包含乘法系数的 2×2 矩阵；M_2 是包含平移项的两元素列矩阵。对于平移，M_1 是单位矩阵。对于旋转或缩放，M_2 包含与基准点或缩放固定点相关的平移项。为了利用这个方程产生先缩放、再旋转、后平移这样的变换顺序，必须一步一步地计算变换的坐标。首先将坐标位置缩放，其次将缩放的坐标旋转，最后将旋转的坐标平移。但更有效的方法是进行变换组合，直接从初始坐标得到最后的坐标位置，这样就消除了中间坐标的计算。因此，需要重组方程（3-15），从而消除 M_2 中与平移项相关的矩阵加法。

可以通过将 2×2 矩阵表达式扩充为 3×3 矩阵，把二维几何变换的乘法和平移项组合成单一矩阵表示。因此，只要扩充坐标位置的矩阵表示，就可以将所有的变换方程表示为矩阵乘法。为了将二维变换表示为矩阵乘法，使用齐次坐标（Homogeneous Coordinates）三元组 (x_h, y_h, h) 来表示每个笛卡儿坐标位置 (x, y)。其中，

$$\begin{cases} x = \dfrac{x_h}{h} \\[2mm] y = \dfrac{y_h}{h} \end{cases} \qquad (3\text{-}16)$$

因此，也可以把通用齐次坐标表达为 $(h \cdot x, h \cdot y, h)$。对于二维几何变换，可以把齐次参数 h 取为任意非零值。因而，对于每个坐标点 (x, y)，可以有无数个等价齐次表达式。最方便的选择是简单地设置 $h=1$，这样每个二维位置都可用齐次坐标 $(x, y, 1)$ 进行表示。其次参数 h 的其他值也是需要的，如在三维观察变换的矩阵公式中，可将 h 设为 1 以外的其他值。

如果点的位置向量用齐次坐标表示，那么平移变换矩阵有

$$\begin{bmatrix} x' \\ y' \\ 1 \end{bmatrix} = \begin{bmatrix} 1 & 0 & t_x \\ 0 & 1 & t_y \\ 0 & 0 & 1 \end{bmatrix} \cdot \begin{bmatrix} x \\ y \\ 1 \end{bmatrix} \qquad (3\text{-}17)$$

或简化为

$$P' = T(t_x, t_y) \cdot P \qquad (3\text{-}18)$$

其中，平移变换矩阵 $T(t_x, t_y)$ 为 3×3 平移矩阵。

同样，绕坐标原点的旋转变换方程也可以写成

$$\begin{bmatrix} x' \\ y' \\ 1 \end{bmatrix} = \begin{bmatrix} \cos\theta & -\sin\theta & 0 \\ \sin\theta & \cos\theta & 0 \\ 0 & 0 & 1 \end{bmatrix} \cdot \begin{bmatrix} x \\ y \\ 1 \end{bmatrix} \tag{3-19}$$

或简化为

$$\boldsymbol{P}' = \boldsymbol{R}(\theta) \cdot \boldsymbol{P} \tag{3-20}$$

其中，旋转变换矩阵 $\boldsymbol{R}(\theta)$ 为旋转参数的 3×3 矩阵。

相对于坐标原点的缩放变换方程可以表示为

$$\begin{bmatrix} x' \\ y' \\ 1 \end{bmatrix} = \begin{bmatrix} s_x & 0 & 0 \\ 0 & s_y & 0 \\ 0 & 0 & 1 \end{bmatrix} \cdot \begin{bmatrix} x \\ y \\ 1 \end{bmatrix} \tag{3-21}$$

或简化为

$$\boldsymbol{P}' = \boldsymbol{S}(s_x, s_y) \cdot \boldsymbol{P} \tag{3-22}$$

其中，缩放变换矩阵 $\boldsymbol{S}(s_x, s_y)$ 为具有缩放参数 s_x 和 s_y 的 3×3 矩阵。

在图形系统中，矩阵表达式是实现变换的标准方法。在很多系统中，旋转和缩放功能都是以原点为参考点的。如果将某点相对于某个一般的参考点做旋转、缩放变换，相当于将该点移到坐标原点处，然后进行缩放、旋转变换，最后将该点移回原来的位置。图形软件包中的另一种可选的方法是，在变换中提供参数，用来设定缩放固定点坐标和基准点坐标。这样，包括基准点或固定点的通用旋转和缩放矩阵就可以直接建立，而无须引用顺序的变换功能。

3.4.4　复合变换

实际应用中的图形变换往往是复杂的，仅仅依靠某种基本图形变换是不可能实现的，必须经过两种及以上的基本图形变换组合才能获得所需要的最终图形。将一系列的简单变换（变换序列）组合成一个变换，称为图形的复合变换。相对应的变换矩阵称为复合变换矩阵。复合变换矩阵是由多个基本变换矩阵的乘积求得的，对于坐标位置的列矩阵表达式，通过以从右向左的顺序进行矩阵相乘而形成复合变换，即每个随后的变换矩阵自左乘以前面的变换矩阵乘积。

1. 平移

假如将两个连续的平移向量 (t_{x1}, t_{y1}) 和 (t_{x2}, t_{y2}) 用于坐标位置 $\boldsymbol{P}$，那么最后的变换位置 $\boldsymbol{P}'$ 可以计算为

$$\boldsymbol{P}' = \boldsymbol{T}(t_{x2}, t_{y2}) \cdot \{\boldsymbol{T}(t_{x1}, t_{y1}) \cdot \boldsymbol{P}\} = \{\boldsymbol{T}(t_{x2}, t_{y2}) \cdot \boldsymbol{T}(t_{x1}, t_{y1})\} \cdot \boldsymbol{P} \tag{3-23}$$

其中，$\boldsymbol{P}$ 和 $\boldsymbol{P}'$ 为齐次坐标的列向量。可以通过计算两个相关的矩阵乘积来检验这个结果。同样，对这个平移顺序，其复合变换矩阵为

$$\begin{bmatrix} 1 & 0 & t_{x2} \\ 0 & 1 & t_{y2} \\ 0 & 0 & 1 \end{bmatrix} \cdot \begin{bmatrix} 1 & 0 & t_{x1} \\ 0 & 1 & t_{y1} \\ 0 & 0 & 1 \end{bmatrix} = \begin{bmatrix} 1 & 0 & t_{x1}+t_{x2} \\ 0 & 1 & t_{y1}+t_{y2} \\ 0 & 0 & 1 \end{bmatrix} \tag{3-24}$$

或

$$T(t_{x2},t_{y2}) \cdot T(t_{x1},t_{y1}) = T(t_{x1}+t_{x2},t_{y1}+t_{y2}) \tag{3-25}$$

这表明两个连续平移是相加的。

2. 旋转

应用于点 P 的两个连续旋转产生的变换位置为

$$P' = R(\theta_2) \cdot \{R(\theta_1) \cdot P\} = \{R(\theta_2) \cdot R(\theta_1)\} \cdot P \tag{3-26}$$

通过两个旋转矩阵相乘，可以证明两个连续旋转是相加的，即

$$R(\theta_2) \cdot R(\theta_1) = R(\theta_1+\theta_2) \tag{3-27}$$

因此，旋转的最后坐标可以使用复合变换矩阵计算为

$$P' = R(\theta_1+\theta_2) \cdot P \tag{3-28}$$

3. 缩放

两个连续缩放操作的变换矩阵连接，产生的复合缩放矩阵为

$$\begin{bmatrix} s_{x2} & 0 & 0 \\ 0 & s_{y2} & 0 \\ 0 & 0 & 1 \end{bmatrix} \cdot \begin{bmatrix} s_{x1} & 0 & 0 \\ 0 & s_{y1} & 0 \\ 0 & 0 & 1 \end{bmatrix} = \begin{bmatrix} s_{x1} \cdot s_{x2} & 0 & 0 \\ 0 & s_{y1} \cdot s_{y2} & 0 \\ 0 & 0 & 1 \end{bmatrix} \tag{3-29}$$

或

$$S(s_{x2},s_{y2}) \cdot S(s_{x1},s_{y1}) = S(s_{x1} \cdot s_{x2}, s_{y1} \cdot s_{y2}) \tag{3-30}$$

这种情况下的结果矩阵表明，连续缩放操作是相乘的，假如要连续两次将对象尺寸放大到 3 倍，那么其最后的尺寸将是原始尺寸的 9 倍。

4. 通过基准点的旋转

利用只能绕坐标原点旋转对象的图形软件包，可以通过完成平移—旋转—平移操作序列来实现绕任意选择的基准点 (x,y) 的旋转。

（1）平移对象使得基准点位置移动到坐标原点。

（2）绕坐标原点旋转。

（3）平移对象使得基准点回到其原始位置。

绕任意选择的基准点旋转的变换顺序如图 3-27 所示，利用矩阵连接可以得到该顺序的复合变换矩阵为

$$\begin{bmatrix} 1 & 0 & x_r \\ 0 & 1 & y_r \\ 0 & 0 & 1 \end{bmatrix} \cdot \begin{bmatrix} \cos\theta & -\sin\theta & 0 \\ \sin\theta & \cos\theta & 0 \\ 0 & 0 & 1 \end{bmatrix} \cdot \begin{bmatrix} 1 & 0 & -x_r \\ 0 & 1 & -y_r \\ 0 & 0 & 1 \end{bmatrix} =$$

$$\begin{bmatrix} \cos\theta & -\sin\theta & x_r(1-\cos\theta)+y_r\sin\theta \\ \sin\theta & \cos\theta & y_r(1-\cos\theta)-x_r\sin\theta \\ 0 & 0 & 1 \end{bmatrix} \tag{3-31}$$

或表示为

$$T(x_r,y_r) \cdot R(\theta) \cdot T(-x_r,-y_r) = R(x_r,y_r,\theta) \tag{3-32}$$

其中，$T(-x_r,-y_r) = T^{-1}(x_r,y_r)$。通常，可以将旋转功能设计成先接收基准点坐标参数以及旋转角，然后自动生成如式（3-31）所示的旋转矩阵。

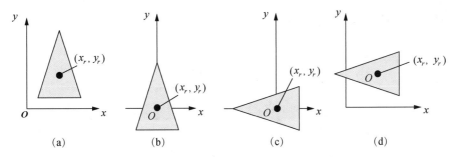

图 3-27　绕任意选择的基准点旋转的变换顺序

5. 通用固定点缩放

图 3-28 给出了使用只能相对于坐标原点缩放的缩放功能，产生关于所选择的固定位置 (x,y) 缩放的变换顺序。

（1）平移对象使固定点与坐标原点重合。

（2）对于坐标原点缩放。

（3）使用（1）的方向平移将对象返回到原点位置。

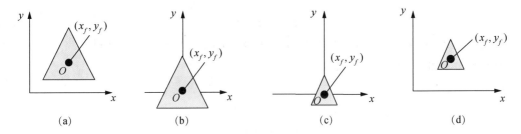

图 3-28　对于指定的固定点进行缩放的变换顺序

将这 3 个操作的矩阵连接，就可以产生所需的缩放矩阵，即

$$\begin{bmatrix} 1 & 0 & x_f \\ 0 & 1 & y_f \\ 0 & 0 & 1 \end{bmatrix} \cdot \begin{bmatrix} s_x & 0 & 0 \\ 0 & s_y & 0 \\ 0 & 0 & 1 \end{bmatrix} \cdot \begin{bmatrix} 1 & 0 & -x_f \\ 0 & 1 & -y_f \\ 0 & 0 & 1 \end{bmatrix} = \begin{bmatrix} s_x & 0 & x_f(1-s_x) \\ 0 & s_y & y_f(1-s_y) \\ 0 & 0 & 1 \end{bmatrix} \tag{3-33}$$

或

$$T(x_f, x_f) \cdot S(s_x \cdot s_y) \cdot T(-x_f, -y_f) = S(x_f, y_f, s_x, s_y) \tag{3-34}$$

这个变换在可以应用固定点缩放功能的系统上自动生成。

3.4.5　三维几何变换

三维几何变换可以考虑成二维图形几何变换的拓展，是在二维方法的基础上考虑了 z 坐标而得到的。平移和缩放可以通过指定物体在 3 个坐标方向的移动距离和缩放因子来实现。但三维旋转远非那么简单，因为在二维空间里，所需考虑的仅仅是围绕垂直于 xOy 平面的坐标轴进行旋转；而在三维空间中，可以选择空间的任意方向作为旋转轴方向。每个三维点都对应一个齐次坐标，所有的三维变换都可以通过乘以一个 4×4 的变换矩阵来实现。

1. 平移

点的平移如图 3-29 所示。在三维齐次坐标表示中，任意点 $P(x,y,z)$ 可以由以下矩阵

运算转换为点 $P'(x',y',z')$。

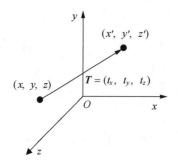

图 3-29　点的平移

$$\begin{bmatrix} x' \\ y' \\ z' \\ 1 \end{bmatrix} = \begin{bmatrix} 1 & 0 & 0 & t_x \\ 0 & 1 & 0 & t_y \\ 0 & 0 & 1 & t_z \\ 0 & 0 & 0 & 1 \end{bmatrix} \cdot \begin{bmatrix} x \\ y \\ z \\ 1 \end{bmatrix} \tag{3-35}$$

或者

$$P' = T \cdot P \tag{3-36}$$

参数 t_x、t_y、t_z 用来指定 x、y、z 坐标方向上的移动距离，它们均是实型数值。式（3-35）中的矩阵表示等价于下列 3 个方程：

$$\begin{cases} x' = x + t_x \\ y' = y + t_y \\ z' = z + t_z \end{cases} \tag{3-37}$$

同二维空间中物体的平移变换相似，三维空间中的物体平移也是通过对物体的各个特征点进行平移实现的。对于同一组多边形表面表示的物体，可以将各个表面的顶点进行平移，然后绘制更新后的新位置。

2. 缩放

对于缩放，在三维齐次坐标表示中，任意点 $P(x,y,z)$ 相对于坐标原点的缩放变换矩阵表示可以记为

$$\begin{bmatrix} x' \\ y' \\ z' \\ 1 \end{bmatrix} = \begin{bmatrix} s_x & 0 & 0 & 0 \\ 0 & s_y & 0 & 0 \\ 0 & 0 & s_z & 0 \\ 0 & 0 & 0 & 1 \end{bmatrix} \cdot \begin{bmatrix} x \\ y \\ z \\ 1 \end{bmatrix} \tag{3-38}$$

或者

$$P' = S \cdot P \tag{3-39}$$

参数 s_x、s_y、s_z 用来指定 x、y、z 坐标方向上的缩放因子，它们可以为任意正值。等式（3-38）中的矩阵表示等价于下列 3 个方程：

$$\begin{cases} x' = x \cdot s_x \\ y' = y \cdot s_y \\ z' = z \cdot s_z \end{cases} \tag{3-40}$$

变换式（3-38）对物体的缩放使物体的大小和相对于坐标原点的位置发生变化。如果缩放参数不同，则物体的相关尺寸的变化也不同。可以使用相同的缩放参数，即 $s_x = s_y = s_z$ 来实现物体维持原形状的缩放。图 3-30 所示为使用相同的缩放因子来缩放一个物体的结果。

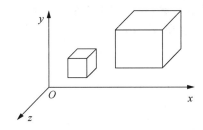

图 3-30　使用相同的缩放因子来缩放一个物体的结果

相对于一给定点的缩放变换可以用下列变换序列进行表示。

（1）平移给定点到原点。

（2）使用变换式（3-38），相对于坐标原点进行缩放物体。

（3）平移给定点到原始位置。

图 3-31 所示为相对于给定点的缩放。有关任意点的缩放变换矩阵表达式，可以利用平移—缩放—平移变换组合表示为

$$T(x_f,y_f,z_f) \cdot S(s_x,s_y,s_z) \cdot T(-x_f,-y_f,-z_f) = \begin{bmatrix} s_x & 0 & 0 & (1-s_x)x_f \\ 0 & s_y & 0 & (1-s_y)y_f \\ 0 & 0 & s_z & (1-s_z)z_f \\ 0 & 0 & 0 & 1 \end{bmatrix} \quad (3\text{-}41)$$

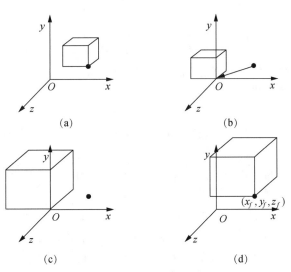

图 3-31　相对于给定点的缩放

3. 旋转

二维旋转仅仅发生在 xOy 平面上，因此问题相对简单。但三维旋转涉及围绕空间任意直线进行，因此问题相对复杂。

物体进行旋转变换时，必须指定一个旋转轴和旋转角。平行于坐标轴的旋转是最简单的旋转。此外，还可以利用围绕坐标轴旋转的复合结果来表示任意一种旋转。空间中的立体绕 x 轴旋转时，立体上各点的 x 坐标不变，只是 y、z 坐标发生相应的变换。通常，如果沿着坐标轴的正半轴观察原点，那么绕坐标轴的逆时针旋转为正向旋转，如图 3-32 所示。

图 3-33 所示为一物体绕 z 轴旋转。

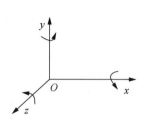

图 3-32　绕坐标轴的逆时针旋转

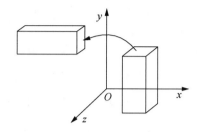

图 3-33　一物体绕 z 轴旋转

绕 z 轴的二维旋转很容易推广到三维。

$$\begin{cases} x' = x\cos\theta - y\sin\theta \\ y' = x\sin\theta + y\cos\theta \\ z' = z \end{cases} \tag{3-42}$$

其中，参数 θ 表示指定的旋转角。三维绕 z 轴旋转方程可以用齐次坐标形式表示为

$$\begin{bmatrix} x' \\ y' \\ z' \\ 1 \end{bmatrix} = \begin{bmatrix} \cos\theta & -\sin\theta & 0 & 0 \\ \sin\theta & \cos\theta & 0 & 0 \\ 0 & 0 & 1 & 0 \\ 0 & 0 & 0 & 1 \end{bmatrix} \cdot \begin{bmatrix} x \\ y \\ z \\ 1 \end{bmatrix} \tag{3-43}$$

更简洁的形式为

$$\boldsymbol{P}' = \boldsymbol{R}_z(\theta) \cdot \boldsymbol{P} \tag{3-44}$$

同理，可以得到绕其他两个坐标轴旋转的变换公式。

绕 x 轴旋转的变换公式

$$\begin{cases} y' = y\cos\theta - z\sin\theta \\ z' = y\sin\theta + z\cos\theta \\ x' = x \end{cases} \tag{3-45}$$

其中，参数 θ 表示指定的旋转角。三维绕 z 轴旋转方程可以用齐次坐标形式表示为

$$\begin{bmatrix} x' \\ y' \\ z' \\ 1 \end{bmatrix} = \begin{bmatrix} 1 & 0 & 0 & 0 \\ 0 & \cos\theta & -\sin\theta & 0 \\ 0 & \sin\theta & \cos\theta & 0 \\ 0 & 0 & 0 & 1 \end{bmatrix} \cdot \begin{bmatrix} x \\ y \\ z \\ 1 \end{bmatrix} \tag{3-46}$$

更简洁的形式为

$$\boldsymbol{P}' = \boldsymbol{R}_x(\theta) \cdot \boldsymbol{P} \tag{3-47}$$

绕 y 轴旋转的变换公式

$$\begin{cases} z' = z\cos\theta - x\sin\theta \\ x' = z\sin\theta + x\cos\theta \\ y' = y \end{cases} \tag{3-48}$$

其中，参数 θ 表示指定的旋转角。三维绕 z 轴旋转方程可以用齐次坐标形式表示为

$$
\begin{bmatrix} x' \\ y' \\ z' \\ 1 \end{bmatrix} = \begin{bmatrix} \cos\theta & 0 & \sin\theta & 0 \\ 0 & 1 & 0 & 0 \\ -\sin\theta & 0 & \cos\theta & 0 \\ 0 & 0 & 0 & 1 \end{bmatrix} \cdot \begin{bmatrix} x \\ y \\ z \\ 1 \end{bmatrix} \tag{3-49}
$$

更简洁的形式为

$$
\boldsymbol{P}' = \boldsymbol{R}_y(\theta) \cdot \boldsymbol{P} \tag{3-50}
$$

3.4.6 一般三维旋转

图形绕空间中任意轴（不通过坐标原点）的旋转，可以用组合变换实现。若给定旋转轴和旋转角，可以按照以下步骤来实现所需的旋转变换。以绕直线 P_1P_2 旋转 θ 角的过程为例，步骤可分解为：

（1）把点 P_1（x_1，y_1，z_1）移至坐标原点。

（2）绕 x 轴旋转，使直线与 xOz 平面重合。

（3）绕 y 轴旋转，使直线与 z 轴重合。

（4）绕 z 轴旋转 θ 角。

（5）执行步骤（3）的逆变换。

（6）执行步骤（2）的逆变换。

（7）执行步骤（1）的逆变换。

当然可以将旋转轴变换为 3 个坐标轴的任意一个，但通常选择 z 轴。图 3-34 所示为一般三维旋转变换。其变换公式可以自行推导。

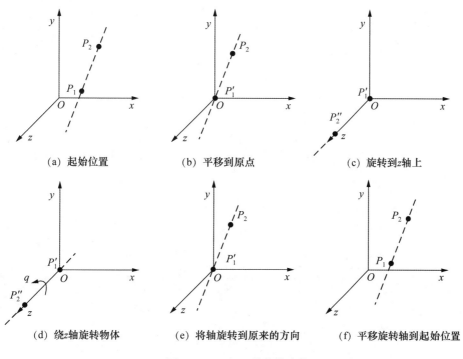

图 3-34 一般三维旋转变换

3.5 思 考 题

1. 未来 CAD 技术的发展趋势是什么？
2. 计算机中形体的表示方法有哪些？各有什么优缺点？
3. 什么是拓扑信息？形体在计算机内通常如何表示？
4. 什么是正则形体和非正则形体？
5. 简述特征建模的种类。
6. 简述 ACIS 的功能特点。
7. 基本的图形变换有哪些？各自的变换矩阵如何？
8. 试推导一般三维变换公式。

第 4 章　CAPP　技　术

　　工艺设计是制造企业技术部门的主要工作之一，其设计效率和质量对生产的组织、产品质量、生产率、产品成本、生产周期等有着极大的影响。长期以来，模具加工车间的工艺文件的编制主要依赖于手工，模具种类多、批量小，工艺设计烦琐、规范性差，以及成熟的工艺经验与知识难以保存和借鉴等原因，导致了工艺设计时间长、协同工作困难、工艺文档保存困难、工艺规程的质量难以保证等问题。

　　CAPP 可以使工艺人员从烦琐重复的事务性工作中解脱出来，迅速编制出完整而详尽的工艺文件，缩短生产准备时间，提高产品制造质量，进而缩短整个产品的开发周期。从发展看，CAPP 可以从根本上改变工艺过程设计的"个体"劳动与"手工"劳动性质，提高工艺设计质量，并为制定先进合理的工时定额和改善企业管理提供科学依据；同时，还可以逐步实现工艺过程设计的自动化及工艺过程的规范化、标准化与优化。

4.1　概　　述

4.1.1　CAPP 的基本概念

　　CAPP 是指借助计算机软、硬件技术和支撑环境，利用计算机进行数值计算、逻辑判断和推理等来制定零件的加工工艺过程。用户凭借 CAPP 系统可以有效解决手工工艺设计效率低、质量不稳定和一致性差等问题。

　　CAPP 的开发与研制开始于 20 世纪 60 年代末，其在制造自动化领域的发展较迟。1969 年，挪威推出世界上第一个 CAPP 系统——AUTOPROS，而在 CAPP 发展史上具有里程碑意义的是设在美国的国际性组织 CAM-Ⅰ 在 1976 年推出的 CAM-Ⅰ's Automated Process Planning（CAPP）系统。经过几十年的发展，国外对 CAPP 技术进行了大量的探讨与开发，已开发出数量众多的 CAPP 系统，而且有不少系统已投入生产实践。

　　我国对 CAPP 的研究开始于 20 世纪 80 年代初。1982 年，同济大学研制出 TOJICAPP 系统。随后，北京理工大学研制出适用于车辆的回转体零件的 BITCAPP 系统，北京航空航天大学成功研制出 BHCAPP，华中理工大学开发了开目 CAPP 等。

　　经过几十年的发展，人们关于 CAPP 的研究虽然取得了不少的成果，但到目前为止，CAPP 的应用仍有一些不足之处：① 应用范围狭隘。大多数企业仅仅将 CAPP 应用在模具加工工艺的设计上，CAPP 应用应从以零组件为主体对象的局部应用向以产品为对象的全生命周期的应用转变，实现产品工艺设计与管理的一体化，建立企业级的工艺信息系统。② 应用水平浅显。大多数企业只是基于 CAPP 应用基础进行生产制造，不能有效总结行业工艺设计经验和设计知识，并从根本上解决企业有经验的工艺师匮乏的问题。③ 存在基于三维 CAD 的工艺设计与管理问题。如何将工艺和三维 CAD 进行集成，如何基于三维 CAD 进行加工工艺设计和装配工艺设计等，是现在企业亟须解决的问题。④ 存在 CAPP 系统与其他应用系统的集成问题。不少企业因为对 CAD、CAPP、ERP 是分阶段、在不同时期应用的，所以存在"信息孤岛"现象，工艺数据的价值没有得到最大化利用。
⑤ CAPP 和 PDM 中的管理功能存在冲突。随着企业 PDM 的推广应用，要求 CAPP 工艺管理功能和 PDM 的管理功能有明确的分工和定位。

20 世纪 80 年代以来，模具制造业对 CAD/CAM 集成化的要求越来越强烈，而 CAPP 在 CAD、CAM 中间起到桥梁和纽带作用。在集成系统中，CAPP 必须能直接从 CAD 模块中获取零件的几何信息、材料信息、工艺信息等，以代替人机交互的零件信息输入；CAPP 的输出则是 CAM 所需的各种信息。在先进制造系统的生产环境中，CAPP 系统与先进制造系统中的其他子系统有着紧密的联系，图 4-1 所示为 CAPP 系统与信息化系统中的其他主要子系统的信息流，图中，MRP Ⅱ（Manufacturing Resource Planning）为制造资源计划，CAQ（Computer Aided Quality）为计算机辅助质量。

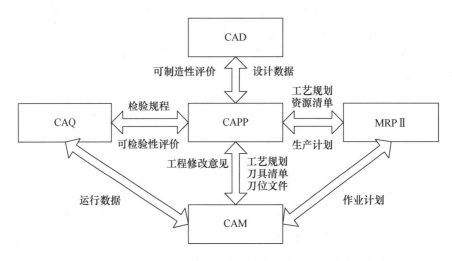

图 4-1　CAPP 系统与信息化系统中的其他主要子系统的信息流

（1）CAPP 接收来自 CAD 系统的产品几何、拓扑信息，以及材料信息和精度、粗糙度等工艺信息；为满足并行产品设计的要求，需要向 CAD 系统反馈产品的结构工艺性评价信息。

（2）CAPP 向 CAM 提供零件加工所需的设备、工装、切削参数、装夹参数、加工过程以及反映零件切削过程的刀位文件和 NC 加工指令，同时接收 CAM 反馈的工艺修改意见。

（3）CAPP 向工装 CAD 提供工艺过程的文件和工装设计任务书。

（4）CAPP 向管理信息系统（MRP Ⅱ）提供工艺规程、设备、工装、工时、材料定额等信息，同时接收 MIS 发出的技术准备计划、原材料库存、刀具量具状况、设备变更等信息。

（5）CAPP 向 CAQ 系统提供工序、设备、工装、监测等工艺数据以生成质量控制计划和质量检测规程，同时接收 CAQ 系统反馈的控制数据，用以修改工艺过程。

因此，CAPP 对于保证信息化制造系统中的信息畅通是非常重要的，有助于实现真正意义上的集成。

4.1.2　CAPP 的基本结构

不同 CAPP 的开发环境、产品对象、规模大小等有所不同，但其基本结构相同，即由

零件信息的获取、工艺决策、工艺数据库/知识库、人机交互界面和工艺文件管理/输出 5
大部分组成，可概括为以零件信息模型为输入，以制造信息模型为基础，以工艺约束模型
为约束条件输出满足用户的工艺规程模型。图 4-2 所示为 CAPP 系统组成。

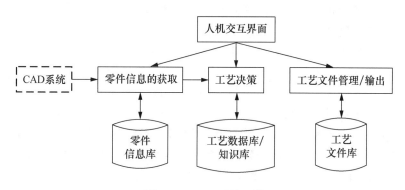

图 4-2 CAPP 系统组成

（1）零件信息的获取。零件信息是由 CAD 导入集合参数或手工输入，为工艺决策和
工艺规程输入的信息，包括转换数据格式、零件编码建模、数据存储在内的转换过程。目
前，由于计算机还不能像人一样识别零件图上的信息，所以计算机必须有一个专门的数据
结构来对零件的信息进行描述。如何描述零件信息、选用怎样的数据结构存储这些信息既
是 CAPP 的关键技术，也是影响 CAPP 能否实用化的关键问题。

（2）工艺决策。工艺决策是指对标准工艺进行检索、调用、修改和编辑，生成零件的
工艺规程（派生法）；或是以零件信息为依据，按照预定的顺序或者逻辑，调用有关工艺
数据或者规程，并且进行必要的比较、计算和决策，生成零件的工艺规程并进行适当的编
辑和修改（创成法）。

（3）工艺数据库/知识库。工艺数据库/知识库是 CAPP 系统的支撑工具，包含工艺设
计所要求的工艺数据（如加工方法、加工余量、切削用量、机床、刀具、量具、辅具、材
料、工时、成本核算等多方面的信息）和规则（包括决策规则、加工方法选择、工序工步
归并规则等）。如何组织和管理这些信息，使之便于调用和维护，适用于各种不同的企业
和产品，是 CAPP 系统迫切需要解决的问题。

（4）人机交互界面。人机交互界面是用户的工作平台，用于控制与协调系统各模块的
运行。

（5）工艺文件管理/输出。管理和维护系统工艺文件既是 CAPP 系统所要完成的重要
事项，也是整个 CAD/CAPP/CAM 集成系统的重要组成部分。工艺文件的输出部分包括工
艺文件的格式化显示、存盘和打印等内容。系统一般能输出各种格式的工艺文件，有些系
统还允许用户自定义输出格式，有些系统还能直接输出零件的 NC 程序。

4.1.3 CAPP 的类型

目前，按照传统的设计方法和工作原理，CAPP 系统主要包括 4 种类型：检索式、派
生式、创成式和综合式。

（1）检索式 CAPP 系统。

这一系统实质上是一个工艺规程的技术档案管理系统。该系统事先将已编好的零件工

艺过程存入计算机数据库，当需要对某一零件进行工艺设计时，可以先检索已存储的零件加工工艺规程，如果合适则直接调用，否则删去，另行编制其加工工艺并存入计算机数据库，以备以后查用。检索式 CAPP 系统很容易建立，适用于工艺规程较稳定的工厂。但是其功能弱，生成工艺规程的自动决策能力较差，局限性大。

（2）派生式 CAPP 系统。

派生式 CAPP 系统（又称变异式 CAPP 系统或样件法 CAPP 系统）。派生式 CAPP 系统由检索式 CAPP 系统发展和派生而来，以成组技术的相似性原理为基础将零件按几何形状及工艺相似性分类、归族。每一族有一个主样件，用户根据此样件建立加工工艺文件，即典型工艺规程，存入典型工艺规程库。当需要设计一个新零件的工艺规程时，用户根据其成组编码，确定其所属零件族，由计算机检索出相应零件族的典型工艺规程，再根据当前零件的具体要求对典型工艺进行修改，最后得到所需的工艺规程。派生式 CAPP 系统的工作原理简单，易于开发，目前企业中运行的系统大多为派生式 CAPP 系统。但是这种系统具有浓厚的企业色彩，柔性差，移植性也较差。图 4-3 所示为派生式 CAPP 系统原理。

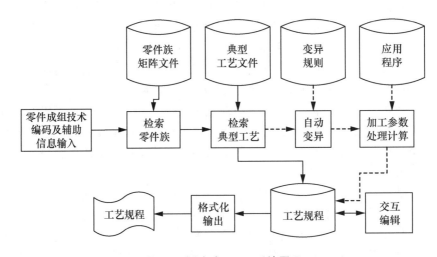

图 4-3　派生式 CAPP 系统原理

（3）创成式 CAPP 系统。

创成式 CAPP 系统可以定义为一个能综合加工信息，自动地为一个新零件制定出工艺规程的系统，即通过逻辑推理规则、公式和算法等对零件的信息做出工艺决策，从而自动地"创成"一个零件的工艺规程。创成式 CAPP 系统具有较高柔性，适应范围广，便于 CAD 系统和 CAM 系统的集成。但是由于计算机模拟人的思维模式的技术难题的阻碍，创成式 CAPP 系统还不尽如人意，未达到可使用的程度。图 4-4 所示为创成式 CAPP 系统原理。

（4）综合式 CAPP 系统。

综合式 CAPP 系统亦称半创成式系统，是将派生式与创成式相结合，利用各自的优点而开发的 CAPP 系统。目前这种模式应用较多，如基于实例与知识的混合式 CAPP 系统、将组成技术与专家系统相结合的混合式 CAPP 系统。

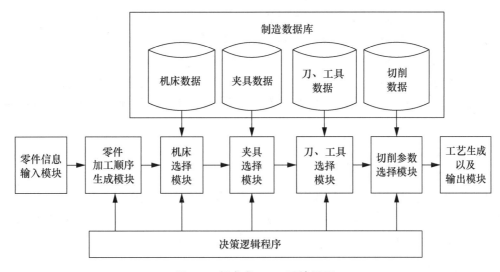

图 4-4　创成式 CAPP 系统原理

4.2　工艺设计标准化

长期以来，人们均按"批量法则"组织生产，对于大量生产，采用比较先进的工艺方法，其工艺设计标准化程度较高。而对于中小批量生产，一般只能采用通用设备和万能工具进行加工，其工艺设计要求不规范、不严格，更谈不上标准化。但随着产品更新速度的加快，生产越来越向中小批量发展，为了将计算机推广应用到中小批量生产的企业工艺设计中，使工艺设计自动化，工艺设计标准化是必要的先决条件。工艺设计标准化的目的就在于使同类零件能够在相同条件下采用经过优化的标准工艺过程，并且用规范的语言描述这一过程。从应用计算机使工艺设计自动化的角度来考虑，工艺设计标准化的目标就是使较大范围内相似零件上的同一类型加工表面，在相同的生产条件下的工序工步标准化。

实践证明，成组工艺是促进中小批量零件工艺设计标准化的有力工具，而工序工步标准化思想在 CAPP 系统开发中的应用更加广泛。

4.2.1　成组技术与成组工艺的概念

成组技术（Group Technology，GT）是一门生产技术科学和管理技术科学，研究如何识别和发现生产活动中有关事物的相似性，并充分利用它把各种问题归类成组，寻求解决这组问题相对统一的最优方案，以取得所期望的经济效益。

利用成组技术在研究零件分类时，常采用"零件族"这一概念。零件族是一些在几何形状和几何尺寸上有相似加工步骤的零件的集合。同一零件族里的零件各不相同，但是总有一些相似点使它们成为同一零件族的成员。例如，根据零件几何形状、材料、毛坯类型、加工尺寸、加工设备等相似特征，可以将零件分为成组加工族；同样，还可以分为成组设计族、成组管理族。

传统的典型工艺是使同类型零件的整个工艺过程标准化。它可以大大减少编制工艺规程的工作量，缩短工艺准备周期，还可以使零件的加工工艺路线、加工方法、加工内容和工艺文件基本上统一起来。但同类型零件的数目并不多。

成组工艺也是工艺设计标准化的一种方法，是在典型工艺的基础上的进一步发展。它首先着眼于缩小工艺设计标准化的范围，从构成零件工艺过程的一道道工序出发，使工序标准化。因此，它不像典型工艺那样着眼于零件的整个工艺规程标准化，而是建立在零件相似性的基础上的工序标准化，不强求零件结构类型和功能的同一性，只集中于使零件的若干个工序具有相似性，就可以合并为成组工艺。

4.2.2 成组工艺设计方法

成组工艺设计的实质是为同族的相似零件规定标准的工艺规程和工艺装备。从短期角度看，成组工艺是面向单元布局工艺收敛性设计；从长期角度看，成组工艺使新品工艺设计有据可依，从而降低了预研风险，加快了新品研制的速度。

1. 复合零件法

复合零件法是利用一种复合零件来设计组成工艺的方法。该方法既可以针对某一具体零件，也可以针对虚构的零件。无论针对哪种零件，同族零件一定要具有待加工零件的所有表面要素。实际上，复合零件确定的表面要素包含了零件族内所有零件的表面要素特征。应用这个概念，可以确定出一个主样机作为其他相似零件的设计基础，它集中了全族的所有功能要素。通常，主样机是人工综合而成的。为此，一般可从零件中选择一个结构复杂的零件作为基础，把没有包括同族其他零件的功能按要素逐个叠加上去，即可形成该族的假想零件，即主样件。由于主样件包含了零件族的全部待加工表面要素或特征，因而按其设计的成组工艺，当然能加工零件族内所有的零件，只需要从成组工艺中删除不为某一零件所用的工序或工步内容，就形成了该零件的加工工艺。

表 4-1 所示为复合零件法示例。表 4-1 的左列是复合零件和 3 个零件组成的零件族，且该复合零件包含了 3 个零件的所有待加工表面特征。表 4-1 的右列是复合零件的成组工艺和 3 个零件的具体工艺。复合零件法一般只适用于不太复杂的回转体零件。

表 4-1 复合零件法示例

零件图	工艺过程
复合零件	C_1—C_2—XJ—Z
	C_1—C_1—XJ
	C_1—C_2—XJ
	C_1—C_1—Z

注：C_1—车端外圆；C_2—车另一端外圆、螺纹、倒角；XJ—铣键槽；Z—钻径向辅助孔。

2. 复合路线法

对于非回转体零件来说，因其形状极不规则，通过复合零件法形成主样件并不是一件容易的事情，为此一般不采用复合零件法，而改用复合路线法。它是在零件分类的成组基础上，把同族零件的工艺过程文件收集在一起，然后从族中选取结构最复杂、结构要素最全面、工艺路线最长的工艺过程作为代表，再将此基本路线与族内其他零件的工艺路线进行比较，并把其他零件有的而基本路线没有的工序按合理的顺序添加，形成最终的一个工序齐全、安排合理、满足全族零件要求的成组工艺。

表 4-2 所示为复合路线法示例。选取第一个零件的工艺路线作为基本路线，在此加工工艺路线中添加 C 工序，即形成全族零件的复合工艺路线。

表 4-2　复合路线法示例

零件图	工艺路线
	（选作代表工艺路线） X_1—X_2—Z—X
	X_1—C—Z
	X_1—X_2—Z
复合路线	X_1—X_2—C—Z—X

注：X_1—铣一面；X_2—铣另一面；Z—预钻槽孔或钻孔；C—车端面及镗孔；X—铣槽。

4.2.3　零件分类编码系统

零件信息输入是实现 CAPP 的前提。该模块既是整个 CAPP 系统的关键模块之一，也是 CAPP 系统开发的重要内容之一。它对零件的几何信息和工艺信息进行描述，将组成模具的特性字符化、代码化以达到以数代形，以便于录入数据库，进行计算机处理，统计分析，划分制件组，存储与检索信息，使计算机识别所给模具。

在成组技术条件下，产品零件的代码由两部分组成，即零件的识别码和零件的分类码。零件的识别码就是零件的件号或者图号，是唯一的。零件的分类码是在成组技术条件下提出来的，可以反映出零件固有的功能、名称、结构形状、工艺、生产等信息。分类码对某种零件而言并不是唯一的，不同的零件可以拥有相同的分类码，在按成组技术组织生产时，必须同时将零件的识别码与分类码结合应用。

零件分类的基本依据包括 3 个方面，分别为：

（1）结构特征。

（2）工艺特征。

（3）生产组织与计划特征。

零件分类编码系统主要可以分为以下 3 类：

（1）面向零件设计特征的分类编码系统。

（2）面向零件制造特征的分类编码系统。

（3）面向零件设计和制造的分类编码系统。

零件分类编码系统的结构包括以下 3 种：

（1）独立环节的分类系统——链式结构。

（2）关联环节的分类系统——树式结构。

（3）混合环节的分类系统——混合结构。

在现有的零件分类编码系统中，德国的 OPITZ 系统、日本的 KK-3 系统以及我国的 JLBM-1 系统应用比较广泛。

1. OPITZ 系统

OPITZ 系统是一个十进制 9 位代码的混合结构分类编码系统，是由德国 H. Opitz 教授领导的机床和生产工程实验室开发的。这一系统逐渐完善，被用于成组技术，并且被广泛用于模具制造、设计和生产管理。图 4-5 所示为 OPITZ 系统的基本结构。最早的 OPITZ 系统只有 5 位代码，也即目前所称的形状码。为了完善自己的系统，H. Opitz 教授在原有的 5 位形状码之后，又增补了 4 位所谓的"辅助码"。

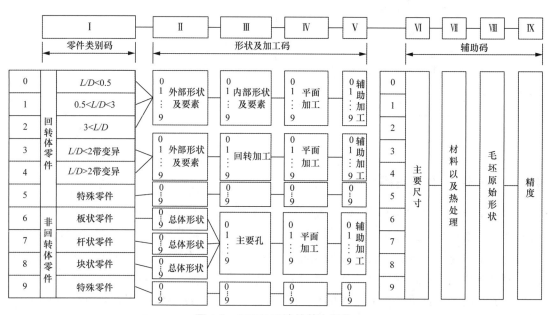

图 4-5　OPITZ 系统的基本结构

注：L/D 为长径比。

OPITZ 系统前面 5 个横向分类环节（码位）主要用来描述零件的基本形状要素。第 1 个码位主要用来区分回转体与非回转体零件。对于回转体零件，它用 L/D 来区分盘状、短轴和细长轴零件；接着提出了回转体零件中的变异零件和特殊零件，如用各种多边形型钢制成的回转体零件以及偏心零件和多轴线零件等。对于非回转体零件，则用长（A）、宽

（*B*）、高（*C*）的相对关系 A/B 与 A/C（$A>B>C$）来区分杆状、板状和块状零件。同样，在非回转体零件中也考虑了特殊形状零件。系统的第 2 个码位至第 5 个码位，则是针对第 1 个码位中所确定的零件类别的形状细节，做进一步的描述并细分。对于无变异的正规回转体零件，则按外部形状→内部形状→平面加工→辅助孔、齿形和成型加工这样的顺序细分。对于有变异的非正规回转体零件，则按总体形状→主要孔→平面加工→辅助孔、齿形和成型加工的顺序细分。至于回转体与非回转体中的特殊零件，其第 2 个至第 5 个码位分类标志内容均留给用户按各自产品的特殊零件结构、工艺特征来确定。

OPITZ 系统的辅助码部分，实际上是一个公共部分，即不论回转体或非回转体零件，均需利用到这个部分，故这一部分的码位都为独立的，与前面的主码部分互不相干。辅助码部分从第 6 个码位开始。第 6 个码位用来划分零件的主要尺寸，对于回转体零件是指其最大直径 *D*；对于非回转体零件则是指其最大长度 *A*。第 7 个码位是以材料种类作为分类标志，但其中也附带考虑部分热处理信息。第 8 个码位的分类标志为毛坯原始形状，单有材料种类标志，只能知道零件由何种材料制成，例如某种零件系用碳钢制成，可是究竟该零件的毛坯是棒料还是锻件，尚有赖于毛坯原始形状这一标志加以说明。第 9 个码位则是说明零件加工精度的分类标志，其作用在于提示零件上何种加工表面有精度要求，以便在安排工艺时加以考虑。图 4-6 所示为用 OPITZ 系统对零件进行编码的示例。

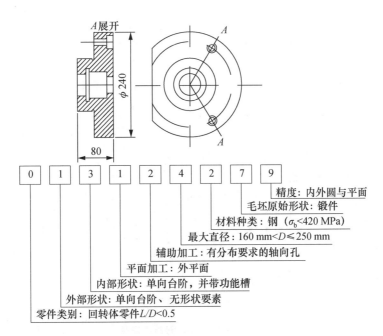

图 4-6　用 OPITZ 系统对零件进行编码的示例（单位：mm）

OPITZ 系统的特点可以归纳如下：

（1）系统的结构比较简单，仅有 9 个横向分类环节，便于记忆和手工分类。

（2）系统的分类标志虽然形式上偏重于零件结构特征和形状要素，但是实际上隐含着工艺信息。

（3）虽然系统考虑了精度标志，但由于零件的精度概念比较复杂，既有尺寸精度，又

85

有几何形状精度和相互位置精度，所以单用一个横向分类环节来表示并不完善。

（4）系统的分类标志尚欠严密和准确。

（5）系统从总体结构上看，虽属简单，但从局部结构看，仍十分复杂。

2. KK-3 系统

KK-3 系统是由日本通产省机械技术研究所提出的草案，并经过日本机械振兴协会成组技术研究会下属的零件分类编码系统分会多次讨论修改而成的，是一个供大型企业使用的十进制 21 位代码的混合结构系统，其基本结构如图 4-7 所示。

码位	I	II	III	IV	V	VI	VII	VIII	IX	X	XI	XII	XIII	XIV	XV	XVI	XVII	XVIII	XIX	XX	XXI
	名称		材料		主要尺寸			各部形状与加工													
								外表面						内表面				辅助孔			
分类项目	粗分类	细分类	粗分类	细分类	L（长度）	D（直径）	外廓形状与尺寸比	外廓形状	同心螺纹	功能槽	异形部分	成形（平）面	周期性表面	内廓形状	内曲面	内半面与内周期面	端面	规则排列	特殊孔	非切削加工	精度

(a) 回转体零件

码位	I	II	III	IV	V	VI	VII	VIII	IX	X	XI	XII	XIII	XIV	XV	XVI	XVII	XVIII	XIX	XX	XXI
	名称		材料		主要尺寸			各部形状与加工													
								弯曲形状		外表面				内表面				辅助孔			
分类项目	粗分类	细分类	粗分类	细分类	L（长度）	D（直径）	外廓形状与尺寸比	弯曲方向	弯曲角度	外平面	外曲面	主成形表面	周期面与辅助成形面	方向与阶梯	螺纹与成形面	主孔以外的内表面	方向	形状	特殊孔	非切削加工	精度

(b) 非回转体零件

图 4-7 KK-3 系统的基本结构

3. JLBM-1 系统

JLBM-1 系统是我国原机械工业部为在模具加工中推行成组技术而开发的一种零件分类编码系统。这一系统经过先后 4 次修订，于 1984 年正式作为我国原机械工业部的技术指导资料。该系统是在我国第一个分类编码系统 JLBM 系统的基础上，结合 OPITZ 系统和

KK-3 系统的优点，以及我国机床行业的具体情况发展而来的，适用于产品设计、工艺设计、加工制造和生产管理等方面。

　　JLBM-1 系统的结构可以说是 OPITZ 系统和 KK-3 系统的结合。它克服了 OPITZ 系统的码位少、分类标志不全和 KK-3 系统环节过多的缺点。JLBM-1 系统是一个有 15 位代码的混合结构分类编码系统，每个码位用 0～9 这 10 个数字表示不同的特征项号。在 15 个码位中，第 1、2 个码位是零件功能名称码，第 3～9 个码位是形状及加工码，第 10～15 个码位是辅助码。图 4-8 所示为 JLBM-1 系统的基本结构。可以看出 JLBM-1 系统的结构和 OPTIZ 系统基本是相同的。只是为了弥补 OPTIZ 系统的不足，JLBM-1 系统把 OPTIZ 系统的形状及加工码予以扩充，把 OPTIZ 系统的零件类别码改为零件功能名称码，把热处理标志从 OPTIZ 系统中的材料热处理码中独立出来，主要尺寸码也由原来 1 个环节扩大为 2 个环节。因为系统采用了零件功能名称码，所以它也吸收了 KK-3 系统的特点。

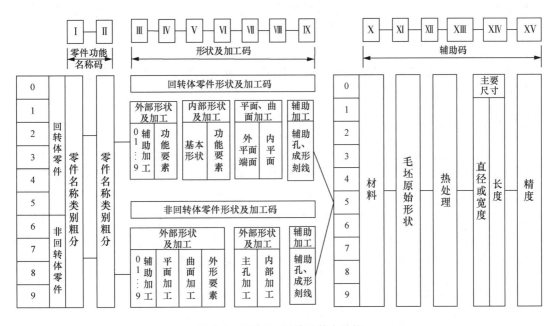

图 4-8　JLBM-1 系统的基本结构

　　JLBM-1 系统除了增加了形状及加工环节，还增加了功能名称环节，因而比 OPITZ 系统容纳更多的分类标志。

　　JLBM-1 系统作为我国模具行业中推行成组技术用的一种指导性零件分类编码系统，力求满足行业中各种不同产品零件的分类需求。但要想令人满意地达到这一目标是相当困难的，因为模具产品零件的品种范围极广，所以要用一个产品零件分类编码系统包罗万象是不可能的。为此，JLBM-1 系统中的形状及加工环节完全可以由企业根据各自产品零件的结构工艺特征自行设计安排。而零件功能名称、材料种类与毛坯类型、热处理、主要尺寸、精度等环节则应该成为 JLBM-1 系统的基本组成部分。做好这个部分的统一工作，使之具有通用性，意义十分深远。

4.3 CAPP 的使能技术

4.3.1 零件信息的描述和输入

CAPP 系统中的信息描述是指当 CAPP 系统进行工艺设计时，无论需要被设计零件的各种信息的初始状态如何，均需要计算机进行标识与存储。针对 CAD 系统的应用现状，通过人机交互输入零件信息的方式已成定局，研究出一种工艺设计人员可以接受的、快捷合理的信息描述与输入模式，是 CAPP 系统推广应用的关键所在。

CAD 系统提供的零件的信息包括两个方面的内容：一方面是采用文字方式表达的技术及管理信息，另一方面是采用图形和数字表达的零件几何信息。CAPP 系统对零件图形信息的描述有两个基本要求：一是描述零件的各组成表面的形状、尺寸、精度、粗糙度及形状公差等，二是明确各组成表面的相互位置关系、连接次序及其位置公差。根据这两个基本要求，CAPP 系统才能确定零件加工表面的加工方法以及相应的加工顺序。

针对不同的零件和应用环境，人们在开发 CAPP 系统时提出了很多零件信息描述与输入方法，下面进行简要介绍。

1. 零件分类编码描述法（GT 代码法）

在早期的 CAPP 系统中，一般采用零件分类编码系统。分类编码描述法的基本思路是用 GT 码来对零件信息进行描述与输入和对零件进行分组，以得到零件族矩阵和制定相应的标准工艺规程。这种方法简单易行，便于开发派生式 CAPP 系统。但它对零件的描述很粗略，对零件的具体形状、尺寸及精度等无法描述得十分清楚，使得 CAPP 系统不能获得足够的信息来详细、合理地进行工艺决策。现在所研制的 CAPP 系统中，一般很少单独采用此方法来描述零件。这种输入方法适用于变异型 CAPP 系统。

2. 图形要素描述法

为了详细描述零件的形状、尺寸等信息，可把一个零件看作是由若干个基本的几何要素组成的。几何要素分为主要素和辅助要素。就旋转体零件而言，主要素是指外表面的主要要素（外圆面、外锥面、外螺纹、外花键等外部特征）和内表面的主要要素（主要孔、锥孔、内螺纹、花键孔等内部特征），由它们构造出零件的整体形状。由于计算机确定粗加工顺序以及重新说明零件形状的需要，对主要素必须按照它们在零件上出现的位置依次进行描述。辅助要素则包括退刀槽、直槽、径向孔、轴向孔、倒角、圆角等，一般只需要在对零件精加工的时候考虑它们，且可对相同的几个要素一同描述，这大大缩短了输入时间。

将上述各种要素任意组合，对零件的各个要素进行编号，以便能正确地描述和输入零件各要素的尺寸、位置、精度、粗糙度等信息。这种方法虽然比较烦琐、费时，但是它可以比较完善、准确地描述和输入零件的图形信息。目前，世界上已有不少 CAPP 系统采用这种方法来描述零件特征信息，这种方法尤其适用于描述不太复杂的回转体特征，如德国汉诺威大学 K. W. Prack 开发的单件小批生产的 CAPP 系统以及西安交通大学 CAD/CAM 研究所研制的旋转零件 CAPP 系统（RIMS）就采用了这种方法。对于描述和输入回转体零件的要素，图形要素法已经进入了成熟阶段；但是，对于非回转体零件的图形要素描述则有一定的难度。

3. 面向零件特征要素法

对于零件形状复杂，尤其是非回转体零件的准确描述十分困难，但其制造工艺并不是十分复杂。这类零件的加工关键在于夹具、刀具和测具的设计、制造。对其工艺过程的编制只需要确定加工方法和顺序，指出它们的定位基准与夹紧表面，规定夹具、刀具和测具的编号等即可。因此，对于此类零件，只需要描述零件的特征组成，然后根据零件的特征组成就可以做出工艺决策。

对于 CAD 和 CAPP 这两个不同的应用领域，特征具有不同的含义和表达形式，从集成的需要出发，在分类特征时，就要考虑使面向功能的设计特征与面向加工的制造特征达到统一。由于设计特征和制造特征都可以用形状特征表示，所以在几何描述上它们并无本质区别，而且由于零件上任何形状的特征都是被制造出来的，即都是制造特征，因此，设计特征和制造特征的本质差别就是工程语义的不同。根据这一思想，对特征定义如下：特征是一个或多个对设计或制造都有意义的几何形体或实体，它可由某种基本的加工形成。这样就把零件的描述和加工方法对应起来，使得设计特征和制造特征达到了统一。图 4-9 所示为零件特征信息结构。

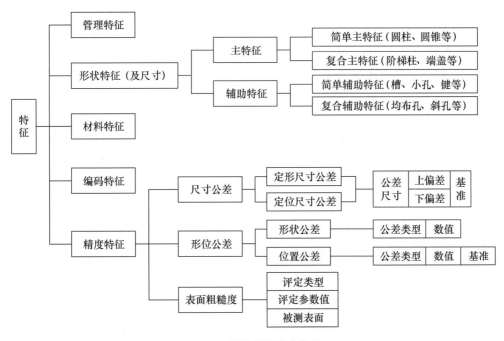

图 4-9 零件特征信息结构

（1）管理特征是指用于描述零件的管理信息，对应于零件图纸标题栏中的部分，如设计日期、零件的名称、零件的图号等内容。

（2）形状特征（及尺寸）是零件特征造型的主要部分。在这里把零件的图纸信息描述为具有一定工程意义的几何信息、基本尺寸以及位置信息。按照在零件结构上不同特征的主次关系，把形状特征分为主特征和辅助特征两大类。主特征又可分为简单主特征和复合主特征，辅助特征又可分为简单辅助特征和复合辅助特征。

（3）材料特征包括零件的材料信息、毛坯形式及热处理信息。

（4）编码特征是根据零件的整体结构特征及编码系统生成的零件编码。

（5）精度特征是用来描述零件设计图纸的几何精度信息，包括零件尺寸公差、形状公差、位置公差及表面粗糙度等精度信息。

4. CAD 信息直接获取法

上述方法在某些程度上可以解决 CAPP 系统对零件信息的描述和输入问题，为系统提供工艺过程编制所需的必要信息。但是，上述方法的输入方式烦琐、耗时及信息不易描述等问题亟须解决。一般认为，解决零件信息描述和输入问题的理想办法是使 CAD、CAPP 和 CAM 之间能够顺畅地进行数据交换、传递和共享。

从 CAD 系统中直接提取信息是指将 CAD 系统已有信息，直接提取到 CAPP 系统中，这种提取一般在 PDM 系统平台上实现，需要 CAD 系统输出接口。目前使用的 CAD 系统的数据结构各异，既有二维图形又有三维图形，要实现图形信息的有效提取非常困难。其主要难点在于：一般 CAD 系统都是以解析几何作为其绘图基础的，绘图的基本单元是点、线、面等要素，其输出的结果一般是点、线、面以及它们之间的拓扑关系等底层的信息；在 CAD 的图形文件中，没有诸如公差、粗糙度、表面热处理等工艺信息，即使对这些信息进行了标注，也很难将这些信息提取出来或找到这些信息与几何信息的内在联系；CAD 系统种类繁多，其输出格式不但与绘图方式有关，更重要的是与 CAD 系统内部对产品或零件的描述与表达方式有关，即 CAPP 系统能接收一种 CAPP 系统输出的零件信息，却不一定能接收其他 CAD 系统输出的零件信息。

从 CAD 系统中直接输入零件信息主要有以下 4 种方法：

（1）特征识别法。

对 CAD 的输出结果进行分析，按一定的算法识别、抽取出 CAPP 系统能识别的基于特征的工艺信息。目前这项研究只在对比较简单的零件的识别上取得了一些进展，在对于复杂的零件的自动识别上则是毫无进展。

（2）基于特征拼装的计算机绘图与零件信息的描述和输入方法。

造型时采用特征的设计方法，设计人员在拼装各种特征的同时，即赋予各个形状特征以尺寸、公差、粗糙度等加工信息，其输出的信息也是以这些形状特征为基础来组织的，所以 CAPP 系统能够接收上述输出的信息。此方法的关键是建立基于特征的、统一的 CAD/CAPP/CAM 零件信息模型。目前，这种方法已应用于多种 CAPP 系统中。

（3）基于三维特征造型的零件信息描述和输入方法。

二维图纸所提供的信息不够完善、完整，那么准确的工艺数据也就无从获取。通过深度集成 CAPP 系统与三维 CAD 软件可以弥补这一不足。计算机集成制造的发展对 CAPP 与三维 CAD 软件的深度集成提出了越来越高的要求。

（4）基于产品数据交换规范的产品建模与信息输入方法。

要实现 CAD/CAPP/CAM 的集成，最理想的方法是为产品建立一个完整的、语义一致的产品信息模型，如 STEP 产品数据交换标准、美国的 IGES 等。

ICAPP（Integrated Computer Aided Process Planning）系统是由英国曼彻斯特理工大学开发的非回转零件 CAPP 系统。该系统从产品定义的图形上选择需要处理的几何特征，主要靠高水平的用户交互操作，即从图形工作站上的 Computervision CAD 系统中获得 CAPP

信息，以映射为主。

TIPPS（Totally Integrated Process Planning System）是由美国普陀大学开发的 CAD 与 CAPP 集成系统，用于非回转零件的工艺过程的生成。在 TIPPS 中，待加工表面识别由工艺师完成。TIPPS 能显示轴测零件图形和一个表面类型代码表。用户首先将光标移至表中，选取一个表面，如槽（Slot）代码为 206；然后将光标移至零件上，并让光标落在代码表相对应的表面上。光标移动以及通过计算机已选中的回答信号由鼠标完成。一个表面被识别后，其相应的代码以及几何和属性数据就被取出并存在数组中，通常还要补充一些其他信息，具体视 CAD 系统的不同而异。当所有待加工表面被识别之后，这些取出的待加工表面制作特征信息将按照一定的格式存在一个数据文件中，供工艺生成时调用。

5. 图纸信息的描述与人机交互式输入

人工识别分析零件图纸，即要求人工对设计图纸的零件图进行二次输入。因为输入过程费时费力、易出错，有时甚至还不如手工编制快，所以工艺人员在生产中不愿意使用这种方法。最理想的方法是利用 CAD 系统进行零件设计，就是利用 CAPP 进行零件信息输入，从而避免零件信息的二次输入。

6. 柔性编码法

柔性编码系统是由固定码和柔性码两部分组成的。它结合了固定编码和柔性编码的特点，以达到更好的数据压缩和传输效果。

固定编码是指使用固定长度的编码来表示出现频率较高的数据，如使用固定长度的二进制编码。固定编码方式简单、高效，适用于出现频率较高的数据，可以实现较高的压缩比。然而，对于出现频率较低的数据，固定编码会浪费空间，导致压缩效果下降。

柔性编码是指使用可变长度的编码来表示出现频率较低的数据。柔性编码根据数据出现的概率分布，为出现频率较低的数据分配较短的编码，从而实现更高的压缩比。柔性编码通常使用霍夫曼编码、算术编码等方法生成，能够根据数据的统计特性来灵活地调整编码长度，以适应不同数据的压缩需求。

柔性编码系统通过使用固定编码和柔性编码的组合，充分利用编码长度来适应不同数据的特点和分布情况，从而实现更高的数据压缩和传输效果。这种编码系统常用于数据压缩、通信传输、储存等领域，能够提高数据传输的效率和可靠性。

7. 体元素描述法

体元素描述法把零件看作由若干种基本几何体按一定位置关系组合而成。利用该方法可以根据产品零件的结构形状特征，设计一组体元素模型；还可以设计一组以基本体元素按一定位置关系组成的零件标准图形。

4.3.2　CAPP 系统的输出

一般来说，CAPP 系统输出的是工艺规程文件，它是专用格式的表格文件。大多数的输出文件中还需要包含工序图。CAPP/NC 集成系统还输出零件的数据加工程序。

1. 工艺规程文件

工艺规程文件是在计算机辅助下进行制造过程规划的文件。它包含了制造产品所需的工艺信息和操作步骤，以指导生产过程中的各项工作。

工艺规程文件通常由制造工程师或专业人员编制，用于记录和传达制造产品的工艺要求和规范。这些文件包括工艺路线（Routing）、工艺参数（Process Parameter）、设备和工具要求、质量控制和检测要求、安全和环保要求等。工艺规程文件的编制和使用能够提高生产过程的效率和质量，减少生产过程中的错误和重复工作。工艺规程文件为制造企业提供了标准化和规范化的工艺指导，以确保产品能够按照设计要求进行生产。这些文件也为培训新员工提供了指导和参考，能够使其快速适应和掌握制造工艺。

2. 工序图

不同的用户对工序图提出的要求也不同。一般来讲，工序图应能清楚地表达被加工零件的类型、名称、定位基准、工序尺寸、对刀点及坐标系统等。工序图的生成方法应按具体情况选用。对于形状较简单的回转零件，工序图可以伴随工艺生成过程同时生成。一般来说，可以随工艺生成过程同时生成数据文件，然后通过 CAD 系统绘制出工序图；也可以建立专门的工序图绘制模块，通过各种 CAD 的绘图方法绘制工序图，虽然集成度差一些，但较简单实用。

3. NC 加工工序卡

工艺过程代码文件是 CAPP 系统的基本输出文件之一。NC 加工工序卡提供了加工过程的详细说明，包括加工顺序、加工要求等信息，为生成工艺过程代码文件提供了依据。工艺过程代码文件根据 NC 加工工序卡中提供的信息生成，确保 NC 机床按照预定的工艺要求进行加工。NC 加工工序卡和工艺过程代码文件在机械加工中起着相互补充的作用，共同确保了加工过程的准确性和高效性。

4.3.3 工艺决策

1. 工艺决策的内容和过程

工艺决策模块是 CAPP 的关键部分之一。它可以根据工艺设计人员输入的零件信息、工艺数据库和知识库中的数据、知识及规则，通过各种算法等实现零件加工工艺的决策，可将工艺决策的内容和过程描述如下：

（1）分析与理解零件信息。

工艺决策是工序设计的主要内容，要先对零件信息进行分析与理解，也就是对零件切削表面进行识别，包括对其几何形状、尺寸公差、结构工艺性、技术要求等信息进行分析研究。这些在人工设计中是由工艺员读图完成的，但在计算机辅助工序设计中成了一项关键技术。在设计中，需要用计算机内部能够识别及处理的方式来描述零件信息，而且要能被 CAPP 系统接受，处理方式与描述方式是紧密相关的，对此，基于特征的产品建模技术的发展为零件工艺信息的计算机描述及处理提供了有效的途径。在特征与零件切削表面之间可以建立内在的联系，"形面要素""形体要素""加工特征"等实质上均可看作是对零件切削表面自身的信息以及各表面之间的组织关系的一种表达。如果在对零件信息的描述中采用了基于特征的方法，显然在工序决策时就能比较容易地根据特征识别结果来确认零件切削表面的信息，这正是当前 CAPP 系统普遍采用的一种方法。

（2）确定表面特征的加工方法。

在输入零件信息后，要先根据零件各种几何表面特征的加工要求，确定各种表面特征的加工方法，这是生成工艺路线的基础。每一种表面特征一般要经过不同的加工工序来达到它的各方面的要求。因此，加工方法的选择实际上是组成零件的各个表面要素的加工工序的选择。通过查表法进行加工方法的选择，从类似表 4-3 所示的表中选择合适的加工方法。加工方法的选择过程实际上是将零件信息与企业的资源进行匹配的过程。表 4-3 所示为典型孔切削表面各种加工方法达到的精度和表面粗糙度。

表 4-3　典型孔切削表面各种加工方法达到的精度和表面粗糙度

加工方法	加工情况	经济精度（IT）	表面粗糙度（Ra）/μm
钻	$\phi15$ 以下 $\phi15$ 以上	11～13 10～12	5～80 20～80
扩	粗扩 一次扩孔（铸孔或冲孔） 精扩	12～13 11～13 9～11	5～20 10～40 1.25～10
铰	半精铰 精铰 手铰	8～9 6～7 5	1.25～10 0.32～2.5 0.16～0.63
推	半精推 精推	6～8 6	0.32～1.25 0.08～0.32
镗	粗镗 半精镗 精镗（浮动镗） 金刚镗	12～13 10～11 7～9 5～7	5～20 2.5～10 0.63～5 0.16～1.25
内磨	粗磨 半精磨 精磨 精密磨（精修整砂轮）	9～11 9～10 7～8 6～7	1.25～10 0.32～1.25 0.08～0.63 0.04～0.16
研磨	粗研 精研 精密研	5～6 5 5	0.16～0.63 0.04～0.32 0.008～0.08
挤	滚珠、滚柱扩孔器、挤压头	6～8	0.01～1.25

每一种表面元素一般都要经过不同的加工工序来达到零件的设计要求，因此对加工方法的选择实际就是对加工工序的选择。一个表面元素的加工工序可表示为

$$S = \{P_1, f_1, P_2, f_2, \ldots, P_n, f_n\} \tag{4-1}$$

即从毛坯形状开始，需要先用加工方法 P_1 加工出中间形状 f_1，接着再用加工方法 P_2 加工出中间形状 f_2，……，直到用加工方法 P_n 加工出符合图纸要求的表面元素 f_n 为止。

通过加工方法选择所形成的加工工序序列称为加工链，图 4-10 所示为外旋转表面加工链，是选择典型加工方法的一种表达方法，达到同一加工要求可以有不同的加工链。

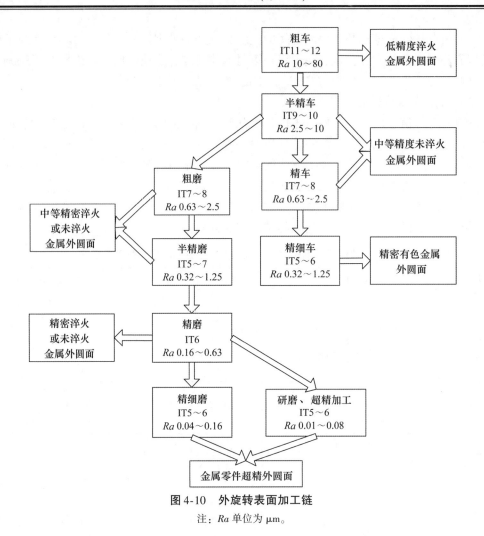

图 4-10　外旋转表面加工链

注：Ra 单位为 μm。

（3）生成工艺规程主干。

按照一定的工艺路线安排原则，将已选择好的零件各表面要素的加工方法按照一定的
先后顺序排列，以确定零件的工艺。一般工艺路线表示如下：

$$S = f(P, M_e, G, D_{ev}, T_{ec}, C_p)　　　　　　(4\text{-}2)$$

式中　　S——工艺路线；

P——所选加工方法集合；

M_e——加工机床集合；

G——零件各表面几何形状；

D_{ev}——各表面行为公差；

T_{ec}——工艺因素；

C_p——加工费用。

（4）工序排序。

工序排序就是确定各加工工序的先后顺序。它与加工质量、生产率和经济性密切相
关。安排加工工序首先要考虑的因素是工艺基准面。零件在加工时所用的工艺基准称为定
位基准。一般来说，定位基准的选择原则可以归纳为：定位基准应与设计基准重合；安装
面的导向面应选择尺寸较大者；便于夹紧，在加工过程中稳定可靠。

工序排序是工艺过程设计的重要环节，要考虑的因素很多，处理的方法在生产实践中更灵活。当前人工设计实践的初步分析表明，这一决策过程具有分级、分阶段性质，即分级、分阶段地考虑几何形状、技术要求、工艺方法以及以经济性或生产率为指标的优化要求等约束因素，排出合理的工序顺序。例如，工艺路线设计阶段的流程可以用图 4-11 表示。

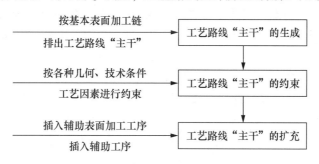

图 4-11　工艺路线设计阶段的流程

（5）工序详细设计。

对于模具加工工序来说，工序设计的内容包括：加工机床的选择，工艺装备（刀具、夹具、量具）的选择，工步内容和次序安排，加工余量的确定，工序尺寸的计算及公差的确定，切削用量的选择，时间定额的计算，加工费用的估算。

① 加工机床的选择。

加工机床的选择对于工序的加工质量、生产率和经济性都有很大影响。在进行加工机床选择时，一般调出 CAPP 系统内预先建立的机床数据库。它提供机床规格及平均经济加工精度信息，将其与零件所选择的加工方法信息相比较，然后做出决策。一般可先按照零件及其加工方法的要求做出初选，然后再根据选得的切削用量计算出切削力、切削功率以进行校核。有的系统还可根据生产过程计划对机床利用情况进行适当调整。

② 工艺装备（刀具、夹具、量具）的选择。

这与机床的选择有些类似，即同样需要根据零件信息和选择的加工方法信息，预先与建立在工装数据库中的信息相比较，然后做出决策。当没有现成的通用工装可利用时，CAPP 系统就应提出专门进行工艺装备设计的要求。

在模具加工中，零件、机床、刀具与夹具组成的工艺系统，是一个相互联系、相互影响的整体，因此，CAPP 系统的决策机制应努力反映这种联系，并帮助工艺员从全局中得到比较优化的决策结果。

③ 加工余量的确定。

加工余量由 3 个部分组成：上一工序的加工精度，包括上一工序的加工尺寸公差和上一工序的位置精度；上一工序的表面质量，因为上一工序加工后遗留下来的表面粗糙度和表面缺陷厚度应包含在本工序的余量中；本工序的安装误差，包含定位误差和夹紧误差。各工序间余量之和便成为该表面的总余量。在计算加工余量时可用概率法来综合分析，用分析计算法确定加工余量必须用充分的资料及统计数据，计算也十分复杂。所以，除了特别重要的关键零件或大批量生产的少数情况外，目前大多数工厂采用查表和经验相结合的方法来确定加工余量。

④ 工序尺寸的计算及公差的确定。

工序尺寸的计算一般采用"由后往前"的办法。先按零件图的要求，确定最终工序的尺寸及公差，再按确定的加工余量推算出前一道工序的尺寸，而公差则是由本工序加工方法的精度给出的。当工序设计中存在基准转换（工艺基准与设计基准不重合）时，就需要进行工序尺寸换算。对于位置尺寸关系比较复杂的零件，这种换算也比较复杂。工序尺寸计算常用尺寸链分析计算方法，图4-12所示为工序尺寸计算的工作流程。

在图4-12中，第一阶段是输入设计尺寸、工序尺寸（端点量）与余量位置。第二阶段是建立工序尺寸链，并由此组成设计尺寸链与余量尺寸链。第三阶段是确定工序尺寸公差，需进行尺寸校核，即校核设计尺寸公差能否得到保证。第四阶段是确定加工余量，需进行余量校核，即校核最小余量是否小于或等于零，公差校核可按组成环公差叠加。如果校核不通过，则重新调整工序尺寸公差或余量值，当调整后校核仍不通过时，则应显示出错信息，建议修改工序尺寸标注方法。第五阶段是建立设计尺寸树，用邻接矩阵来计算工序尺寸。

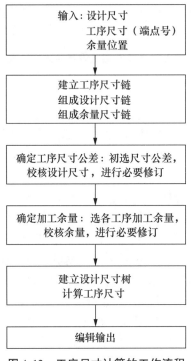

图 4-12　工序尺寸计算的工作流程

2. 工艺参数决策

工艺参数又称切削参数，一般是指切削速度（v）、进给量（f）和切削深度（a_p）。这些参数的选择对于加工时间、切削表面的质量、加工精度、机床的选择以及加工费用等会产生直接影响，而且很多约束条件又是相互制约的。所以，在进行工艺参数决策时，必须综合考虑多方面因素，努力求得各切削参数的优化组合。在CAPP系统中，常用的方法是预先建立适应本企业的切削用量数据库以供决策使用。

目前，国内外根据多年实验研究的积累，已经出版了多种实用的模具加工数据手册，包含了适用于不同的机床、刀具、零件材料、切削深度等条件的推荐的进给量和切削速度，可以提供良好借鉴。同时，有些工厂也以本厂实践为基础，收集厂内操作工人在实际生产中的经验数据，经过分析整理，相对于各种刀具的寿命规定出相应的切削速度、切削深度和进给量，并据此建立切削用量数据库。

3. 工艺决策技术

CAPP 系统的核心问题是工艺设计的决策方式。由于工艺决策涉及面广，影响因素多，所以其在实际应用中的不确定性较大。国内的研究习惯把工艺决策分为加工方法决策和加工顺序决策两个方面，而国外则把刀具轨迹计算、加工过程模拟等也作为工艺决策的一部分。工艺决策按其方式分为如下 3 种：

（1）计算决策。这是指可以采用数学计算的方法来解决问题，如加工余量、切削用量、工序尺寸和工时定额等都可以用有关公式进行计算和估算。在 CAPP 系统中，能够非常容易地用通用程序来解决，关键是建立数学模型。工艺学已经建立了很多理论计算公式，有些公式由于比较复杂而在过去手工制定工艺规程时一直得不到推广应用，但其在 CAPP 中可以发挥更大的作用。因此，CAPP 必将促进工艺理论和方法的发展，使得更多的工艺问题得以采用数学计算的方法解决。

（2）逻辑决策。这是指采用逻辑推理和判断的方法来解决决策问题，如加工方法的选择、加工阶段的划分、加工顺序的安排等应根据工艺知识和经验运用逻辑推理方法加以解决。逻辑决策的关键是工艺知识的获取和利用，这些工艺知识可以分为 3 类：经过工艺学研究总结，已经形成理论，以一系列工艺原则表示的知识；工艺常识（即事实性知识），其逻辑关系明显，在建立 CAPP 系统时，可以根据逻辑关系建立逻辑模型，并用合适的语言设计出相应的算法程序；工艺专家的个人经验和实践知识，它们是一种感性知识和模糊知识，其隐含的逻辑关系还有待进一步研究和建立。

（3）创造性决策。这是指只能依靠工艺人员的丰富经验或者灵感、顿悟才能解决的决策问题。这类问题往往具有不确定性和模糊性，所运用的经验或者灵感不可能表达为明确的逻辑形式，因而其求解带有很大的主观性和随机性。对于这类问题，不同的工艺专家会有不同的处理结果，同一工艺专家在不同的时间和场合也会存在处理上的差异。显然，采用传统的计算机程序是无法求解这类问题的。目前，研究人员正在尝试采用各种智能信息处理技术来解决这个难题。

目前，大部分创成式 CAPP 系统均采用逻辑决策技术。最常用的逻辑决策表达和实现的工具是决策表和决策树。

① 决策表。决策表由 4 个部分组成，表 4-4 所示为孔加工链选择决策表。表 4-4 中包含 4 个部分：条件桩、动作桩、条件项和动作项。条件桩为第一列中第一行至第五行的 5 项条件，通常认为列出的条件的次序无关紧要。与每项条件位于同一行的则为对应该条件的条件项，条件项取值为"T"时表示满足该条件，否则不满足。动作桩为第一列中第六行至第八行的 3 项动作，表示了该问题规定可能采取的操作。类似地，与每项动作位于同一行的则为对应该动作的动作项，动作项取值为"√"时，表示在该列的条件下执行动作，否则不执行。在表 4-4 所示的决策表中，除第一列外的每一列构成一条决策规则。

表 4-4　孔加工链选择决策表

条件桩	孔	T	T	T
	本身精度要求低	T		
	本身精度要求高		T	T
	位置精度要求低		T	
	位置精度要求高			T

续表

动	钻孔	√	√	√
作	铰		√	
桩	镗孔			√

决策表的优点如下：

a. 可以明晰、准确、紧凑地表达复杂的逻辑关系。

b. 易读、易理解，可以方便地检查遗漏及逻辑上的不一致。

c. 易于转换程序流程和代码。

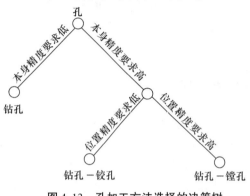

图 4-13　孔加工方法选择的决策树

② 决策树。

工艺决策树是一种树状图形的工艺逻辑设计工具，由树根、节点和分支组成。树根和分支间用数值相互联系，通常用来描述事物状态转换的可能性以及转换过程和转换结果，分支上的数值表示向一种状态转换的可能性。图 4-13 所示为孔加工方法选择的决策树，图 4-14 所示为决策树生成方法，表 4-5 所示为决策表生成方法。

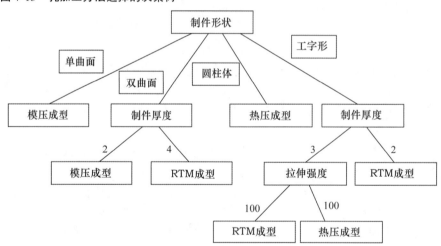

图 4-14　决策树生成方法

注：RTM 为树脂传递模塑（Resin Transfer Molding）。

表 4-5　决策表生成方法

样本	制件形状	制件厚度/mm	树脂	伸拉强度/Mpa	成型方法
1	单曲面	3	环氧树脂	100	模压成型
2	双曲面	2	环氧树脂	80	模压成型
3	圆柱形	3	聚酯树脂	100	热压成型
4	工字形	2	环氧树脂	80	RTM 成型
5	工字形	3	环氧树脂	100	RTM 成型
6	双曲面	4	环氧树脂	80	RTM 成型
7	工字形	3	环氧树脂	80	热压成型

决策树的优点如下：

a. 决策树容易建立和维护，可以直观、准确、紧凑地表达复杂的逻辑关系。

b. 决策树便于程序实现，其结构与软件设计的流程图很相似。

c. 决策树便于扩充和修改，适用于工艺过程设计。

4. 专家系统

专家系统以逻辑推理为主，从已经发生的大量经验事实中得出结论。专家系统包括知识库、推理机、解释器、数据库和人机接口。专家系统严格执行所定义的规则，通常规则与事实越详细，答案越准确，这也是空间换时间的一种方式。个别专家无法对某一问题给出准确答案，讨论与推理则赋予了专家系统诞生的条件，模糊计算等技术能解答特定满意度的概率问题。

知识库和推理机是专家系统的两大主要组成部分。知识库存储着从该领域专家那里得到的关于某个领域的专门知识，是专家系统的核心。工艺决策知识是人们在工艺设计实践中积累的认识和经验总结。工艺设计经验性强、技巧性高，但是工艺设计理论和工艺决策模型化工作仍不成熟，因此工艺决策知识的获取更加困难。目前，除了少数工艺决策知识可以从书本或有关资料中直接获取外，大多数工艺决策知识还必须从具有丰富实践经验的工艺人员那里获取。在工艺决策知识的获取中，可以针对不同的工艺决策子问题（如加工方法选择、刀具选择、工序安排等），采用对现有工艺资料分析、集体讨论等方式进行工艺决策知识的收集、总结与归纳。在此基础上，对工艺决策知识进行整理与概括，形成可信度高、覆盖面广的知识条款，并组织具有丰富工艺设计经验的工艺人员逐条进行讨论、确认，最后进行形式化。

推理机是执行问题求解规则的解释程序。推理机按照一定的控制策略选出规则，然后执行。在专家系统中，普遍使用 3 种推理方法：正向推理、逆向推理和混合推理。

① 正向推理是从已知事实出发推出结论的过程，其优点是比较直观，但由于推理时无明确的目标，因此可能推理的效率低。

② 逆向推理是正向推理的反过程，即先假设一个目标，然后在知识库中找出那些结论部分导致这个目标的知识集，再检查知识集中每条知识的条件部分，如果某条知识的条件部分所包含的条件能通过人机交互或数据库内容匹配，则把该条知识的结论加到当前数据库中，否则，将加入该条结论的条件作为子目标求解，直到"与"关系子目标都求得或者"或"关系子目标都求得，则将其加到数据库中。逆向推理的优点是不必使用与目标无关的规则，但当目标较多时，可能要多次提出假设，也会影响问题求解的效率。

③ 混合推理是联合使用正向推理和逆向推理的方法，一般来说，先用正向推理帮助提出假设，然后用逆向推理来验证这些假设。对于工艺过程设计等工程问题，一般多采用混合推理方法。

推理过程的控制策略主要解决的问题是求解过程知识的选择和应用顺序。控制策略的重点在于利用控制信息减少推理过程中的推理费用，以减少可用知识的匹配费用和应用费用。工艺过程设计的目标是产生工艺规程，而同一零件可以采用不同的加工方法达到设计要求，因而同一零件的工艺规程可以不同，故而工艺推理不宜采用反向推理策略，但适合采用正向推理策略。

同传统的程序设计方法相比，知识库与推理机是相分离的，因此除了知识库和推理机外，还需要有一个存放推理的初始事实或数据、中间结果以及最终结果的工作存储器，称为综合数据库或黑板。图 4-15 所示为 CAPP 工艺决策专家系统的构成。

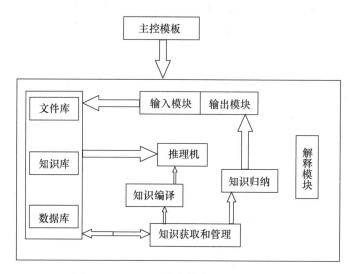

图 4-15　CAPP 工艺决策专家系统的构成

采用专家系统技术，可以实现工艺知识库和推理机的分离，在一定范围内或理想情况下，当 CAPP 系统应用条件发生变化时，可以修改或扩充知识库中的知识，而无须从头进行系统的开发。

4.4　CAPP 在模具制造中的应用

模具生产技术准备时间约占整个模具制造周期的40%，而模具工艺设计周期约占模具生产技术准备时间的20%。模具制造工艺的技术文件主要是为生产指挥管理、调度提供依据，所以模具制造工艺的水平对整个制造周期具有直接影响。如何将现代化工具——计算机引入模具制造工艺设计是模具制造业面临的新课题。

将 CAPP 软件应用于模具制造工艺中，不仅实现了模具制造与 CAD 技术的连接，还实现了模具制造与 CAM 软件的连接 CAPP 软件是连接模具设计和制造的中间枢纽，即设计只有借助 CAPP 才可转变为制造信息，实现和制造过程信息与功能的共享。CAPP 软件向计算机录入毛坯零件的基本情况和几何信息，再由计算机输出零件工艺内容和制造工序等。

模具作为塑性成型加工的重要工艺装备，其设计与制造水平直接影响着模具、电子等众多领域产品的质量和生产效率。但是模具的特殊性决定了需要将模具的设计与制造作为整体考虑，在设计、绘图、三维造型时需要利用 CAD 技术，在制定模具的加工工艺规程时需要利用 CAPP 软件，在模拟制造过程中需要利用 CAM 技术，在加工过程中还需要应用 NC 技术。近年来，CAD/CAPP/CAM 商业软件日益普及，计算机不仅可以用来设计模具和生成数据程序，还可以模拟模具的成型和使用过程。因此，计算机软件在模具的设计和制造过程中的应用空间广泛。

4.4.1　系统的总体结构

模具采用 CAPP 系统设计有两种方法：一种是用计算机对模具 CAD 的图形特征进行处理，自动生成材料清单和工艺卡片；另一种是基于多年模具生产所积累的大量知识经验，归纳总结各种模具比较完善的工艺标准，通过特定的计算机程序，在计算机中利用各类模具比较完善的标准工艺形成标准工艺知识库，通过对各类模具标准工艺的变异、检索、编辑，形成适合自身生产的工艺卡和工艺流程。

模具 CAPP 系统的特点如下：

（1）模具种类繁多。

（2）必须与相关行业的生产机制相吻合。

（3）必须符合企业（和行业）的标准化要求。

（4）能够实现信息的集成管理。

模具 CAPP 系统设计的目的是以通用模具的工艺设计为研究对象，与模具的生产管理机制相吻合，符合企业（和行业）的标准化要求，能够实现工艺信息的集成管理。

根据模具加工工艺的特点、模具制造车间的实际生产状况和具体需求，模具 CAPP 系统在设计形式上融合了派生式、创成式和人工智能 3 种方法。模具 CAPP 系统在内容上既包含基于典型组合件的典型工艺的生成，又包含基于特征的非标准零件的工艺生成；另外，还包括标准件的工艺生成，覆盖面比较广，既有针对性，又有一定的通用性。模具 CAPP 系统采用 C/S（客户机/服务器）结构，通过局域网共享和管理数据。其中，数据是以数据库的形式存放在后台服务器上。后台数据库和前台客户端应用软件以及连接前后台的网络共同构成模具 CAPP 系统。图 4-16 为模具 CAPP 系统流程。

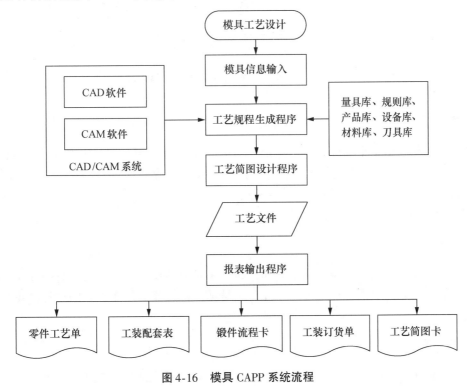

图 4-16　模具 CAPP 系统流程

4.4.2 模具 CAPP 系统功能介绍

模具 CAPP 系统是基于数据库结构的工艺设计管理系统，集成于 PLM、ERP 等系统中，主要由系统管理、特征工艺生成、工艺编辑、工艺生成、工艺辅助计算、报表输出、查询统计和帮助组成，如图 4-17 所示。

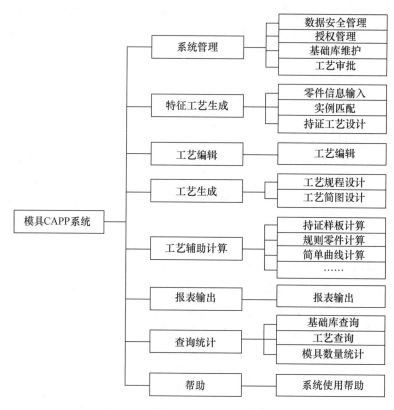

图 4-17 模具 CAPP 系统的功能模块

1. 系统管理

系统管理模块由 4 个部分组成，分别为：① 数据安全管理，涉及数据备份、数据恢复和事务日志；② 权限管理，涉及工艺人员管理、权限设置和项目管理；③ 基础库维护，涉及产品库、典型工艺库、材料库、设备库、刀具库以及量具库等多种信息库的维护和操作；④ 工艺审批，包含工艺流程控制等项目。

2. 特征工艺生成

特征工艺生成是指基于特征和工艺知识库的模具成型零件工艺生成。它由 3 个部分组成：零件信息输入、实例、特征工艺设计。它是基于特征和工艺知识库的非标准零件的工艺生成。

3. 工艺编辑

模具 CAPP 系统提供了多种方便快捷直观、所见即所得的工艺信息编辑手段，主要有下列手段：

（1）在工艺卡中进行插入、删除、修改、移动、交换和提取关联信息的操作。

（2）系统建立特殊符号库、标准术语库，便于工艺卡的编辑。

（3）在工艺卡的设计过程中，将成熟的工艺卡提升为典型工艺卡。

4. 工艺生成

模具 CAPP 系统的工艺生成管理主要有工艺签审流程管理及模具设计文档管理。

工艺生成提供典型组合件、标准件的成套工艺设计；工艺简图设计完成配套的工装配套表、锻（铸）件表及工艺简图卡。

5. 工艺辅助计算

工艺辅助计算提供特种样板计算、毛坯的体积、质量计算，还提供简单的曲线长度计算、展开件尺寸计算等。

6. 报表输出

报表输出提供零件工艺单、锻（铸）件流程卡、工艺装备订单货、工装配套卡和工艺简图卡。

7. 查询统计

查询统计提供各种分类查询功能和分类统计功能。

8. 帮助

帮助模块提供超文本方式的在线帮助。

4.4.3　系统数据库设计

CAPP 是沟通 CAD 与 CAM 的桥梁，不管是将 CAD 用于零件信息的描述，还是将 CAM 用于指导实际加工工艺生产，都存在着大量的数据信息，而 CAPP 作为两者之间的桥梁，存在大量的数据交换。因此，如何正确地利用和处理数据对整个系统来说显得至关重要。为了提高系统数据传输的速度、效率，则必须采用数据库技术对数据进行统一、高效的管理。工艺数据库是指 CAPP 系统在进行工艺设计时所使用和生成的工艺数据。系统进行新工艺设计，实际上就是系统对工艺数据库进行访问并利用传统加工工艺知识对工艺数据进行编辑和修改的过程。工艺数据库由零件结构信息、加工工序信息和加工工艺模板信息 3 个部分组成，包括详细描述结构工艺信息的编码、零件名称、零件加工的预算工时、实际工时、标准工时、工期、加工零件电极个数、零件尺寸范围、材料、工序名称和工件结构图片等，以及具体加工工序数据，包括机床、刀具、夹具、进给率、主轴转速、切削深度、加工余量、刀具寿命、程序时间和实际时间等。工艺数据库的数据具有如下特点：

（1）数据量大。工艺数据库描述了从模具零件结构特征到具体加工工艺整个流程的 20 多种工艺数据，数据种类繁多，数据量大。

（2）数据类型多。工艺数据库的 20 多种工艺数据，包括整型和浮点型的数值数据，描述性的字符型和文本型数据，以及显示工艺图片和结构图片的二进制数据。种类繁多的数据类型就要求数据库技术及 CAPP 系统具有较强的数据处理能力。

（3）数据结构复杂。系统动态地对工艺数据库的不同工艺数据进行访问，并实时生成中间数据和最终数据处理结果。动态地生成和处理动态数据就要求数据库必须采用线性或网状等复杂的数据结构。

注射模具 CAPP 系统采用数据加密的方式保证数据库的安全性，即当用户在数据库加密对话框中选择"使用 SQL Server 身份验证"，分别输入用户名和密码，并在对话框中选择"总是提示输入登录名和密码"时，就可在用户建立和数据库的连接时，动态提示输入密码验证，使用户通过对数据库密码验证获得数据库访问权，从而保证数据的安全性。

注射模具 CAPP 系统数据库采用 SQL Server 2000 关系型数据库，结构设计采用一库多表的树状层次结构，一个数据库下面共设置系统登录表、模型树展开表、模具工艺表和工序模板表等。数据库结构如图 4-18 所示。

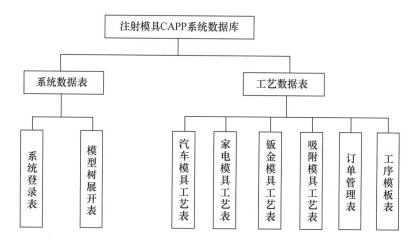

图 4-18　数据库结构

关于各表的结构设计以及表之间的逻辑关系设计，分别介绍如下：

（1）系统登录表。系统登录表用于储存系统用户的用户名、密码、职务以及针对用户的 18 项系统使用权限判断值（共 21 个字段）。

（2）模型树展开表。系统主界面模型树展开模块用于注射模具分类展开查询，采用四级展开方式，模型树每一级菜单都对应一个节点信息表，故模型树展开表由 4 个具体表组成，各个表按主索引建立连接。

（3）模具工艺表。模具工艺表用于管理典型模具工艺模板数据，由于 4 大类模具对工艺数据类型的要求各不相同，因此各个模具表的字段值和字段类型也不相同。

（4）工序模板表。工序模板表是用来管理具体每一步加工工序，并将典型模具零件的加工工序制作成典型工序模板，方便新零件加工工序的编制及为实现自动化编程提供依据。

Visual Basic 6.0（VB 6.0）程序语言要想访问 SQL Server 2000 数据库必须通过专用的技术或控件，下面介绍两种 VB 访问数据库的接口形式：ADO 技术和 ADO Data 控件。

ADO 技术和 ADO Data 控件都可以和数据库建立连接，执行访问数据库的 SQ 语句，并返回数据库访问结果。但是 ADO 技术是 VB 内部对象，而 ADO Data 控件则是 VB 的外部控件，两者在使用上稍有差别，分别介绍如下：

（1）ADO 技术是 Microsoft 开发的 ActiveX 数据访问对象，作为 VB 内部对象，可以通过任何 OLE DB Provider 访问数据库服务器中的数据，灵活使用并支持访问多种不同的数据源。ADO 技术提供 Command 对象、Connection 对象、Recordset 对象、Error 对象、Field 对象、Parameter 对象和 Property 对象以供用户完成对数据库的访问。

（2）ADO Data 控件是通过 Microsoft ActiveX 数据对象快速和数据源建立连接的数据绑定控件。用户使用此控件可以连接一个本地的或远程的数据库，打开一个指定的数据库表或执行 SQL 语句以得到记录集。将记录集中字段的值传递给数据绑定控件，可实现对数据库记录的添加、修改和删除等操作。

4.4.4 基于零件基本信息的典型工艺检索与参数化处理

典型结构件和标准件有相应的行业标准和国家标准，几何形状变化不大，只是规格不同，加工工艺相似，有很强的继承性。通过对典型结构件和标准件进行分类，采用复合零件法和复合路线法对每一类零件族编制典型工艺和标准工艺，采用检索式工艺设计方法建立典型结构零件和标准零件的工艺规程库。在检索出典型结构零件和标准零件的工艺规程以后，所得的加工工艺与实际零件的加工工艺还略有差异。当尺寸参数变化时，就要逐一修改零件加工工艺的尺寸，这很不方便且容易漏改。但系统界面中的工艺卡具有编辑功能，可以采取现场编辑、修改、参数化处理设置所需的加工工艺。

典型工艺检索系统除了具有检索功能外，还具有浏览各典型工艺卡片的功能。系统界面可列出所有检索出的典型工艺，用户若用鼠标选取某个列表项，则在右边的工艺编辑器中就显示出对应的工艺规程。在修改、完善某一个典型工艺后，必须把它存储、打印出来。

4.4.5 基于过程特征的模具成型零件工艺生成

过程特征描述建模技术，即对制造过程中的半成品的特征进行定义和描述。此技术简化了工艺过程中间数据库的结构，缩减了数据文件空间。过程特征可以定义为零件的表面，并具有如下含义：

（1）过程特征是某一个或几个加工表面。

（2）过程特征既适用于对零件信息的描述，也适用于对过程零件的描述，从而可以构造统一的零件信息模型。

（3）过程特征的分类与其加工方法密切相关。

（4）描述特征的信息包括几何信息及其约束关系、制造精度信息、加工方法信息、材料信息等。

过程特征不仅需要在几何形状上附加尺寸精度、表面粗糙度等信息，还需要考虑对应的各种加工方法。尺寸精度和表面粗糙度是影响加工方法选择的重要因素，通常根据尺寸精度和表面粗糙度来划分零件特征是先加工还是后加工，一般需要先粗加工（精度低，粗糙），再精加工（精度高，平滑）。根据逆向推理，特征必须从最终状态不断添加材料，逐个经过这些阶段才能到达毛坯状态。每个对应的特征称为过程特征，零件特征的毛坯状态和最终加工要求所处状态均为相应的某个过程特征。每个过程特征要达到所处状态，就必须在下一个过程特征的基础上，经过某个工艺，采用相应的刀具和机床进行处理。特征的演变过程形成了特征的加工方法链。

过程特征包括形状特征、精度特征及工艺和刀具的信息。它们的关系是整体和部分的关系。整个零件的信息模型由整体特征、过程特征和位置特征组成。如图 4-19 所示为零件信息模型。

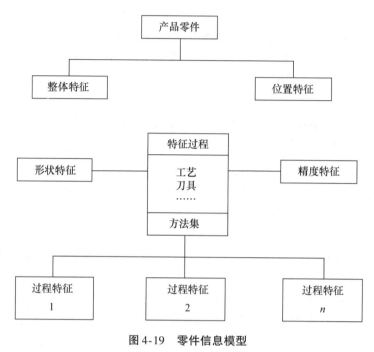

图 4-19　零件信息模型

4.5　思　考　题

1. CAPP 的基本结构是什么？
2. 简述成组技术的基本原理。
3. 成组工艺与典型工艺的区别是什么？成组工艺设计方法有哪些？
4. 零件信息的描述与输入有哪几种方式？
5. CAPP 输出有哪些内容？
6. 工艺决策包括哪些主要内容？
7. 工艺决策的技术有哪些？

第5章 CAM 技 术

5.1 制造与制造系统

5.1.1 制造的含义

谈及制造，必先了解生产。

生产活动是人类赖以生存和发展的最基本活动。从系统观点出发，生产可被定义为一个将生产要素转变为经济财富，并创造效益的输入输出系统，如图5-1所示。

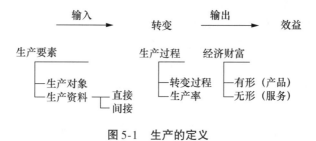

图 5-1 生产的定义

自工业革命以来，机器发挥着越来越重要的作用，推动着制造业的飞速发展。制造不仅成为人类创造物质财富的重要手段，也成为许多国家的支柱产业。

1983年，国际生产工程学会把制造定义为包括制造企业的产品设计、物料选择、规划、生产、质量保证、经营管理和市场营销的一系列有内在联系的活动和运作/作业。

1998年，美国国家研究委员会提出，制造是创造、开发、支持和提供产品与服务所要求的过程和组织实体。

2002年，美国生产与库存控制学会提出，制造是包括设计、物料选择、规划、生产、质量保证、管理和对离散顾客与耐用货物营销的一系列相互关联的活动和运作/作业。

依照上述定义与内涵可以看出，制造是人类按照市场需求，运用知识和技能，借助工具，采用有效的方法，将原材料转化为最终产品并投放市场的全过程。它远不只是金属切削、晶片刻蚀和装配的过程，而是包括市场调研和预测、产品设计、选材和工艺设计、生产加工、质量保证、生产过程管理、市场营销、售前售后服务以及报废后产品回收处理等的产品循环周期内一系列相关的活动。

（1）制造是一门艺术。从根本上讲，制造是人类生存和发展的基础，所以人们在面向对象的制造设计中首先考虑的是其经济性和实用性，但事实远非这么简单。在任何一家陈列艺术品的博物馆中，都可能会有许多珠宝、项链等物品，它们虽然只是装饰品，但人们却愿意花大价钱去请工匠制造它们。因此，在对面向制造的设计进行经济性、实用性分析时必须记住最终用户是谁，一件非常漂亮甚至几乎不能制造的产品也许才是用户付款的原因。

（2）制造是一门技术。必须承认，如果没有蒸汽机的发明，工业革命是无法开始的。

蒸汽机、机床、高速钢切削刀具等的出现使得各种工业的生产率得到极大提高，欧美国家正是利用优良的技术开始了一段蓬勃发展的工业革命。

（3）制造是一门科学。20 世纪 80 年代，许多新的制造方法不断涌现，于制造商而言，要想在制造业中取胜，仅仅依靠优良的技术是远远不够的，还必须将以及时生产（Just-in-Time Production，JIT）、并行工程（Concurrent Engineering，CE）及精益生产（Lean Production，LP）为代表的组织学科和以计算机集成制造（Computer-Integrated Manufacturing，CIM）为代表的工程学科等相结合。

（4）制造是一门商务。制造业的蓬勃发展也使消费者对产品的要求越来越高，他们不仅希望产品的质量、品种满足他们的需求，还希望交货期满足他们的期望。

5.1.2　制造系统的含义

产品、制造系统和商务运作是运营制造企业的 3 个基本要素。在买方市场的条件下，制造系统的传统规划、设计、建造、运营方法和实践已经落后于现代企业的要求与现实，经常使制造系统成为制约企业新产品快速成功上市、按照客户订单进行产品生产和交换及商务运作的瓶颈因素。同时，因为制造系统投资额度大、建造和试运行周期长、可变性（柔性）差，所以它经常成为新产品与产品生产、商务活动、企业发展及业绩提升的约束因素。所以，先进制造系统的规划、设计、建造和运行已成为制造学科研究与开发的热点。

制造系统最早出现于 1815 年，但关于制造系统至今还没有一个统一的定义。英国著名学者 Parnaby 于 1989 年提出，制造系统是工艺、机器系统、人、组织结构、信息流、控制系统和计算机的集成组合，其目的在于取得产品制造经济性和产品性能的国际竞争力。

美国麻省理工学院教授 G. Chryssolouris 于 1992 年给出这样的定义：制造系统是人、机器和装备以及物料流、信息流的一个组合体。

日本京都大学人见胜人教授于 1994 从 3 个方面来定义制造系统：① 从制造系统的结构方面定义，制造系统是一个包括人员、生产设施、物料加工设备和其他附属装置等各种硬件的统一整体；② 从制造系统的转变特性方面定义，制造系统是生产要素的转变过程，特别是将原材料以最大生产率转变为产品；③ 从制造系统的过程方面定义，制造系统是生产的运行过程，包括计划、实施和控制。

2008 年，美国国家科学基金会对制造系统提出新的定义：在不同尺度上集成了材料、能量、信息和人力资源，以生产物理实体或服务的系统。这一定义强调了制造系统的集成性和综合性，将制造过程视为一个动态的、多维度的系统，涵盖了物质、能量、信息和人力资源的各个方面。

综上所述，制造系统是制造过程及其涉及的硬件（包括生产设备、材料、能源和各种辅助装置等）和软件（包括制造理论、制造工艺和制造方法等）以及制造信息组成的一个具有将制造资源（原材料、能源等）转变为产品或半成品特定功能的有机整体。

5.1.3　制造系统的概念及功能

制造系统的发展主要由 5 个要素决定，即资源输入、资源输出、资源转换、机制和控制，如图 5-2 所示。其核心功能是资源的转换功能，即为社会创造财富。

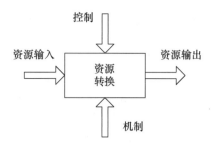

图 5-2 制造系统的发展要素

1．资源输入

资源输入是实现转换功能的必备条件和前提条件。传统的输入资源主要是指物质和能量资源，也有信息资源和技术资源，但不占主导地位。今天，要树立新的资源观，即随着信息时代和知识经济的发展，信息、技术、知识等无形资源将逐渐占主导地位，并成为企业系统可持续发展的主要资源。有专家预测，基因资源也将成为新的战略性资源。总的来说，资源输入有以下两大类：

（1）有形资源。

有形资源包括土地、厂房、机器、设备、能源、动力、各种自然资源、人力资源等。

（2）无形资源。

无形资源主要有管理、市场、技术、信息、知识、智力资源以及企业形象、产品品牌、客户关系、公众认可度等。

2．资源输出

资源输出是企业系统的基本要素，也是企业系统存在的前提条件。现代企业系统的资源输出至少应包含以下 4 种类型：

（1）产品。

产品包括硬件产品和软件产品，这是常规的认识。实际上，现代产品已经扩大到无形产品，如决策咨询、战略规划等。

（2）服务。

服务是指从一般的售前售后服务到高级的技术输出、人员培训、咨询服务等。

（3）创造客户。

企业的生存在于拥有客户，如何留住老客户、创造新客户既是企业系统的一项基本任务，也是企业系统的重要业绩。

（4）社会责任。

企业系统的发展受所在社区环境的支撑，必须对社区和整个社会承担责任，如承担环境保护、公共建设、人文环境等责任。

3．资源转换

资源转换是企业系统最本质的功能。目前，资源转换主要依据物理或化学原理。衡量资源转换的优劣主要有 5 项指标，即短的上市时间（Time to Market，T）、好的质量（Good Quality，Q）、低的成本（Low Cost，C）、优的服务（High Service，S）、清洁的环境

（Clean Environment，E）。为了使这 5 项指标达到最优，企业系统必须在管理体制、运行体制、产品结构、技术结构、组织结构等方面进行不断革新和创造。

4. 机制

机制主要是支撑企业系统实现资源转换的各种平台，包括硬件平台、软件平台、战略平台、知识平台、文化平台等。

（1）硬件平台。硬件平台主要是指生产设施、设备和系统等，如生产线、设计系统、实验系统、信息网络等基础设施。它是企业系统最基本的物质平台。

（2）软件平台。除了计算机软件外，软件平台还应包括管理思想、管理模式、管理规范、政策法规、规章制度等。

（3）战略平台。战略平台是指采用的竞争战略、制造战略，如敏捷竞争战略及其相应的敏捷制造模式。

（4）知识平台。在知识经济时代，企业既要重视人的作用，又要重视知识的生产、分配和使用，更要建立一套全新的知识供应链和知识管理系统。

（5）文化平台。知识时代，企业间的较量更多地表现在企业的整体科技素质和更深刻的文化内涵上，因此企业文化建设的重要作用越来越彰显出来。

5. 控制

控制主要是指企业系统的外部约束，如国家的方针政策、法律法规、规范标准以及其他有关要求和约束，如环境保护、社区要求等。

实际企业制造系统的功能、运作模式各不相同，有着不同的模型。图 5-3 所示为 ISO 制造系统通用行为模型。

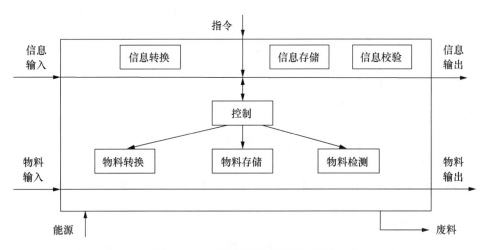

图 5-3　ISO 制造系统通用行为模型

制造作为一个系统，由若干个具有独立功能的子系统构成。其主要子系统及其功能如下。

（1）经营管理子系统，包括企业经营方针和发展方向的确定、战略规划和决策。

（2）市场与销售子系统，包括市场研究与预测、销售计划、销售与售后服务。

（3）研究与开发子系统，包括开发计划、基础研究与应用研究、产品开发。

（4）工程设计子系统，包括产品设计、工艺设计、工程分析、样机试制、试验与评价、质量保证计划。

（5）生产管理子系统，包括生产计划、作业计划、库存管理、生产过程控制、质量控制、成本管理。

（6）采购供应子系统，包括原材料及外购件的采购、验收、存储。

（7）资源管理子系统，包括设备管理与维护、工具管理、能源管理、环境管理。

（8）质量控制子系统，包括用户需求与反馈信息收集、质量监控、统计过程控制。

（9）财务子系统，包括财务计划、企业预算、成本核算、财务会计。

（10）人事子系统，包括人事安排、招工与裁员。

（11）车间制造子系统，包括零件加工、部件及产品装配、检验、物料存储与输送、废料存放与处理。

上述各功能子系统既相互联系又相互制约，形成一个有机的整体，如图 5-4 所示，从而完成从用户订货到产品发送和售后服务的生产全过程。

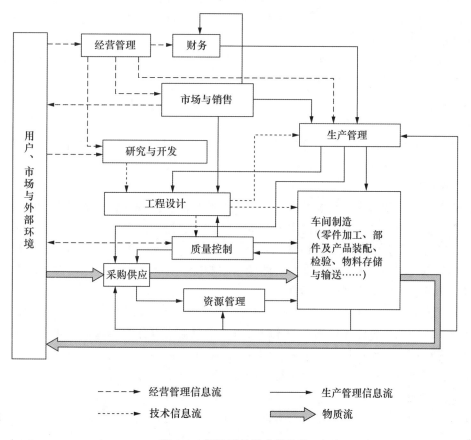

图 5-4　制造系统的功能结构

5.1.4　制造系统的特征

制造系统的特征主要包括以下 5 个方面，即转换特征、过程特征、系统特征、开放特征、进化特征。

1. 转换特征

转换特征是系统最主要的特征，是贯穿制造系统的一条主线。制造系统的主要任务是科学、合理、高效、充分地开发和利用各种资源，高效、低耗、清洁地进行资源转换（即生产制造），从而提供客户需要的产品、服务等。

制造系统的转换特征的优劣与制造理念和模式、管理思想和水平、制造技术等综合因素有着密切的联系。为了强化制造系统的转换特征，企业应该研究物理科学、化学科学、社会科学、生命科学，创造新的制造模式和理念。

2. 过程特征

系统的资源转换本质上是一个过程，是一个面向客户需求，不断适应环境变化，不断改善和进化的动态过程，包括市场调研、分析，产品设计，工艺规划，制造实施，产品销售，售前售后服务，产品的回收处理和再利用等。

流是指信息、物质、资金或能量在系统内部的移动和传递过程。它代表了这些实体在系统中的流动性质和方式。可以将流理解为一种动态的概念，描述了这些实体从一个地方到另一个地方的传递和交换。

在系统的资源转换过程中主要有 4 种流在流动，分别是物质流、资金流、信息流、能量流，它们极大地影响着系统的运行质量和发展活力。

（1）物质流。

制造系统根据市场的需求，开发产品，购进原料，加工制造产品，最后以商品的形式销售给客户，并提供售后服务。这些过程中涉及的物料从供给方沿着各个环节向制造方、需求方移动，它们都是显而易见的物质流。

（2）资金流。

制造方从市场调研到产品的销售都涉及资源的消耗，这些都会导致资金流出，只有当消耗的资源生产出商品并销售给需求方，资金才会重新流回到企业系统，并产生利润或亏损。由此可见，资金的流动是由物质的流动引起的，可以通过资金的流动反过来控制物质的流动。资金流的快慢体现着企业系统的经营效益的优劣，可以通过控制财务成本系统来控制各个环节上的各项生产经营活动。

（3）信息流。

制造系统中的信息流无处不在、无时不有。信息流可以分为需求信息和供给信息。需求信息如客户订单、生产计划、采购合同等，从需求方向供给方流动；而供给信息如入库单、完成报表单、库存记录、提货单等，同物料一起从供给方向需求方流动。

（4）能量流。

能量是一切物质运动的基础，没有能量的流动，制造系统是不能运行的。制造过程中的各种运行过程，特别是物流过程，均需要消耗能量来维持，都伴随着能量的流动。来自制造系统外部的能量（如电能），流向制造系统的各个环节，一部分用来维持系统的运行；一部分通过传递、损耗、存储、释放、转化等有关过程，实现制造过程的有关功能。

3. 系统特征

制造系统是一个复杂的大系统，它的各个环节都是不可分割的，需要统一考虑，通过物质流、资金流、信息流和能量流把各个环节有机地结合起来，协同工作，发挥系统效应。对内而言，要实现系统的集成，使局部的利益服从整体的、全局的利益。对外要通过与全球制造系统的联结和协调，打破单个企业、区域、国家的限制，充分利用全球的知识、技术、人力、资源、资金等，从而充分发挥制造系统的系统特征，获取更大的经济效益。

4. 开放特征

先进制造系统是一个典型的开放系统。在市场经济环境中，面对动态变化的市场，企业要生存和发展就必须开放，既要讲竞争，又要讲合作。为此，要实施企业间的动态联盟，组织企业敏捷地应对市场的挑战。

5. 进化特征

制造系统既有自身发展的全生命周期的规律，又有随外界环境变化而进化的能力。制造系统的进化特征主要表现在：市场调研能力的提高、设计方法的进步、制造模式和理念的变迁，以及管理理念的发展等方面。制造系统的进化特征使制造能适应时代的进步，反过来又促进时代的进步。

制造系统的进化特征是通过系统的学习能力来实现的。当前，面对信息时代的到来和知识经济的兴起，制造业正面临一场新的革命，通过建立系统的数字化神经系统和自学习、自适应机制，将使制造系统从被动式进化转化为主动式进化，从而灵活多变地应对动态多变的市场机遇。

5.2　CAM　概　论

5.2.1　CAM 的概念

CAM 的核心是计算机数字控制（Computer Numerical Control，CNC）。CAM 是将计算机应用于制造生产的过程或系统。1952 年，美国麻省理工学院首先研制出 NC 铣床。NC 的特征是用编码在穿孔纸带上的程序指令来控制机床。此后发展了一系列的 NC 机床，包括被称为"加工中心"的多功能机床，能从刀库中自动换刀和自动转换工作位置，能连续完成铣、钻、铰、攻丝等多道工序，这些都是通过程序指令控制运作的，只要改变程序指令就可改变加工过程。NC 的这种加工灵活性被称为"柔性"。加工程序的编制不但需要相当多的人工，而且容易出错，最早的 CAM 便是做计算机辅助加工零件编程工作的。美国麻省理工学院于 1955 年研究开发 NC 机床的加工零件编程语言 APT，它是类似 FORTRAN 的高级语言，增强了几何定义、刀具运动等语句，使编写程序变得简单。这种计算机辅助编程是批处理的。

广义的制造涉及市场调研、分析，产品设计，工艺规划，制造实施，产品销售，售前售后服务，产品的回收处理和再利用的产品生命周期的全过程。这里的制造仅指从工艺设计开始，经加工、检测、装配直至进入市场的过程。在这个过程中，工艺设计是基础，决定了工序规划、刀具夹具、材料计划以及采用 NC 机床时的加工编程等，然后进行加工、检验与装配。用于这些环节信息处理的计算机实现便构成了 CAM 系统。

CAM 有狭义与广义之分。狭义 CAM 通常指从产品设计到加工制造之间的一切生产准备活动，包括 NC 编程、工时定额的计算、生产计划的制订、资源需求计划的制订等。这是最初 CAM 系统的狭义概念。到今天，CAM 的狭义概念甚至更进一步缩小为 NC 编程的同义词，或与 NC 机床的 NC 系统间的软件接口。CAM 依据 CAD 系统产生的产品模型，选择加工工艺路线和工艺参数，生成、编辑刀具的运动轨迹，以实现产品的虚拟加工和生成实际的零件加工 NC 程序单，如图 5-5 所示。CAPP 已被作为一个专门的子系统，而工时定额的计算、生产计划的制订、资源需求计划的制订则划分给 MRPI/ERP 系统来完成。CAM 的广义概念包含的内容则多得多，除了上述 CAM 狭义定义包含的所有内容外，它还包含对制造活动中与物流有关的所有过程（加工、装配、检验、存储、输送）的监视、控制和管理。而 CAM 的核心内容是实现产品加工过程中的 NC 编程的自动化。

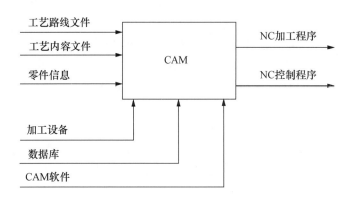

图 5-5　狭义 CAM 功能图

5.2.2　CAM 的发展概况

1. CAM 的产生和发展

1952 年，NC 机床首次研制成功，通过改变 NC 程序即可完成不同零件的加工，奠定了 CAM 的硬件基础。

1955 年，美国麻省理工学院成功研制出在通用计算机上运行的 APT 语言，实现了 NC 编程自动化。

1958 年，美国成功研制出自动换刀镗铣加工中心（Machining Center，MC），实现在一次装夹中完成多工序的集中加工，提高了 NC 机床的加工效率和加工质量。

1962 年，第一台工业机器人诞生，实现了物流搬运柔性自动化。第一台集中控制多台 NC 机床的通用计算机成功研制，降低了 NC 装置的制造成本，提高了工作可靠性。

1967 年，英国莫林公司建造了第一个计算机集中控制的自动化制造系统，包括 6 台加工中心和一条自动运输线，用计算机编制程序、作业计划和报表。美国辛辛那提公司研制出了类似的系统，于 20 世纪 70 年代初命名为柔性制造系统（Flexible Manufacturing System，FMS）。

20 世纪 70 年代后期，几何造型技术、图形显示技术和 NC 编程后置处理技术的发展和应用，推动了交互式图形编程系统开发，为计算机辅助制造集成奠定了基础。

目前，模具 CAD、CAM 技术的应用范围不断扩大，系统的性能不断提高，硬件成本下降、软件成本提高，图形和数据接口等逐渐标准化。系统总的趋势是向集成化、网络化、智能化、标准化的方向发展，并与虚拟现实技术、并行工程等各种先进制造技术共同发展。

2. 两代产品

随着时代的变化，由于软件平台、硬件平台、系统结构、功能特点都发生了翻天覆地的变化，与以往相比，当今流行的 CAM 系统在功能上也存在着巨大的差异。根据 CAM 系统具有决定意义的基本处理方式与目标对象，CAM 系统的发展可分为两个主要阶段。

（1）第一代：APT。

20 世纪 60 年代，CAM 系统为在专业系统上开发的编程机及部分编程软件，如 FANOC、Semems 编程机，系统结构为专机形式，基本处理方式是人工或辅助式直接计算 NC 刀路，编程目标与对象也都是直接计算 NC 刀路。但其存在功能差、操作困难、专机专用等缺陷。

（2）第二代：曲面 CAM 系统。

曲面 CAM 系统一般是 CAD/CAM 混合系统，较好地利用了 CAD 模型，以几何信息为最终的结果，自动生成加工刀路。与以往相比，曲面 CAM 系统的自动化、智能化程度得到了大幅度提高，具有代表性的是 UG、DUCT、Cimatron、Marstercam 等。曲面 CAM 系统的基本特点是面向局部曲面的加工方式，表现为编程的难易程度与零件的复杂程度直接相关，而与产品的工艺特征、工艺复杂程度等没有直接相关关系。尽管第二代 CAM 系统与第一代 CAM 系统间的时间跨度长达 20 年，系统档次差异很大，智能化水平高低亦不同，但二者在结构体系上没有质的变化。

3. CAM 的发展趋势

展望未来，CAM 的发展趋势体现在以下几个方面：

（1）在计算机平台上发展模块化多功能编程系统。

输入方式可以是词汇输入、图形式输入和图形交互式输入；处理能力表现为既可以处理几何图形，又可以处理工艺信息；功能模块包括点位、车削、铣削、线切割、复杂型腔加工等功能。

（2）发展 CAD/CAM/CAPP 一体化集成系统。

从 CAD 开始，建立统一的工程数据库，由此自动产生刀具轨迹数据、工艺数据，以及 NC 代码文件。

（3）发展 CNC 和编程一体化系统。

在线编程，即后台加工、前台编程。编程不产生中间结果，直接控制机床加工。

（4）发展数字化编程技术。

对无尺寸的图形或实物模型，用扫描仪或坐标测量机获得几何数据，经过数据处理，自动形成三维 CAD 模型，由此产生 NC 加工指令。

5.2.3　CAM 系统的工作流程

CAM 系统一般均具有工艺参数的设定、刀具轨迹生成、刀具轨迹编辑、刀位验证、后置处理、动态仿真等基本功能。CAM 系统的工作流程如图 5-6 所示。

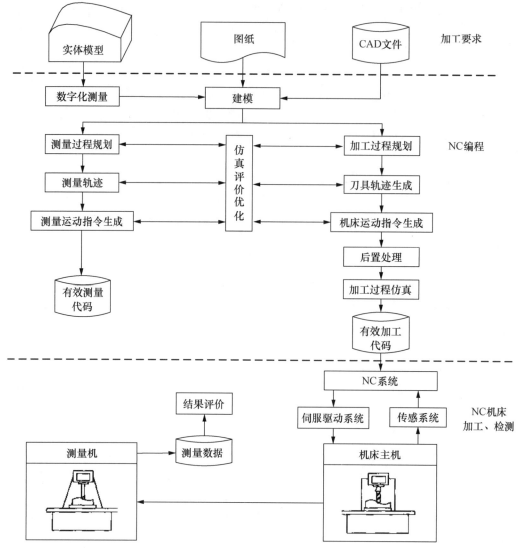

图 5-6　CAM 系统的工作流程

1. 准备被加工零件的几何模型

要对一个零件进行 NC 编程，必须先获得零件的模型信息。获取被加工零件的几何模型的途径主要有以下 3 种：

（1）利用 CAM 系统提供的 CAD 模块直接建立加工模型。

（2）利用数据接口读入其他 CAD 软件建立的模型数据文件。

（3）利用数据接口读入加工零件的测量数据，生成加工模型。

2. 刀具轨迹生成

根据工艺要求，选择加工刀具，生成不同零件加工面的刀具轨迹。

3. 仿真评价优化

当文件的 NC 加工程序（或刀位点数据）计算完成以后，将刀位点数据在图形显示器上显示出来，从而判断刀具轨迹是否连续，检查刀位点数据计算是否正确；根据生成的刀具轨迹，经计算机的仿真加工，模拟零件的整个加工过程，并根据加工结果可做出判断，不满意可返回修改。

4. 后置处理

不同的 NC 机床，其 NC 加工指令有细微差别。后置处理的目的就是根据校验过的刀具轨迹，生成与不同的机床匹配的 NC 加工代码。目前，后置处理的方法主要有如下 2 种：

（1）通用后置处理。

通用后置处理系统一般指后置处理程序功能的通用化，要求能针对不同类型的 NC 系统对刀位原文件进行后置处理，输出 NC 程序。一般情况下，通用后置处理系统要求输入标准格式的刀位原文件，结合 NC 系统数据文件或机床特性文件，输出的是符合该 NC 系统指令集及格式的 NC 程序。通用后置处理系统采用开放式结构，以数据库文件方式，由用户自行定义机床运动结构和控制指令格式，扩充应用系统，使其适用于各种机床和 NC 系统。通用后置处理系统具有通用性，其操作流程如图 5-7 所示。

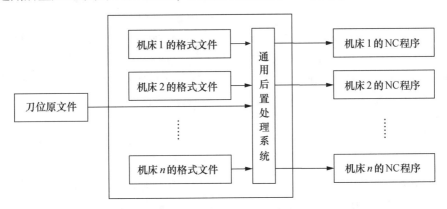

图 5-7　通用后置处理系统的操作流程

（2）专用后置处理。

专用后置处理系统将机床特性直接编入后置处理程序中，只能适应于一种或一个系列机床，对于不同的 NC 装置和 NC 机床必须使用不同的专用后置处理程序，其操作流程如图 5-8 所示。

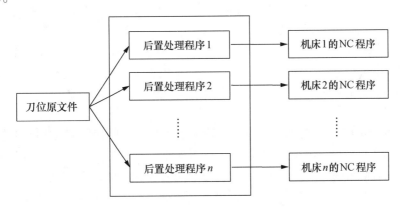

图 5-8　专用后置处理系统的操作流程

5. NC 代码仿真验证

将零件的 NC 加工程序读入 CAM 系统，在图形显示器上显示对应的刀具轨迹，从而检验 NC 加工程序正确与否。

6. NC 代码传至 NC 机床（DNC 加工）

如果装有 CAM 系统的计算机通过通信接口 RS232C、RS422 或 RS432 与一台（或多台）NC 机床相连，则可通过通信协议将 CAM 系统产生的 NC 代码直接传至 NC 机床，控制其进行加工。

5.3 NC 加工技术概述

NC 加工技术是 20 世纪 40 年代后期为适应加工复杂形状零件而发展起来的一种自动化加工技术，起源于飞机制造业。1947 年，美国帕森斯（Parsons）公司为了精确地制造直升机机翼、桨叶和飞机框架，提出了用数字信息来控制机床自动加工复杂形状零件的设想。该公司利用电子计算机对机翼加工路径进行数据处理，并考虑刀具直径对加工路径的影响，使得加工精度达到 $\pm 0.0015\,\mathrm{in}$（$0.0381\,\mathrm{mm}$），这在当时具有很高的科技水平。1949 年，美国空军为了能在短时间内制造出经常变更设计的火箭零件，与美国帕森斯公司和麻省理工学院伺服机构研究所合作研制出了 NC 三坐标铣床，从此揭开了 NC 加工的序幕。

1955 年，美国麻省理工学院研制出一种专门用于模具零件 NC 加工的程序编制语言 APT。同年，美国 Kearney & Trecker 公司研制出带自动换刀系统的加工中心。1959 年，NC 机床已经可以用于复杂形状零件的加工。20 世纪 60 年代以后，NC 机床制造商全力投入 NC 机床生产和销售市场，改进 NC 功能，扩大 NC 加工以及应用范围，并将其应用到各种各样的机器上，使得 NC 加工逐渐成为生产加工零件的主流。

从 20 世纪 70 年代开始，布线程序控制器逐渐被可编程存储控制器代替，而小型计算机加入控制器的一体化，使用灵活的软件代替任务专一的硬件成为可能。通过不断扩大存储器容量，把单一程序甚至整个程序库存入控制器，即可通过手动输入直接在机床上对控制器进行校正。

随着加工中心的出现，以及 CNC 技术、信息技术、网络控制技术和系统工程的发展，单机 NC 自动化逐步走向计算机控制的多机制造系统自动化。20 世纪 60 年代末出现的 DNC 系统，就是使用一台较大型的计算机控制和管理多台 NC 机床，它能进行多品种、多工序的自动加工。之后，以此为控制基础，出现了包括加工、组合、检查的，在自动化程度和规模上不同的，多种层次和级别的柔性制造系统，使得 NC 机床成为组成现代模具制造生产系统的基本设备。

近年来，我国 NC 加工技术发展迅速，正在经历从传统的封闭式结构及非智能的 CNC 机床运动控制器向全自动化开放式结构的蜕变。目前，通过近几年的自主开发和实际生产应用和考核，高性能的卧式车削中心和车铣复合中心，除个别超重型、精密型外，已能满足部分国内高端用户要求，多数已得到国内发电、冶金、矿山等设备制造企业的认可。但是，我国的模具制造行业整体发展仍相对滞后，系统技术含量低，产生的附加值少，还不能为我国 NC 产业起到支撑的作用。

5.3.1　NC 加工及其特点

NC 加工是采用数字信息对零件的加工过程进行定义，并控制机床自动运行的一种自动化加工方法。它具有以下几个方面的特点：

1. 具有加工复杂形状的零件的能力

NC 加工只需重新编制新工件的加工程序，就能实现新工件的加工。NC 机床加工工件时，只需要简单的夹具，不需要制作成批的工装夹具，更不需要反复调整机床，因此，特别适合单件、小批量及试制新产品的工件加工。复杂形状的零件在飞机、汽车、造船、模具、动力设备和军工等制造部门具有极其重要的地位，其质量直接影响整机产品的性能，对于普通机床很难加工的精密复杂形状的零件，NC 加工的任意可控性使得其能完成普通加工方法难以完成或者无法进行的复杂型面的加工。

2. 加工精度高、质量好

NC 加工是按数字指令进行的，排除了人为误差因素。目前，NC 机床的脉冲当量普遍达到了 0.001 mm，而且进给传动链的反向间隙与丝杠螺距误差等均可由 NC 装置补偿。因此，NC 加工能达到很高的加工精度。对于中小型 NC 机床，定位精度普遍可达 0.03 mm，重复定位精度为 0.01 mm。此外，NC 机床的传动系统与机床结构都具有很高的刚度和热稳定性，制造精度高，NC 机床的自动加工方式也避免了人为干扰因素，同一批零件的尺寸一致性好，产品合格率高，加工质量十分稳定。

3. 生产效率高

工件加工所需时间包括机动时间和辅助时间，NC 加工能有效地缩短这两部分时间。NC 机床的主轴转速和进给量的调整范围都比普通机床设备的范围大，因此 NC 机床的每一道工序都可选用最有利的切削用量；从快速移动到停止采用了加速、减速措施，既可提高运动速度又可保证定位精度，有效地缩短机动时间。NC 加工更换工件时，不需要调整机床，同一批工件加工质量稳定，无须停机检验，辅助时间大大缩短，特别是使用自动换刀装置的 NC 加工中心，可以在同一台机床上实现多道工序连续加工，生产效率的提高更加明显。

与采用普通机床加工相比，采用 NC 加工一般可以使生产率提高 2～3 倍，在加工复杂零件时生产率可以提高十几倍甚至几十倍，特别是五面体加工中心和柔性单元等设备，在零件一次装夹后能完成几乎所有部件的加工，不仅可以消除多次装夹引起的定位误差，而且可以大大减少加工辅助操作，使加工效率进一步提高。

4. 高柔性

NC 加工只需改变零件程序即可适应不同品种的零件加工，且几乎不需要制作专门的工装夹具，因此加工柔性好，有利于缩短产品的研制和生产周期，并适应多品种、中小批量的现代化生产需要。

5. 便于实现网络化制造

利用 NC 机床的数字化特性，使 NC 加工与 CAD/CAM 系统结合起来实现设计制造过程一体化，可用计算机对多台机床的直接控制，实现制造过程的网络化管理。

6. 减轻劳动强度，改善劳动条件

利用 NC 机床进行加工，操作人员只需要按图纸要求编制零件的加工程序单，然后输入调试程序，安装坯件进行加工，监督加工过程并装卸零件。这样大大减轻了操作人员的劳动强度和紧张程度，减少了对熟练技术工人的需求，劳动条件也得到相应改善。

7. 良好的经济效益

虽然 NC 机床的价格昂贵，分摊到每个工件上的设备费用较高，但是使用 NC 设备会节省许多其他费用，特别是因其不需要设计制造专门的工装夹具，加工精度稳定，废品率低，调度环节少等，所以整体成本下降，可获得良好的经济效益。

8. 有利于生产管理的现代化

采用 NC 机床能准确地计算产品单个工时，合理安排生产。NC 机床使用数字信息与标准代码处理、控制加工，为实现生产过程自动化创造了条件，并有效地简化了检验、工装夹具和半成品之间的信息传递。

5.3.2 NC 机床的组成

NC 机床是 NC 加工的硬件基础，其性能对加工效率、精度具有决定性影响。图 5-9 所示为 NC 机床的组成。

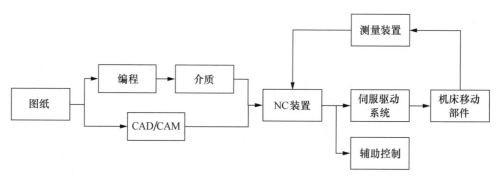

图 5-9 NC 机床的组成

1. 图纸

待加工零件图样，含几何信息和工艺信息。

2. 编程

程序编制（G 代码、M 代码），指编制控制模具装置运行所需的指令程序。

3. 介质

介质用于记载各种加工信息（如零件加工的工艺过程、工艺参数和位移数据等），以控制机床的运动，实现零件的模具加工。常用的介质有标准的纸带、磁带和磁盘等。

介质上记载的加工信息要经输入装置输送给 NC 装置。常用的输入装置有光电纸带输入机、磁带录音机和磁盘驱动器等。

4. CAD/CAM

现代 CAD/CAM 系统可以不经过介质，而将计算机辅助设计结果及自动编制的程序加以后置处理，并直接输入 NC 装置。

5. NC 装置

NC 装置是 NC 机床的核心。其作用是接收介质输入的信息，经处理计算后发出控制指令到进给伺服驱动系统，进而控制机床运行。NC 装置的类型包括：

（1）专用 NC 装置，即硬线 NC 装置。它的输入处理、插补运算和控制功能都由专门的固定组合逻辑电路来实现。不同功能的机床，其组合逻辑电路也不同。改变或增减控制、运算功能时，需要改变 NC 装置的硬件电路。因此，NC 装置的通用性和灵活性较差，制造周期长，成本高。

（2）通用 NC 装置，即软线 NC。它是指用计算机作为一般 NC 系统中的控制装置，通过控制软件实现控制逻辑和控制功能，改变控制软件即改变控制功能，因此它具有较高的灵活性和通用性。目前，几乎所有的 NC 机床都采用了软线控制系统。

6. 伺服驱动系统

伺服驱动系统由伺服驱动电路（伺服控制线路、功率放大线路）和伺服电机等驱动执行机构，以及由工作本体上的模具部件组成的 NC 设备进给系统构成，如图 5-10 所示。它的功能是把 NC 装置发来的速度和位移指令（脉冲信号）转换成执行部件的进给速度、方向和位移。

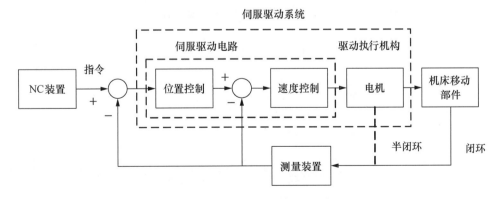

图 5-10　伺服驱动系统的构成

（1）测量装置。

测量装置可以测量机床移动部件（如工作台）或电机轴的实际位置，并反馈给 NC 系统或伺服驱动系统。测量装置还可以改善系统的动态特性，大大提高零件的加工精度。常用的测量元件有脉冲编码器、旋转变压器、感应同步器、光栅、磁尺及激光位移检测系统等。

（2）机床移动部件。

它是机床加工运动的实际执行部件，包括进给执行部件（丝杠螺母副）、床鞍、工作台等。

5.3.3 NC 机床的分类

NC 机床的种类很多，可以按照不同的方法进行分类。

1. 按工艺用途分类

按工艺用途，NC 机床可以分为 NC 车床、NC 钻床、NC 磨床、NC 镗铣床、NC 齿轮加工机床、NC 电火花加工机床、NC 线切割机床、NC 冲床等各种工艺用途的 NC 机床。在 NC 镗铣床的基础上发展起来的加工中心，带有刀库和自动换刀装置。工件在一次装夹后，可以完成铣、镗、钻、扩、铰、攻丝和铣螺纹等多种加工工序。在 NC 车床的基础上增加刀库、自动换刀装置、分度装置、铣削动力头和模具手等模具结构而形成车削加工中心，可以在一次装夹中完成回转零件的几乎所有加工工序，如车、铣、钻等。

2. 按运动方式分类

按运动方式，NC 机床可以分为点位控制 NC 机床、直线控制 NC 机床和连续控制 NC 机床 3 种。

（1）点位控制 NC 机床。

点位控制 NC 机床的特点是机床的运动部件只能够实现从一个位置到另一个位置的精确定位，在运动和定位过程中不进行任何加工工序。NC 系统只需要控制行程的起点和终点的坐标值，而不控制运动部件的运动轨迹，因为运动轨迹不影响最终的定位精度。因而，点位控制的几个坐标轴之间的运动不需要保持联系。为了尽可能减少运动部件的运动和定位时间，并保证稳定的定位精度，运动部件通常先以高速运动到接近终点坐标，然后再以低速准确运动到终点位置。图 5-11 所示为点位控制钻孔。

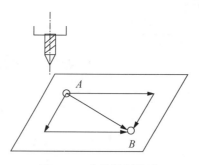

图 5-11 点位控制钻孔

（2）直线控制 NC 机床。

直线控制 NC 机床，又称二维控制 NC 机床。直线控制 NC 机床的特点是机床的运动部件不仅能实现从一个坐标位置到另一个坐标位置的准确移动和定位，而且能实现平行于坐标轴的直线进给运动和控制两个坐标轴以实现斜线的进给运动。除点位控制和直线控制功能以外，直线控制 NC 机床还有刀具选择、刀具长度补偿和刀具半径补偿等功能。在 NC 镗床上使用直线控制可以扩大镗床的工艺范围，能够在一次安装中对棱柱形工件的平面和台阶进行铣削加工，然后再进行点位控制的钻孔、镗孔等加工，有效地提高了加工精度和生产率。直线控制还可应用于加工阶梯轴或盘类零件的 NC 车床。图 5-12 所示为直线控制铣削。

（3）连续控制 NC 机床。

连续控制 NC 机床的特点是机床的运动部件能够实现对两个或两个以上的坐标轴同时进行联动控制。连续控制 NC 机床不仅要求控制机床运动部件的起始点和终止点的坐标位置，而且要求控制整个加工过程中每一点的速度和位移量，即要求控制运动轨迹，将零件加工成平面内的直线、曲线或空间中的曲面。连续控制要比直线控制更为复杂，需要在加工过程中不断进行多坐标轴之间的插补运算，实现相应的速度和位移控制。连续控制包含了点位控制和直线控制。NC 铣床、NC 车床、NC 磨床和各类 NC 切割机床都是典型的连续控制的 NC 机床。图 5-13 所示为连续控制加工齿轮。

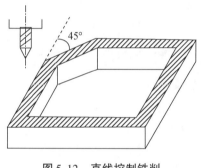

图 5-12 直线控制铣削

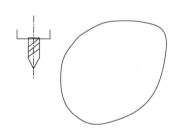

图 5-13 连续控制加工齿轮

3. 按控制方式分类

按控制方式，NC 机床可以分为开环控制系统 NC 机床、半闭环控制系统 NC 机床和全闭环控制系统 NC 机床。

（1）开环控制系统 NC 机床。

开环控制系统是指不带位置反馈装置的控制系统。用功率型步进电机作为驱动元件的控制系统是典型的开环控制系统。NC 装置根据所要求的运动速度和位移量，向环形分配器和功率放大电路输出一定频率和数量的脉冲，不断改进步进电机各相绕组的供电状态，使得相应坐标轴的步进电机转过相应的角位移，再经过模具传动链，实现运动部件的直线移动和转动。运动部件的速度和位移量是由输入脉冲的频率和脉冲数决定的。图 5-14 所示为开环控制系统 NC 机床。开环控制系统具有结构简单、调试方便、工作可靠、稳定性好、价格低等优点。其缺点主要表现在以下两个方面：

① 控制精度低（一般为 $0.01 \sim 0.02$ mm），控制精度取决于步进电机、配速齿轮对、丝杠螺母副等制造精度、装配精度。

② 受步进电机性能影响，速度受一定限制。因此开环控制系统主要应用于精度要求不高的中小型 NC 机床。

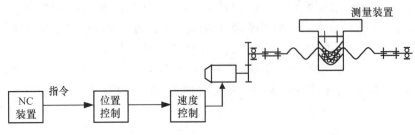

图 5-14　开环控制系统 NC 机床

（2）半闭环控制系统 NC 机床。

半闭环控制系统是在开环控制伺服电机轴上安装角位移检测装置，通过检测伺服电机的转角间接地检测出运动部件的位移（或角位移）并反馈给 NC 装置的比较器，与输入指令进行比较，用差值控制运动部件。图 5-15 所示为半闭环控制系统 NC 机床。随着脉冲编码器的迅速发展和性能的不断完善，其作为角位移检测装置能方便地直接与直流或交流伺服电机同轴安装。而高分辨率的脉冲编码器的诞生，为半闭环控制系统提供了一种高性能价格比的配置方案。

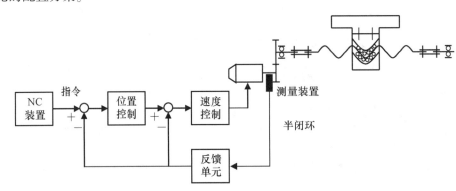

图 5-15　半闭环控制系统 NC 机床

半闭环控制系统未将丝杠螺母副、齿轮传动副包含在闭环反馈系统中，因而不能补偿该部分装置的传动误差，其精度（控制精度：0.001～0.02 mm）低于全闭环控制系统。但将惯性大的工作台安排在闭环之外，使得调试较为容易，稳定性好，且角位移测量元件比直线测量元件简单，价格低。

（3）全闭环控制系统 NC 机床。

全闭环控制系统是在机床最终的运动部件的相应位置直接安装直线或回转式检测装置，将直接测量得到的位移或角位移反馈到 NC 装置的比较器中，与输入指令位移量进行比较，用差值控制运动部件，使运动部件严格按实际需要的位移量运动。图 5-16 所示为闭环控制系统 NC 机床。闭环控制的主要优点是将模具传动链的全部环节都包括在闭环之内，因而可以补偿模具传动机构中的各种误差、间隙和干扰，达到很高的定位精度和速度（控制精度：0.001～0.003 mm）。其缺点主要表现在以下 3 个方面：

① 检测装置的精度影响控制精度。

② 系统受丝杠拉压刚度、扭转刚度及摩擦阻尼特性等非线性因素影响，调试困难。若参数不匹配，易引起系统振荡，造成不稳定，影响定位精度。

③ 价格贵，维护费用高。

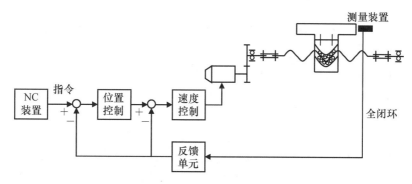

图 5-16　全闭环控制系统 NC 机床

5.3.4　模具制造 NC 加工的工艺要求

1. NC 加工工艺的基本要求

NC 加工工艺是用 NC 机床加工零件的一种工艺方法。NC 加工与通用机床加工在方法和内容上有很多相似之处，是伴随着 NC 机床的产生、发展而逐步完善起来的一种应用技术，二者的不同点主要表现在控制方法上。以模具加工为例，用通用机床加工零件时，就某道工序而言，其工步的安排、机床运动的先后次序、位移量、走刀路线以及相关的切削参数的选择等都是由操作人员自行考虑和确定的，并且是用手工操作方式来进行控制的。如果用自动车床、仿型车床或仿型铣床加工，虽然也能达到对加工过程实现自动控制的目的，但其控制也是通过预先配置的凸轮、挡块或依靠模块来实现的。而用 NC 机床加工时，编程人员要把原本由操作人员考虑和决定的操作内容和动作，如工步的划分与顺序、走刀路线、位移量的切削参数等，按规定的数码形式编排程序，经输入介质送到 NC 系统中进行运算和控制并指挥系统进行相应的运动，自动加工出所需要形状的零件。因此，NC 加工的工序更加集中，对加工内容的规定更加具体，对整个工艺过程的考虑更加缜密，不容有丝毫的差错。由于 NC 机床的自动化程度高而适应性较差，稍有不慎就会造成严重的事故，所以对 NC 加工工艺提出了更加严格的要求。

2. NC 加工工艺规划的影响因素

在现代模具制造中，NC 加工所占的比例越来越大。NC 加工工艺不仅决定了模具制造质量、产品精度与表面质量、零部件寿命、制造周期，更重要的是决定了模具制造成本，因而越来越受到人们的关注。规划 NC 加工工艺可以保证产品的生产周期、产品的质量，以及降低生产成本。为了实现以上目的，必须对加工件的结构、形状、尺寸、材料等进行认真分析，结合企业 NC 机床的特点、刀具的性能确定一个最合理的加工方案。如在模具设计制造中，有很多地方要用到锻件，而毛坯通常是一块块四四方方的材料，与所要形状相差很远，需要去除的量很大。在考虑粗加工方案时，首先应考虑去除大量的毛坯，然后再粗加工、半精加工、精加工。开始时加工余量大，机床的负载大，震动大，可以在精度不高的 NC 铣床上加工。半精加工和精加工应在精度高的 NC 铣床上进行。合理的加工工艺方案规划与实施既能提高效率，又能提高产品的质量，还可以使 NC 机床的负载均匀。

在确保制造产品质量的前提下，制造周期短、成本低是合理选用 NC 加工工艺的基本准则。同一产品可以有不同的制造方法，为了充分利用现场条件达到质量更好、成本更低、交货期更短的目标，应考虑以下因素：

（1）产品的类型、结构及其工作零件的尺寸、形状与构成。

要先区分待生产的产品属于刃口类的冲裁模还是成型类的锻模、压铸模或注射模。刃口件与型腔件的要求和加工工艺不同，使用的加工设备也不相同。产品工作零件的尺寸大小、形状与构成，影响其制造工艺及使用的加工设备。

（2）产品主要工作零件的材料、尺寸精度、表面粗糙度以及热处理硬度。

通常，有限产品如模具刃口尺寸精度高，其型腔表面粗糙度 Ra 值要求严。精冲模刃口件尺寸精度多为 IT6～IT7 级，有些产品型腔表面粗糙度 Ra 多为 $0.1～0.025\ \mu m$。高精度刃口件必须用高精度磨削设备加工，高精度线切割机只能对其进行半精加工。不同材料的刃口件或型腔件，不仅加工设备与工艺有别，其切削参数的选择也不同。

（3）产品设计与制造的技术水平和生产条件。

产品结构设计与制造精度的设计既要满足产品零件的技术要求，也要与现场条件及技术水平相适应。

（4）制造周期（交货期）。

客户不仅要求生产的产品质量好、寿命长、造价低，往往还要求交货期短，所以必须合理选用制造工艺。而提高产品标准化程度、改进产品结构并提高其制造工艺性则是压缩制造周期的关键。

（5）产品寿命。

产品主要工作零件的材料及其制造工艺是产品寿命的决定性因素。一般轻载简易刃口材料选用碳素工具钢 T7～T10 或优质碳素工具钢 T7～T10A；形状复杂、冲裁料厚 $t > 3\ mm$ 的重载刃口可选用 Cr12、Cr12MoV 以及 GCr15 等高碳高铬合金工具钢。这些材料的加工工艺、使用设备都有所不同。

3. 粗加工原则——"多快好省"

粗加工过程由于余量大，切削条件恶劣，更加注重加工效率。在合适的环境下，采用实用的成型刀具进行粗加工，可以很好地贯彻"多快好省"的原则。

（1）"多"是指在同样的条件下去除尽量多的加工余量。在腔槽铣削过程中，常采用阶梯层状粗加工方式。为了使粗加工后留下的余量比较均匀，即使机床和刀具的载荷远远没有达到最大，也会减少每一层的加工深度。若采用成型刀具，因其形状与模具型面能较好贴合，所以在保证刀具刚度的前提下，切削深度可以达到最大。

（2）"快"是指通过优化工艺规程来提高加工效率。采用成型刀具可以用简单的刀具轨迹快速加工出型面，节约加工时间。

（3）"好"是指保证加工质量，防止过切等。成型刀具的形状接近模具型面，易于控制加工余量，并使得加工余量尽量均匀。

（4）"省"是指尽可能减少损耗，降低加工成本。成型刀具因为均经过重新刃磨，所以可以利用旧刀具磨制，起到二次利用的效果。

粗加工的方式通常有下面几种：型腔铣、插铣、等高切削、环状走刀、放射状走刀、单刀式、X 向行切、Y 向行切等。通常根据零件的结构、形状、尺寸、材料等来选择加工的机床、刀具和加工方式。如在加工后顶盖拉延模凹模时，考虑其侧壁较深，形状为四周高、中间低且较平缓，在 NC 编程时可以分成 3 个部分：压料面部分、底面平缓部分和陡峭部分，针对不同的部分选择不同的走刀方式。在进行后顶盖拉延模凹模侧壁加工时，可以选择侧壁等高加工。这种方式可以控制每一层的层降量，使每一层的层降量相同，而且刀具载荷均匀，能以最短的时间去除毛坯中的大部分余量；压料面部分采用环切走刀方式，避免刀具在零件表面切入、切出的次数过多，从而获得相对稳定的切削过程；底面的加工可以采用"之"字形走刀方式，在换向处加入圆弧。此外，加工的先后顺序也影响着加工的速度和加工质量。在后顶盖中先加工压料面，一方面，刀具的长度可以选短一些，选用刚性好的刀具，速度可以提高；另一方面，压料面加工完成后，在加工侧面和底面时，其相对高度降低，从而也缩短使用刀具的长度，增加刀具的刚性。

4. 精加工原则——"保证质量，提高效率"

对精度要求很高的产品，精加工原则是在保证质量的前提下尽量提高效率。

粗加工与精加工中间还有一道半精加工的工序。半精加工和精加工的方式主要有：层切、侧壁等高切削、环状走刀、放射状走刀、X 向行切、Y 向行切、单刀笔式、多刀笔式等。

在进行半精加工和精加工时，如果加工部位太陡、太深，则需要加长刀刃。若由于刀具太长而使加工时偏差太大，则可以采用侧壁等高切削的方法来减小刀具的受力，从而保证零件的表面质量。

在高速加工的精加工过程中，保持载荷的恒定是至关重要的，所以在精加工之前应将所有型面、拐角和凹槽处的残留清理到位，确保精加工时整个毛坯的余量是均匀的。清理拐角和槽面的加工方式多采用单刀笔式和多刀笔式。当用 $\phi20$ 和 $\phi16$ 球刀清根时，采用单刀笔式；当用 $\phi6 \sim \phi12$ 球刀清根时，采用多刀笔式。在精加工的刀路中还应避免刀路的急速换向。刀路的急速换向将导致速度的急速变化，这种变化将直接影响零件的表面质量。另外，在高速加工时要根据零件的形状划分区域，便于在铣削时加工。

在编制 NC 加工工艺时，首先要了解 CAM 软件系统所具备的生成刀具轨迹的能力，然后选用合适的方法完成多曲面加工，如 CAM 软件中产生雕塑曲面刀具轨迹的参数线法、截面线法、等距面法等。参数线法是指将加工表面沿着参数线方向细分，将生成的点位作为加工时刀具与曲面的切触点而完成加工，因此要求曲面的参数完整。如果因裁剪或分割等编辑动作而丢失了部分参数，除非进行曲面重构，并且重构前的曲面片间的拼接在公差范围内必须是光顺的，否则无法采用此法。所以，虽然利用参数线法生成刀具轨迹的速度快，但建模过程复杂，一般不被采用。截面线法是指以一个参数完整的曲面为参数获得一组参考刀位点，然后沿着指定的投影方向对待加工表面进行切割，截出一系列交线，之后刀具与加工表面的切触点就沿着这些交点进行运动，完成曲面加工。现在的 CAM 软件通常采用此法。等距面法是指通过生成待加工表面的等距面直接获得刀心位置，在算法上相对简单得多，运算速度较快，但一般只适用于球形刀加工。在软件的实际应用中，只要参考面和投影方向的选择得当，就可以使得刀具轨迹均匀，避免刀具下行，提高切削精度，达到最优化的情况。

5.4　NC 加工编程

NC 机床作为一种高度自动化的机床，是在普通机床的基础上发展演变过来的。在普通机床上加工零件时，一般是由工艺人员按照设计图样事先制定好零件的加工工艺规程。在工艺规程中制定零件的加工工序、切削用量、机床的规格及刀具、夹具等内容。操作人员按照工艺规程的各个步骤操作机床，加工出符合图样要求的零件。也就是说，零件的加工过程是由人来完成的。而在 NC 机床上加工零件时，就必须把被加工零件的全部工艺过程、工艺参数和位移数据编制成零件加工程序，并将程序单上的内容记录在介质上，用它来控制机床加工。改变加工程序，也就改变了 NC 机床所加工的零件。若 NC 机床没有零件加工程序，就无法工作。可见，NC 加工程序的编制（即 NC 加工编程）是 NC 加工中的重要的一环。

5.4.1　NC 加工编程的概念

在 NC 机床上加工零件时，机床的运动和各种辅助动作均由 NC 系统发出指令控制。而 NC 系统的指令是由编程人员根据工件的材质、加工要求、机床特性和系统所规定的指令格式预先编制的。所谓"程序编制"就是将零件的工艺过程、工艺参数、刀具位移量与方向以及其他辅助动作（换刀、冷却、加紧等），按照运动顺序和所用 NC 机床规定的指令代码以及程序格式编成加工程序单，并将程序单上的全部内容记录在介质上，再传输给 NC 系统，然后由 NC 系统根据输入的指令来控制伺服系统和其他功能部件发出运行或中断信息来控制机床的各种运动。

NC 编程技术的发展经历了 3 个阶段。第一阶段是手工编程阶段，手工编程只能编制一些由点、线、圆构成的简单图形的加工程序，因而造成了 NC 加工效率低，加工质量不稳定等缺点，从而使 NC 机床的功能没有得到充分发挥。第二阶段是基于语言的计算机自动编程阶段，APT 语言是其中最有影响力的 NC 编程语言，其他语言大多是 APT 语言的翻版或分支。但这种编程方法有明显的不足，即它必须对要加工的每一个几何体做精确的描述和定义，而在工程实践中，某些复杂零件的几何形状是难以用语言来精确描述的，这在三维加工领域尤为明显。随着 CAD/CAM 技术的发展，在 20 世纪 80 年代后期，NC 加工编程技术进入第三阶段，即所谓的基于图形的自动 NC 编程阶段。图形化编程所需要的零件图，在 CAD/CAM 系统中是由 CAD 软件产生的，可直接使用，无须 NC 编程人员再次进行建模。编程人员只要输入必要的工艺参数，然后用光标指定被加工部位和参考面，程序就自动计算出刀具的加工路径。

对于以上集中编程方法具体采用哪种取决于被加工零件的特点、复杂程度以及 NC 机床的性能。对于加工内容较少的简单零件，可以采用手工编程。而对于加工内容较多，加工型面比较复杂的零件，需要采用自动编程。自动编程是指由编程人员将加工部位和加工参数用自动编程语言写出零件的源程序，然后由专门的软件转换成 NC 程序。自动编程语言用起来比较烦琐，特别是有些零件的加工工艺过程很难用自动编程语言表达。随着 CAD/CAM 技术的发展，自动编程的方法不断改进。编程人员可通过某种对话机制将零件信息输入计算机，由 CAD/CAM 软件的 NC 模块自动生成 NC 程序；或者自己开发程序，将零件图纸信息直接转换成 NC 程序。

5.4.2 NC 加工编程的步骤

一般来讲，NC 加工编程包括以下几个步骤：

（1）分析零件图纸。

分析零件的材料、形状、尺寸、精度以及毛坯形状和热处理要求等，以便确定该零件是否适宜在 NC 机床上加工，或适宜在什么样的 NC 机床上加工。有时还要确定在某台 NC 机床上执行零件的哪些加工工序或加工哪几个表面。

（2）确定工艺过程。

在认真分析图纸的基础上，确定零件的加工方法、工装夹具、定位夹紧方法和走刀路线、对刀点、换刀点，并合理选定机床、刀具以及切削用量等工艺参数。

（3）数值计算。

根据零件形状和加工路线设定坐标系，计算出零件轮廓相邻几何元素的交点或切点坐标。当用直线或圆弧逼近零件轮廓时，需要计算出零件节点的坐标，以及 NC 机床需要输入的其他数据。

（4）编写加工程序单。

根据计算出的运动轨迹坐标和已经确定的运动顺序、刀号、切削参数以及辅助动作，按照 NC 装置规定使用的功能指令代码以及程序段格式，逐段编写加工程序单。在程序段之前加上程序的顺序号，在其后加上程序段结束标志符号。此外，还应附上必要的加工示意图、刀具布置图、机床调正卡、工序卡以及必要的说明（如零件名称与图号、零件程序号、机床类型以及日期等）。

（5）程序输入。

程序输入有手动数据输入、介质输入和通信输入等方式。

现代 CNC 系统的存储量大，可存储多个零件加工程序，且可在不占用加工时间的情况下进行输入。因此，对于不太复杂的零件常采用手动数据输入方式，这样比较方便、及时。输入方式是将加工程序记录在穿孔带、磁盘、磁带等介质上，用输入装置一次性输入。

（6）程序校对和首件试切。

校对检查由于计算和编写程序造成的错误等。校对检查的方法是：首先对程序单进行初期检查，并用笔在坐标纸上画出加工路线，以检查机床的运动轨迹是否正确；然后在有 CRT 图形显示器的 NC 机床上模拟加工，检验机床（刀具）的运动和模拟加工出的工件形状是否正确。

程序校对后，必须在机床上进行首件试切。因为校对方法只能检查出机床的运动是否正确，不能检查出被加工零件的加工精度。如果加工出来的零件不合格，则需要修改程序后再试，直到加工出满足要求的零件为止。

经过以上各个步骤，并确认试切的零件符合零件图纸技术要求后，NC 加工编程工作才算结束，如图 5-17 所示。

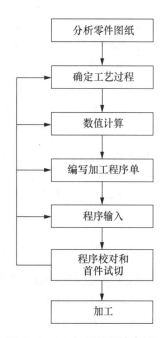

图 5-17　NC 加工编程的步骤

5.4.3 零件图样分析以及工艺过程确定

NC 编程时要先对零件图样进行详细分析，再结合 NC 编程加工的优势和特点对其工艺过程进行确定。

（1）确定加工方案。

加工方案的确定必须考虑 NC 机床使用的合理性及经济性，从而充分发挥 NC 机床的功能，为此应选择合理的加工工艺装备和加工参数，确定加工工艺，如充分利用加工中心的刀库和自动换刀系统，调整加工顺序，减少换刀次数和换刀时间，从而提高加工效率。

（2）夹具的设计和选择。

夹具的设计除了要考虑六点定位原理、夹紧力和能否快速安装等因素外，还要考虑 NC 加工和编程的特点。通过夹具定位，快速准确地确定工件在机床的加工坐标系。正确选择编程原点及加工坐标系是关键。

（3）选择合理的走刀路线。

选择的走刀路线应当遵守以下 3 个原则：尽量缩短走刀路线，从而缩短空走刀行程，使生产效率得以提升；保证加工零件的精度和表面粗糙度的要求；简化数值计算，从而减少程序段数目，大大减少 NC 编程工作量。

（4）刀具的合理选择。

加工刀具的选择必须适应 NC 机床高效、高速、高精度和高度自动化的特点。为了达到高效、多能、快速换刀、经济的目的，NC 加工刀具与普通金属切削刀具相比应具有以下几个优势：刚度好（尤其是粗加工刀具）；精度高，抗震及热变形小；互换性好，便于快速换刀；寿命高，切削性能稳定、可靠；刀具的尺寸便于调整，以减少换刀调整时间；刀具能够可靠断屑或卷屑，以利于切屑的排除；刀具系列化、标准化，以利于编程和刀具管理。

刀具材料影响刀具的切削性能，并且对刀具耐用度、加工效率、加工成本、加工对象的材料和质量都有很大影响。因此，在 NC 加工中要合理选择刀具材料。下面介绍几种常见的刀具材料。

① 高速钢。

高速钢全称为高速合金工具钢，也称为白钢。高速钢含有较多钨、钼、铬、钒等元素，具有较高的硬度（$62 \sim 67$ HRC）和耐热性（切削温度可达 $550 \sim 600\,℃$）。高速钢价格低廉，适应性广，可以广泛地用于有色金属、钢材和高温合金等材料的切削加工。

② 硬质合金。

硬质合金是用高耐热性和高耐磨性的金属碳化物（碳化钨、碳化铁、碳化钽、碳化铌等）与金属黏结剂（钴、镍、钼等）在高温下烧结而成的粉末冶金制品。

③ 涂层刀具。

涂层刀具是在韧度较好的硬质合金或高速钢刀具基体上，涂有一薄层耐磨性高的难熔金属化合物而获得的。常用的涂层材料有碳化钛、氮化钛、氧化铝等。碳化钛的硬度比氮化钛高，抗磨损性能好，对于会产生剧烈磨损的刀具，碳化钛涂层刀具较好。氮化钛与金属的亲和力小，润湿性能好，在容易产生黏结的条件下，氮化钛涂层刀具较好。在高速切削产生大量热量的场合，宜采用氧化铝涂层刀具，因为氧化铝在高温下有良好的热稳定性能。涂层硬质合金刀具的耐用度可提高 $1 \sim 3$ 倍，涂层高速钢刀具的耐用度则可提高 $2 \sim$

10 倍，具有较高的性价比。加工材料的硬度越高，涂层刀具的效果越好。

④ 陶瓷材料。

陶瓷材料是以氧化铝为主要成分，经压制成型后烧结而成的一种刀具材料。它的硬度可达 91～95 HRA，在 1 200 ℃的切削温度下仍可保持 80 HRA 的硬度。另外，它的化学惰性大，摩擦因数小，耐磨性好，加工钢件时的寿命为硬质合金的 10～12 倍。陶瓷材料的最大缺点是脆性大，抗弯强度和冲击韧度低。因此，它主要用于半精加工和精加工高硬度、高强度钢和冷硬铸铁等材料。

⑤ 人造金刚石。

人造金刚石是通过合金触媒的作用，在高温高压下由石墨转化而成。人造金刚石具有极高的硬度（显微硬度可达 10 000 HV）和耐磨性，摩擦因数小，用其制成的切削刃可以非常锋利。因此，用人造金刚石做刀具可以获得很高的加工表面质量，多用于在高速下精细车削或镗削有色金属及非金属材料，尤其是用它切削加工硬质合金、陶瓷、高硅铝合金及耐磨塑料等高硬度、高耐磨性的材料，具有很大的优越性。由于铁与碳具有较高的亲和性，因此人造金刚石刀具不宜用于钢的加工。

由于加工形式的多样性，因此往往会根据不同的切削类型，选择不同的 NC 刀具，如车刀、铣刀、钻头、镗刀、丝锥等。在进行 NC 铣削加工时，通常采用球形端铣刀、环形端铣刀、平底端铣刀等，如图 5-18 所示。

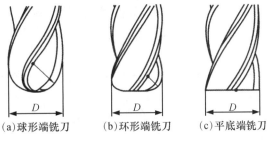

(a)球形端铣刀　　　(b)环形端铣刀　　　(c)平底端铣刀

图 5-18　常用铣刀

球形端铣刀又称球刀，在 NC 加工中非常常见。在对三维轮廓进行加工时，应使球刀的球心位于被加工曲面的等距面上，从而可以对曲面轮廓进行较为精准的加工。球刀刀位的计算方法简单，NC 编程难度较低，具有较为广泛的适用性。但球刀在切削加工过程中随着切削位置的变化，其切削速度会随刀刃上切触点位置的不同而变化。当球刀端点与加工表面切触时，该刀具切削性能不是很好，加工质量和加工效率因受到一定程度的影响而降低。除此之外，相对于平底端铣刀，球形端铣刀的造价较高，经济性不是很好。而采用平底端铣刀和环形端铣刀对工件进行曲面加工时，优点非常明显，如加工效率高、成本低廉，所以二者在大型曲面的 NC 加工中具有很广泛的应用，尤其是针对各种形状的大型叶片（如透平模具的转子叶片）、大型水轮机转轮及某些大型曲面零件和模具等。但是平底端铣刀和环形端铣刀也有缺点，比如，在进行三坐标联动加工曲面时容易发生曲率干涉；而在进行五轴联动加工时，刀位的计算方法较难。因此，平底端铣刀、环形端铣刀多用于平面轮廓铣以及开槽，偶尔会用于五轴联动曲面铣削加工。

（5）切削参数的合理选择。

重要的切削参数有切削速度、进给速度以及切削深度。要确定切削参数就必须综合考虑加工工艺阶段、工件材料、刀具切削性能以及加工的经济性因素。选择合适的切削参数一般要考虑以下情况：在进行粗加工时，首先要考虑提高生产率，除此之外，经济性和加工成本也不能忽视；在进行半精加工和精加工时，重要前提是保证加工质量，同时要考虑切削效率、经济性和加工成本。

5.4.4 插补原理

大多数机器零件的形状，一般都是由一些简单的几何元素（直线、圆弧等）构成的。在 NC 机床上加工直线或圆弧，实质上是 NC 装置根据有关的信息指令进行"数据密化"的工作。例如，图 5-19 所示的一段圆弧，已知条件仅是该圆弧的起点 A 和终点 B 的坐标，以及圆心 O 的坐标和半径 R，要想把该圆弧光滑描述出来，就必须把圆弧 AB 之间各点的坐标计算出来，再把这些点填补到 A、B 之间。通常把"填补空白"的"数据密化"工作称为插补，把计算插补点的运算称为插补运算，把实现插补运算的装置叫作插补器。

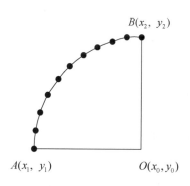

图 5-19 圆弧插补

NC 装置由于具有插补运算的功能，所以只需要记录有限的信息指令，如加工直线只需记录直线的起点和终点的坐标信息，加工圆弧只需要记录圆弧半径、起点和终点坐标、顺转和逆转等信息，就能利用介质上的这些有限的信息指令进行插补运算，将直线和圆弧的各点数据算出，并发送相应的脉冲信号，通过伺服机构控制机床加工出直线和圆弧。

在 NC 系统中，常用的插补方法有逐点比较法、数字积分法、时间分割法等。现将系统中用得最多的方法——逐点比较法的插补过程和直线圆弧插补运算方法介绍如下：

逐点比较法的插补原理可概括为"逐点比较、步步逼近"8 个字。逐点比较法的插补过程分为 4 个步骤。

（1）偏差判别。

根据偏差值判断刀具当前位置与理想线段的相对位置，确定下一步的走向。

（2）坐标进给。

根据判别结果，决定刀具向 x 方向或 y 方向移动一步。

（3）偏差计算。

当刀具移到新位置时，再计算其与理想线段间的偏差以确定下一步的走向。

（4）终点判别。

判断刀具是否到达终点：若未到终点，则继续进行插补；若已经到达终点，则插补结束。

图 5-20 所示是应用逐点比较法插补原理进行直线插补的情形。机床在某一程序中要加工一条与 x 轴夹角为 a 的 OA 直线，在 NC 机床上加工时，刀具的运动轨迹不是完全严格地走 OA 直线，而是一步一步走阶梯折线，折线与直线的最大偏差不超过加工精度允许的范围，因此这些折线可以近似地认为是 OA 直线。规定：若加工点在 OA 直线上方或在 OA 直线上，则该点的偏差值 $F_n \geq 0$；

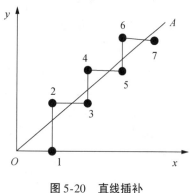

图 5-20 直线插补

若加工点在 OA 直线下方，则该点的偏差值 $F_n < 0$。机床 NC 装置的逻辑功能是根据偏差值自动判别走步。当 $F_n \geqslant 0$ 时，刀具朝 $+x$ 方向进给一步；当 $F_n < 0$ 时，刀具朝 $+y$ 方向进给一步。刀具每走一步就自动比较一下，边判别边走步，依次以折线 0—1—2—3—4—…—A 逼近 OA 直线。就这样，从 O 点起逐点穿插进给，一直加工到 A 点为止。这种具有沿着平滑直线分配脉冲的功能叫作直线插补，实现这种插补运算的装置叫作直线插补器。

5.4.5　NC 加工程序格式

NC 加工程序是 NC 机床的灵魂。不同的 NC 系统，其加工程序的结构以及程序格式可能会有些差异。NC 机床每加工完一个工件，必须执行一个完整的程序。许多程序段构成了所执行的程序。每个程序段包括序号、若干字（Word）和结束符号。字是指一系列按规定排列的字符，作为一个信息单元进行存储、传递和操作。字由一个英文字母与其后的若干位十进制数字组成。这个英文字母称为地址符，如 X2500 是一个字，X 为地址符，数字 2500 为地址中的内容。其中一部分字母代表了不同的功能，如 G 代码、M 代码；另一部分字母代表坐标，如 X、Y、Z、U、V、W、A、B、C；还有些代表其他功能的符号。程序段的书写规则必须遵守程序书写格式。组成程序段的每一个字都有其特定的功能含义，按其功能的不同可以分为 7 种类型，分别称为程序段顺序号字、准备功能字、辅助功能字、尺寸字、进给功能字、主轴转速功能字和刀具功能字。程序段以"；"结束。常用的程序段格式有字地址可变程序段格式、固定顺序程序段格式、用分隔符的程序段格式 3 种，现在一般使用字地址可变程序段格式，如图 5-21 所示。

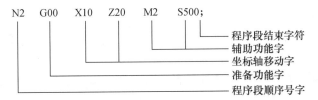

图 5-21　字地址可变程序段格式

字地址可变程序段由顺序号字、各种功能字、程序段结束符组成，字的排列顺序要求不严格，数据字的位数根据需要可多可少，不需要的字及与前一程序段相同的续效字可以不写，因而程序段的长度可变。该格式的优点是程序简洁、直观，便于检查和修改，因此目前被广泛采用。

1. 顺序号

顺序号又称程序段号或程序段序号。顺序号位于程序段之首，由顺序号字 N 和后续数字组成。顺序号字 N 是地址符，后续数字一般是 1～4 位正整数。NC 加工中的顺序号实际上是程序段的名称，与程序执行的先后次序无关。NC 系统不是按照顺序号的次序来执行程序，而是按照程序段编写时的排列顺序逐段执行程序。

顺序号的作用如下：

（1）用于对程序作校对和检索修改；

（2）作为条件转向的目标，即作为转向目的程序段的名称。

有顺序号的程序段可以进行复归操作，这是指加工可以从程序的中间开始，或从程序中断处开始。

一般使用方法：编程时将第一程序段设置为 N10，以后以间隔 10 递增的方法设置顺序号，这样，在调试程序时如果需要在 N10 和 N20 之间插入程序段，就可以使用 N11 和 N12。

2. 准备功能 G 指令

准备功能（Preparatory Function）字的地址符是 G，又称 G 功能或 G 指令，是用于建立机床或控制系统工作方式的一种指令。其后续数字一般为 1～3 位正整数。准备功能字中的后续数字大多数为两位正整数（包括 00）。随着 NC 机床功能的增加，G00～G99 已经不够使用，所以有些 NC 系统的 G 指令的后续数字已经使用 3 位数，国家标准《机床数控系统　编程代码》（GB/T 38267—2019）所规定的准备功能 G 指令见附录 1。G 指令在特定情况下会带有小数位。这些小数位大部分已经被定义为行业标准代码。G 指令还可以分为模态和非模态。模态 G 指令被执行后则一直有效，除非同一模态组的另一个 G 指令取代它。非模态 G 指令只在它所在的程序段内有效。

工程中常用到的 G 指令如下：

（1）绝对、增量坐标指令 G90、G91。

NC 加工中刀具的位移通过坐标表示。坐标一般分为两种：一种是相对坐标，还有一种是绝对坐标。使用该指令可以确定采用两种坐标中的哪一种进行编程。

（2）快速定位指令 G00。

使用该指令使得 NC 加工刀具快速移动到目标点。

（3）直线插补指令 G01。

在加工过程中，在需要切削加工任意斜率的空间直线或者平面时必须使用该指令。

（4）圆弧插补指令 G02、G03。

G02 为顺圆插补，G03 为逆圆插补，目的是实现在指定平面内按设定的进给速度沿圆弧轨迹切削。

（5）刀具半径补偿指令 G40、G41、G42。

G41 与 G42 指令用于控制不同侧刀具进行半径补偿，从而在加工中自动加上所需的偏置量；G40 则用于撤销刀具半径补偿，从而使系统回归初始状态。

3. 辅助功能 M 指令

辅助功能 M 指令是用于控制机床或系统开、关功能的一种命令，如冷却液开、关，主轴正、反转等。GB/T 38267—2019 规定：M 指令由字母 M 和其后的两位数字组成，从 M00 到 M99 共有 18 种，如附录 2 所示。M 指令也有模态指令（续效指令）和非模态指令之分。M 指令与控制机床的插补运算无关，而是根据加工时操作的需要予以规定。因为 M 指令与插补运算无直接关系，所以一般书写在程序段的后部，但这种指令在加工程序中也是必不可少的。现将常用的 M 指令介绍如下：

（1）程序停止指令 M00。

在完成该程序段其他指令后，用此指令停止主轴转动、进给和关闭冷却液，以便执行某一固定的手动操作，如手动变速、换刀、工件调头等。当程序运行停止时，全部现存的模态信息保持不变。当固定操作完成后，按"启动键"，便可以继续执行下一段程序段。

（2）计划停止 M01。

这个指令也可称为"任选指令"或"计划中停"。它与 M00 基本相似，所不同的在于，只有在操作面板上的"任意停止"按键被按下时，M01 才有效，否则这个指令不起作用。该指令常用于工件关键尺寸的停机抽样检查或其他需要临时停车的场合。当检查完成后，按"启动键"以继续执行以后的程序。

（3）程序结束指令 M02。

当全部程序结束后，用此指令使主轴转动、进给和冷却液全部停止，并使 NC 系统处于复位状态。该指令必须出现在程序的最后一个程序段中。

（4）与主轴有关的指令 M03、M04、M05。

M03 表示主轴正转。M04 表示主轴反转。M05 表示主轴停止，它是在程序段其他指令执行完后才使用的。所谓主轴正转，是沿主轴往正 z 方向看，主轴处于顺时针方向旋转；而逆时针方向旋转则为反转。

（5）换刀指令 M06。

M06 是手动或自动换刀指令。它不包括刀具选择功能，但兼有使主轴停转和关闭冷却液的功能，常用于加工中心机床刀库换刀前的准备工作。

（6）与冷却液有关的指令 M07、M08、M09。

M07 为使 2 号冷却液（雾状）开或切削收集器开；M08 为使 1 号冷却液（液状）开或切削收集器开；M09 为使冷却液关闭。冷却液的开关是通过冷却泵的启动与停止来控制的。

（7）运动部件的夹紧与松开指令 M10、M11。

M10 为使运动部件夹紧；M11 为使运动部件松开。

（8）主轴定向停止指令 M19。

M19 表示使主轴停止在预定的位置上。

（9）程序结束指令 M30。

该指令命令程序结束并返回到程序的第一条语句，准备下一个零件的加工。

需要说明的是，由于生产 NC 机床的厂家很多，每个厂家使用的 G 指令、M 指令与 ISO 标准也不完全相同。因此，对于某一台具体的 NC 机床，必须根据机床说明书的规定进行编程。

4. 尺寸字

尺寸字也叫尺寸指令，主要用于确定机床上刀具运动终点的坐标位置。地址符用得较多的有 3 组：第一组为 X、Y、Z、U、V、W、P、Q、R，用于确定终点的直线坐标尺寸；第二组为 A、B、C、D、E，用于确定终点的角度坐标尺寸；第三组为 I、J、K，用于确定圆弧轮廓的圆心坐标尺寸。尺寸字中的地址符的使用虽然有一定的规律，但是各系统往往也有一定的差异，如 FANUC 用 R 指定圆弧的半径，而在大隈铁工所的系统中则用 L 指定圆弧的半径。尺寸字中的数值的具体单位，采用国际单位制时一般用 1 μm、10 μm 和 1 mm；采用英制时常用 0.0001 in 和 0.001 in 两种。选择何种单位，通常由参数设定。编程时数值的单位一定要和机床的单位一致，特别是在数值中使用小数点时，一般要十分小心，一旦漏写，就会导致刀具轨迹错误，使得工件报废。

5. 进给功能 F 指令

进给功能字的地址符是 F，又称 F 功能或 F 指令，用于指定切削的进给速度。现在一般都能使用直接指定方法（也称直接指定码），即用 F 后的数字直接指定进给速度。对于车床，可分为每分钟进给和主轴每转进给两种；对于车削之外的控制，一般只用每分钟进给。F 指令在螺纹切削程序段中还常用来指定导程。

6. 主轴转速功能 S 指令

主轴转速功能字的地址符是 S，又称 S 功能或 S 指令，用于指定主轴转速。部分 NC 机床的主轴驱动已经采用主轴控制单元，它们的转速可以直接指定，即用 S 的后续数字直接表示每分钟主轴转速（r/min），如 S400 表示主轴的转速为 400 r/min。不过现在用得较多的主轴单元的允许调幅还不够宽，为增加无级变速的调速范围，需加入几挡齿轮变速，因此 S 指令要与相应的辅助功能指令配合使用。

7. 刀具功能 T 指令

刀具功能字的地址符是 T，又称 T 功能或 T 指令，用于指定加工时所用刀具的编号，比如选用 4 号刀具时，刀具功能字为 T4。

5.4.6 常用代码

下面详细介绍常用的 G 指令。

1. 与坐标系有关的 G 指令

（1）绝对坐标指令与增量坐标指令 G90、G91。

绝对坐标指令与增量坐标指令分别用 G90 和 G91 表示，分别指定程序段中的坐标字为绝对坐标或增量坐标，即是从编程原点开始的坐标值还是从刀具运动的终点（目标点）相对于起始点的坐标增量值。图 5-22 所示内容可以表示绝对坐标与增量坐标的区别，其中 AB 表示要求刀具由 A 点直线插补到 B 点。

用绝对坐标指令 G90 编程为

```
N10 G90 G01 X80 Y70
```

用增量坐标指令 G91 编程为

```
N10 G91 G01 X50 Y30
```

当用绝对坐标编程时，必须先用坐标系设定指令 G92 设定机床坐标与工件编程坐标的关系，确定零件的绝对坐标原点，同时要把这个原点设定值存储在 NC 装置中的存储器内以作为后续程序绝对坐标的基准。

（2）工件坐标系设定以及注销指令 G53～G59。

在 NC 机床上加工零件时，必须确定工件在机床坐标系中的位置，即工件原点的位置。一般 NC 机床开机后，先返回参考点再使刀具中心或刀尖移到工件原点，并将该位置设为零，程序即按工件坐标系进行加工。

工件原点相对机床原点的坐标值称为原点坐标值，G54～G59 称为原点设置选择指令。原点设置值可先存入 G54～G59 对应的存储单元中，在执行程序时，遇到 G54～G59 后，便将对应的原点设置值取出进行计算。当一个原点设置指令使用完毕后，可以用 G53 将其注销，此时的坐标尺寸立即回到以机床原点为原点的坐标系中。

如图 5-23 所示，要将工件原点设在 W 处，只需要预置寄存指令 G92 将工件原点 W 相

对机床原点 *M* 的原点设置 X0Z80 存入相应的存储单元即可，其工件坐标系设定程序为

由于 *x* 轴发生偏移，所以在以后的程序中，只要在第一个程序段中加入 G54，刀具将以 *W* 点为基准运动。如要求刀具直线进给至 *B* 点，则其程序为

N30 G54 G01 X60 Z40 LF

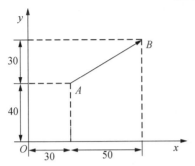

图 5-22 绝对坐标与增量坐标

注：图中数值单位为 mm。

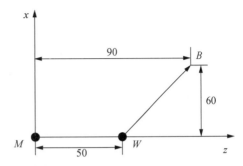

图 5-23 工件坐标系设定

注：图中数值单位为 mm。

（3）坐标平面设定指令 G17、G18、G19。

笛卡儿直角坐标系的 3 个垂直的轴（*x*、*y*、*z*）构成 3 个平面：*xOy* 平面、*xOz* 平面以及 *yOz* 平面。这些指令用作直线与圆弧插补以及刀具补偿时的平面选择，G17 表示在 *xOy* 平面内加工，G18 表示在 *xOz* 平面内加工，G19 表示在 *yOz* 平面内加工。有的 NC 系统只在一个坐标平面内加工，故无须设定坐标平面指令。

2. 与刀具运动方式有关的 G 指令

（1）快速定位指令 G00。

指令使得刀具以点位控制方式从刀具所在点以最快速度移动到指定坐标点。它只是快速到位，而实际运动轨迹则根据具体控制系统的设计情况，可以是多种多样的。图 5-24 中 a～d 为从 *A* 点移动到 *B* 点的 4 种不同运动轨迹。

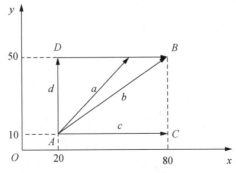

图 5-24 快速点运动轨迹

注：图中数值单位为 mm。

G00 是模态指令，且在含有 G00 的程序段中无须指定进给速度 *F*。直线插补指令 G01 用以指定两个坐标（或 3 个坐标）以联动的方式，按程序段中规定的合成进给速度 *F*，插补加工出任意斜率的直线。工件相对于刀具的位置是直线的起点，该点为已知点。因此在

程序段中只要指定终点的坐标尺寸，就指定了加工直线的必要条件。G01 后必须有进给速度 F，且 G01 和 F 都是模态指令。其程序格式为

> G01 X_ Y_ Z_ F_

其中，X_ Y_ Z_ 是直线插补的终点坐标；F_ 为进给速度。

（2）圆弧插补指令 G02、G03。

G02 为顺时针圆弧插补，G03 为逆时针圆弧插补。圆弧的顺时针、逆时针方向可以用图 5-25 所示的方法判断，即沿着与圆弧所在平面（如 xOz 平面）垂直的坐标轴的负方向看去，刀具相对于工件的移动方向为顺时针时用指令 G02，逆时针时用指令 G03。

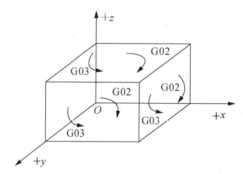

图 5-25　圆弧顺时针、逆时针方向判断

圆弧插补程序段应包括圆弧的顺时针、逆时针方向，圆弧的终点坐标以及圆弧的圆心坐标（或圆弧半径）。由此，圆弧插补程序格式主要有两种：

① G02/G03 X_ Y_ Z_ I_ J_ K_ F_ LF。

格式中，X_ Y_ Z_ 为圆弧终点的坐标值；I_ J_ K_ 为圆心增量坐标；F 为进给速度。

② G02/G03 X_ Y_ Z_ R_ F_ LF。

格式中，X_ Y_ Z_ 为圆弧终点坐标值；R_ 为圆弧半径，且规定当圆心角不大于 180° 时，圆弧半径取正值，当圆心角大于 180° 时，圆弧半径取负值。

但对于整个圆而言，由于圆弧起点就是圆弧的终点，因此不能用这种格式编程。

注意：上述下划线处代表具体数值，例如，G03 X30 Y40 Z10 I20 J9 K6 F100 LF。

3. 刀具半径补偿指令 G40、G41、G42

现代 NC 机床一般都具备刀具半径自动补偿功能，以适应圆头刀具（如铣刀、圆头车刀等）加工时的需要，简化程序的编制。

（1）刀具半径自动补偿的概念。

在用圆头刀具进行轮廓加工时，必须考虑刀具半径的影响。现以铣床为例，如图 5-26 所示。若用半径为 R 的刀具加工外形轮廓为 AB 的工件，则刀具中心必须沿着与轮廓 AB 偏离 R 距离的轨迹移动，即铣削时，刀具中心运动轨迹和上件的轮廓形状是不一致的。如果不考虑刀具半径，直接按照工件的轮廓编程，加工时，刀具中心是按照轮廓形运动的，加工出来的零件比图样要求小了，不符合要求。因此，编程时只能根据轮廓 AB 的坐标参数和刀具半径 R 的值计算出刀具轨迹的坐标参数，再编制成程序进行加工。但这样做很不方便，因为这种计算是烦琐的，甚至是相当复杂的。特别是当刀具磨损、重磨以及更换新刀具导致刀具半径变化时，又需要重新计算，这就更加烦琐，也不容易保证加工精度。为

了既能保证编程的方便，又能使刀具中心沿着轮廓运动，加工出合格的零件，就需要有刀具半径自动补偿功能。

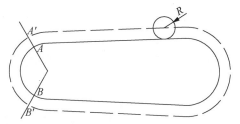

图 5-26　刀具半径自动补偿原理

刀具半径自动补偿功能的作用可以归纳如下：首先，当用圆头刀具加工时，只需按照零件轮廓编程，不必按照刀具中心轨迹编程，大大简化了程序编制。其次，可通过刀具半径自动补偿功能很方便地留出加工余量，先进行粗加工，再进行精加工。最后，可以补偿由刀具磨损等因素造成的误差，提高零件的加工精度。

（2）刀具半径自动补偿指令 G41、G42、G40。

刀具半径自动补偿功能是通过刀具半径自动补偿指令实现的。刀具半径自动补偿指令又称刀具偏置指令。它分左偏和右偏两种，G41 表示刀具左偏，即指顺着刀具前进的方向观察，刀具偏在工件轮廓的左边；G42 表示刀具右偏，即顺着刀具前进的方向观察，刀具偏在工件轮廓的右边，如图 5-27 所示。G40 表示注销左右偏置指令，即取消刀补，使得刀具中心与编程轨迹重合。G40 总是与 G41 或 G42 配合使用的。

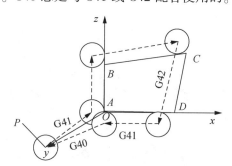

图 5-27　刀具半径自动补偿指令

（3）刀具长度补偿指令 G43、G44、G40。

刀具长度补偿指令一般用于刀具轴向（z 方向）的补偿，可使刀具在 z 方向上的实际位移大于或小于程序给定值，即

$$实际位移量 = 程序给定值 \pm 补偿值$$

式中，二值相加称为正偏置，用 G43 来表示；二值相减称为负偏置，用 G44 来表示。给定的程序坐标值和输入的补偿值本身都可正可负，按需要而定。

通常设定一个基准刀为零刀具，其他刀具长度与零刀具之差为偏置值，并将偏置值存储在刀具数据存储器中以供调用。

刀具长度补偿指令 G43、G44 的注销也用取消刀补指令 G40。

4. 暂停指令 G04

暂停指令 G04 可以调入暂停功能，使得刀具在进给达到目标点后停留一段时间。其编

程格式为

$$G04 \quad X—LF$$

其中，X 表示暂停时间，单位为 ms；也可以是刀具或工件的转数，r/min。如何使用视具体的 NC 系统的规定而定。

G04 功能只在该程序段内有效。

5. 固定循环指令

某些典型的工艺加工由几个固定的连续动作完成，如钻孔由快速趋进工件、慢速钻孔、快速退回 3 个固定动作完成。如果将这些典型的、固定的几个连续动作用一条固定循环指令去执行，则将大大简化程序。因此，NC 系统中设置了不少典型加工的固定循环指令，如钻孔指令 G81、攻螺纹指令 G84、铰孔指令 G85 等。

在 G 指令中，常用 G80～G89 作为固定循环指令。而在有些车床中，常用 G33～G35 与 G76～G79 作为固定循环指令。固定循环指令一般随着机床的种类、型号、生产厂家等而变，是不通用的。

5.4.7　机床坐标系

NC 加工是建立在数字计算（即工件轮廓点坐标计算）的基础上。正确地把握 NC 机床坐标轴的定义、运动方向的规定，以及根据不同坐标原点建立不同坐标系的方法，是正确计算的关键，同时也给程序编制和使用维修带来方便。否则，程序编制容易发生混乱，在加工过程中也容易发生事故。

1. 刀具相对于静止工件而运动的原则

这一原则使编程人员在编程时不必考虑是刀具移向工件，还是工件移向刀具，只需根据零件图样进行编程。规定：永远假定工件是静止的，而刀具是相对于静止的工件运动。

2. 机床坐标系的规定

在 NC 机床上，机床的动作是由 NC 装置控制的，为了确定 NC 机床上的成型运动和辅助运动，必须先确定机床上运动的位移和运动的方向，这就需要通过坐标系来实现，这个坐标系被称为机床坐标系。机床坐标系是为了确定工件在机床中的位置、机床运动部件的特殊位置（如换刀点、参考点）以及运动范围（如行程范围、保护区）等建立的几何坐标系，是机床上固有的坐标系。

（1）机床坐标系的基本约定。

在标准机床坐标系中，x、y、z 坐标轴的相互关系由右手笛卡儿直角坐标系决定。

① 伸出右手的大拇指、食指和中指，并互为 90°。则大拇指代表 x 坐标轴，食指代表 y 坐标轴，中指代表 z 坐标轴。

② 大拇指的指向为 x 坐标轴的正方向，食指的指向为 y 坐标轴的正方向，中指的指向为 z 坐标轴的正方向。

③ 围绕 x、y、z 坐标轴旋转的坐标轴分别用 A、B、C 表示，根据右手螺旋定则，大拇指的指向为 x、y、z 坐标轴中任意一轴的正向，则其余 4 指的旋转方向即为旋转坐标轴 A、B、C 的正向，如图 5-28 所示。

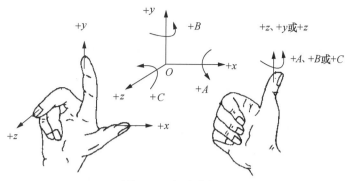

图 5-28　机床坐标系

（2）坐标轴方向的确定。

在编程时，为了编程的方便，总是假设工件是静止的，刀具在坐标系内运动。同时规定，坐标轴的正方向指向增大工件和刀具之间的距离的方向。对于不同的 NC 机床，其坐标轴的确定方法如下：

① z 坐标轴。z 坐标轴的运动方向是由传递切削动力的主轴决定的，即平行于主轴轴线的坐标轴为 z 坐标轴。z 坐标轴的正向为刀具离开工件的方向。如果机床上有几个主轴，则选一个垂直于工件装夹平面的主轴方向为 z 坐标轴方向。如果主轴能够摆动，则选垂直于工件装夹平面的方向为 z 坐标轴方向。如果机床无主轴，则选垂直于工件装夹平面的方向为 z 坐标轴方向。图 5-29 所示为 NC机床的 z 坐标轴。

② x 坐标轴。x 坐标轴平行于工件的装夹平面，一般在水平面内。如果工件做旋转运动，则刀具离开工件的方向为 x 坐标轴的正方向。如果刀具做旋转运动，则分为两种情况：

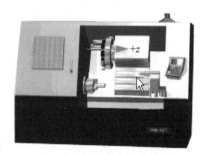

图 5-29　NC 机床的 z 坐标轴

● z 坐标轴水平时，观察者沿刀具主轴向工件看，$+x$ 运动方向指向右方；

● z 坐标轴垂直时，观察者面对刀具主轴向立柱看，$+x$ 运动方向指向右方。图 5-30所示为 NC 机床的 x 坐标轴。

③ y 坐标轴。在确定 x、z 坐标轴的正方向后，可以根据 x 和 z 坐标轴的方向，按照右手直角坐标系来确定 y 坐标轴的方向。图 5-31 所示为 NC 机床的 y 坐标轴。

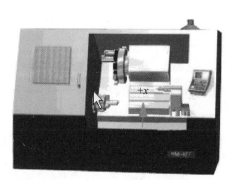

图 5-30　NC 机床的 x 坐标轴

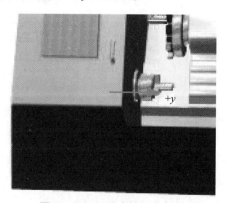

图 5-31　NC 机床的 y 坐标轴

3. 附加坐标系

为了编程和加工的方便，有时还要设置附加坐标系。对于直线运动，通常建立的附加坐标系有以下两种：

（1）指定平行于 x、y、z 坐标轴，可以采用的附加坐标系：第二组为 U、V、W 坐标轴，第三组为 P、Q、R 坐标轴。

（2）指定不平行于 x、y、z 坐标轴，可以采用的附加坐标系：第二组为 U、V、W 坐标轴，第三组为 P、Q、R 坐标轴。

4. 机床原点的设置

机床原点是指在机床上设置的一个固定点，即机床坐标系的原点。它在机床装配、调试时就已确定下来，是 NC 机床进行加工运动的基准参考点。

在 NC 车床上，机床原点一般取在卡盘端面与主轴中心线的交点处，如图 5-32 所示。同时，通过设置参数的方法，也可将机床原点设定在 x、z 坐标轴的正方向极限位置上。在 NC 铣床上，机床原点一般取在 x、y、z 坐标轴的正方向极限位置上，如图 5-33 所示。

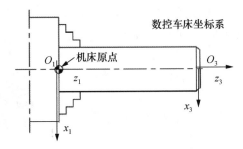

图 5-32　NC 车床的机床原点

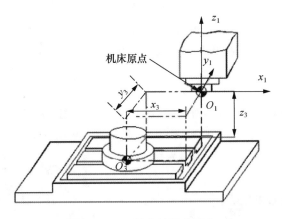

图 5-33　NC 铣床的机床原点

5. 机床参考点

机床参考点是用于对机床运动进行检测和控制的固定位置点。机床参考点的位置是由机床制造厂家在每个进给轴上用限位开关精确调整好的，坐标已输入 NC 系统。因此，参考点对机床原点的坐标是已知的。

通常，在 NC 铣床上，机床原点和机床参考点是重合的，而在 NC 车床上，机床参考点是离机床原点最远的极限点。图 5-34 所示为 NC 机床的参考点与机床原点。

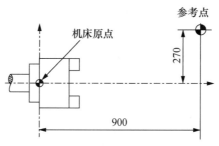

图 5-34 NC 车床的参考点与机床原点

注：图中数值单位为 mm。

NC 机床开机时，必须先确定机床原点，即进行刀架返回参考点的操作。只有机床参考点被确认后，刀具（或工作台）移动才有基准。

5.4.8 编程坐标系

编程坐标系是编程人员根据零件图样及加工工艺等建立的坐标系，也指工件坐标系。在这个坐标系内编程可以简化坐标计算，减少错误，以及缩短程序长度。但在实际加工中，操作人员在机床上装好工件之后要测量该工件坐标系的原点（编程原点）和基本机床坐标系原点的距离，把测得的距离在 NC 系统中预先设定好，这个设定值称为工件坐标系零点偏置。在刀具移动时，工件坐标系零点偏置便自动加到按工件坐标系编写的程序坐标值上。编程坐标系一般供编程使用，确定编程坐标系时不必考虑工件毛坯在机床上的实际装夹位置，如图 5-35 所示。

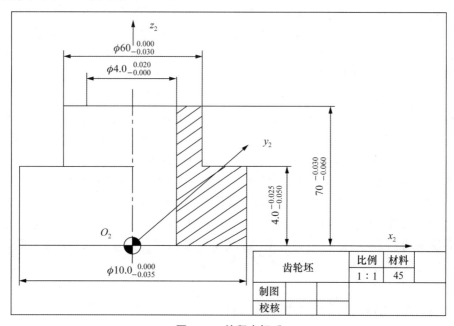

图 5-35 编程坐标系

注：图中数值单位为 mm。

编程原点应尽量选择在零件的设计基准或工艺基准上，编程坐标系中各轴的方向应该与所使用的 NC 机床相应的坐标轴方向一致，图 5-36 所示为车削零件的编程原点。

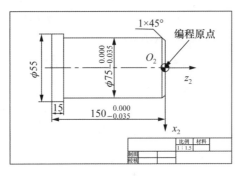

图 5-36 车削零件的编程原点

注：图中数值单位为 mm。

5.5 NC 加工仿真

NC 加工是一种高效率、高精度、高柔性和高自动化的现代加工方法。NC 机床由零件程序对其加工过程进行控制，零件程序的正确与否直接决定加工的质量和效率，因此对加工程序的检验就成为 NC 加工中的一个重要环节。传统的方法是通过试切来完成这个环节。但对于单件小批量生产情况，加工零件的 NC 程序需要经常更换，这样 NC 程序的正确性和有效性的检验就格外受关注。如果每一次都通过试切来检查 NC 程序的正确性和有效性，不仅占用了机床的开机时间，还浪费了材料，延长了产品的开发周期，而且试切过程本身也得不到保障。

在计算机上利用三维图形技术对 NC 加工过程进行模拟仿真，可以快速、安全、有效地对 NC 程序的正确性进行较准确的评估，并可根据结果对 NC 程序迅速地进行修改，免除反复试切过程，从而减少材料消耗和降低生产成本，在提高工作效率的同时也保障了安全，因此 NC 加工过程仿真是针对 NC 程序的高效、安全和有效的检验方法。

基于 NC 程序仿真的主要用途可以概括为 3 个方面：实际切削过程的可视化、NC 程序的正确性检验与优化、操作工培训。由于驱使 NC 机床运动的是 NC 指令，所以基于 NC 程序的加工过程仿真更接近实际，但也由于在仿真过程中考虑了加工环境，所以增加了仿真难度。

NC 加工仿真又包括几何仿真和物理仿真。几何仿真不考虑切削参数、切削力及其他因素的影响，只是动态地显示刀具的切削过程，以避免明显过切和欠切，以及工件、刀具、夹具和机床之间的干涉和碰撞。通过检验切削后零件的误差、修改 NC 代码以保证加工精度和优化切削过程。物理仿真的主要内容包括加工过程中实际切削力的变化规律，整个工艺系统的动态变化特点，刀具磨损，工件的加工质量，工艺参数对加工质量的影响，以及危险、异常情况（如切削颤振）等方面的预测。

5.5.1 NC 加工仿真体系结构和功能设计

由于仿真系统结构复杂，体系结构是影响仿真系统成功的关键因素。按照软件工程的思想设计该仿真系统，首先要对需求进行分析、归纳，建立系统结构模型，并在此基础上设计系统的功能。

　　NC 加工仿真就是在计算机上通过软件技术来模拟加工过程，并提供在 NC 程序控制下的干涉、碰撞和精度检验等方面的评估，从而达到与试切相同的目的。目前的 NC 加工仿真系统能够对 NC 程序控制下的切削过程提供在几何形状、干涉碰撞和加工效率方面的评估。图 5-37 所示为 NC 加工系统的结构。它由数据预处理部分、仿真部分和输出部分组成。

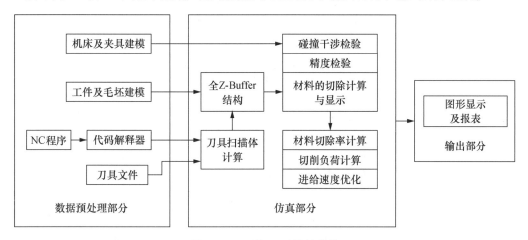

图 5-37　NC 加工系统的结构

　　数据预处理的主要工作包括对工件、刀具、机床、夹具和毛坯的实体进行几何造型并对 NC 程序代码进行解释。机床和夹具一般采用 CSG 建模，工件及毛坯的几何信息亦采用同样的方法建模，也可从其他 CAD/CAM 系统中得到数据并进行转换。NC 代码解释器是对输入的 NC 代码进行命令翻译、解释，从中提取加工的运动和状态信息，并将其转换为仿真系统所需的数据格式，作为仿真器驱动信息。

　　仿真器在获取数据预处理器提供的信息后，首先生成刀具扫描体，然后将刀具扫描体、工件和毛坯转化为全 Z-Buffer 形式，进行几何仿真（切除过程的图形显示）、碰撞干涉计算和精度检验。几何仿真中生成的数据除用于自身之外，还为计算材料切除率、切削负荷校验、进给速度优化提供原始数据。

　　输出部分则是将仿真器的计算结果转变为图形显示。

5.5.2　几何仿真

　　几何仿真从纯几何的角度出发，模拟刀具切削工件的过程。几何仿真是最早采用的图形仿真检验方法，通常在 NC 编程之后进行，主要利用刀位文件输入进行模拟仿真动画演示。该仿真通过刀位数据的检查判断刀位计算是否正确，并判断在实际加工过程中是否存在过切现象，所选择刀具的走刀路线、进退刀方式是否合理，刀具轨迹是否正确，以及刀具与约束面是否发生干涉与碰撞等。几何仿真由于是对后置处理以前刀具轨迹的仿真，所以可以脱离具体的 NC 机床环境进行。几何仿真系统的总体结构如图 5-38 所示。几何仿真在仿真过程中将刀具和工件看作刚体，而不考虑切削力、刀具变形和工件变形等物理因素的影响。通过几何仿真，可以获得加工过程中的瞬间加工工件模型、每一条运动指令的材料去除体积模型、刀具运动扫描模型以及刀具/工件接触曲面模型。这些模型为 NC 程序评估提供了依据。

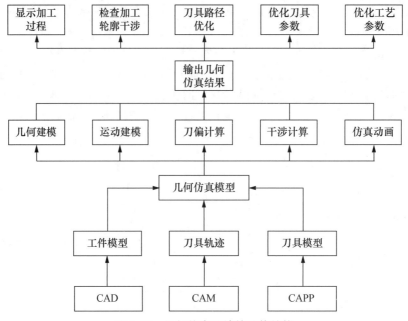

图 5-38　几何仿真系统的总体结构

　　相对于物理仿真，几何仿真研究取得了大量的成果。在国外，美国电子数据系统公司的 UG-Ⅱ、法国达索公司的 CATIA、以色列的 CIMATRON 等都具有加工轨迹的图形仿真模块。而在国内，清华大学和华中理工大学在国家高科技发展计划（"863"计划）CIMS 主题支持下合作研制的加工过程仿真器 MPS，以及由哈尔滨工业大学在原国防科学技术工业委员会"八五"预研项目柔性制造系统 FMS 关键技术研究计划的支持下开发的 NC 加工过程三维动态仿真器 NCMPS，都是以实体造型为基础，用 NC 程序驱动机床运动的仿真器，可以说是国内在 NC 加工仿真领域的代表作。南京航空航天大学在国家"九五"重大科技攻关专题、江苏省"九五"科技攻关项目的支持下，研究开发了超人 2000 CAD/CAM 集成系统 NC 加工仿真子系统 RealCut 1.0，推动了国内 NC 加工几何仿真关键技术的发展。

　　几何仿真技术的发展是随着几何造型技术的发展而发展的，包括定性图形显示、定量干涉检测和精度检验 3 个主要方面。目前，几何仿真存在的问题主要表现在以下几个方面：

　　（1）几何仿真"仿"而难"真"。

　　目前计算机真实感图形仿真，无论是工作站级和还是微机级，为了保证图形生成速度的实时性，仿真环境中的光照模型只能模拟最简单的平行光，致使图形生成方法为区域填充或渐变色，不符合光学理论；仿真环境中物体的视屏投影属于平行投影，不符合透视学理论；仿真环境中不能表现粗加工、精加工中主轴转速的变化以及纹理形态，不能生成与实际形态一致的切削模型。上述问题致使操作人员潜意识中对仿真结果不信任，加重了操作人员的心理负担。另外，为了适应繁复的布尔集合运算，以满足仿真实时性要求，目前国际上一些顶级的 CAD/CAM 软件如 Pro/ENGINEER、UG-Ⅱ、I-DEAS 等均采用扩展 Z 缓速存储数据结构的 Dexel 法来完成实时 NC 加工仿真，这种方法图形生成质量较差，因而使用户不能以任意视角观察加工实体，无法正确判断刀轨干涉并对其轨迹优化。为此，美国参数技术公司 Paul Giaconia 指出，未来 NC 加工仿真应向精细化以及逼真感方向发展。

（2）仿真的加工形式少，研究范围窄。

在众多切削加工种类与形式中，目前仿真主要集中在铣、磨两种加工形式。即使在这两种加工形式上，仿真也局限在很窄的范围内，如铣削中多是仿真棒铣刀和端铣刀，而这种仿真系统对其他类型的铣刀（如加工成型表面铣刀）却无能为力。其原因一方面是模具加工种类繁多，存在车、铣、刨、磨、镗等多种加工形式；另一方面是加工理论复杂，不同的加工方法、刀具形状的加工模型有较大的差别。

（3）加工质量仿真"真"而难"仿"。

NC 加工仿真系统形体描述均基于某一特定几何造型系统，针对不同的表示方式，几何造型系统采用的数据结构也不同，但所有造型系统的基本元素（点、线、面、体）均由理想形状几何形体构成，不包含任何物理性质，体现不出物体相互作用时物质微观结构的物理变化以及物体宏观形状的变化。对于切削加工而言，这种物质结构变化体现在刀具和工件相互作用时产生的力、热变形。由于上述几何造型系统存在结构缺陷，目前加工仿真技术不可能从加工切削机理出发获得工件实际形状，只能对相互作用的工件形体进行几何布尔集合运算，因此仿真的结果是失真的。另外，加工质量（如精度、表面粗糙度等）的微观化，也是仿真难以表现的主要原因之一。

（4）加工过程仿真不"仿"不"真"。

目前，NC 加工仿真忽略或淡化了"过程"，既没有考虑工艺系统中物体相互作用时的"消耗"（如刀具磨损等）与"派生"（如切削等）问题，也没有真正考虑工艺系统中各部件在运动过程的干涉问题。随着 NC 加工不断向高精度、高效率、高自动化方向发展，这些问题将日益突出。

5.5.3 材料切除过程仿真技术

材料切除过程仿真技术的主要思路是：首先，采用三维实体建模技术建立加工零件毛坯、刀具及夹具的实体几何模型；其次，将加工零件毛坯、夹具的几何模型与刀具的几何模型进行快速布尔运算；最后，借由动画输出从而显示材料切除加工过程。在该过程中，零件模型、夹具模型、刀具模型动态过程都由三维动画显示，从而模拟出模具零件的制造加工过程。为了实现动态效果的更好显示，动画一般用不同的颜色来表示不同的对象，并且用不同的颜色来区分已加工表面与待加工表面，若已加工表面上存在过切、干涉处则采用另一种颜色表示，从而使操作人员更加方便地去判断零件的加工过程中刀具是否过切及是否与约束面发生干涉等现象。

简而言之，材料切除仿真过程就是用毛坯与刀具扫描体做布尔运算来模拟加工过程，通过逼真的三维动画实现可视化仿真。图 5-39 所示为一典型的刀具扫描体与毛坯做布尔运算的过程。仿真计算涉及的算法有刀具扫描体的生成算法、材料切除算法。

对材料切除过程进行仿真，主要工作内容包含以下两方面：材料切除过程进行仿真的基础是建立实际工艺系统的数学模型；NC 代码的动态仿真检验过程是通过仿真 NC 机床，在 NC 代码的驱动下利用刀具加工零件毛坯的过程，以实现对 NC 代码正确性的检查。因此要对这一过程进行图形仿真，就要有加工对象和被加工对象。加工对象包括 NC 机床、刀具、工作台及夹具等。被加工对象包括加工零件及 NC 代码。在开始仿真之前，必须定义这些实体模型和求解数学模型，并将结果用图形和动画的形式显示出来。由于不同 NC 机床所使用的 NC 系统不尽相同，它们的 NC 程序格式、NC 指令也不一定相同，因此，要开发出一个通用的材料切除过程仿真系统具有一定的难度。一般 NC 加工过程仿真系统的总体结构如图 5-40 所示。

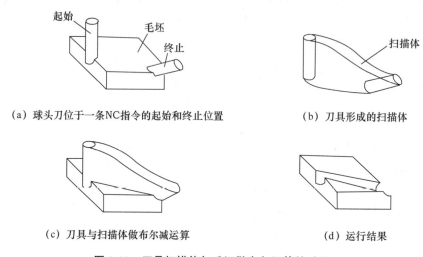

（a）球头刀位于一条NC指令的起始和终止位置　　　（b）刀具形成的扫描体

（c）刀具与扫描体做布尔减运算　　　（d）运行结果

图 5-39　刀具扫描体与毛坯做布尔运算的过程

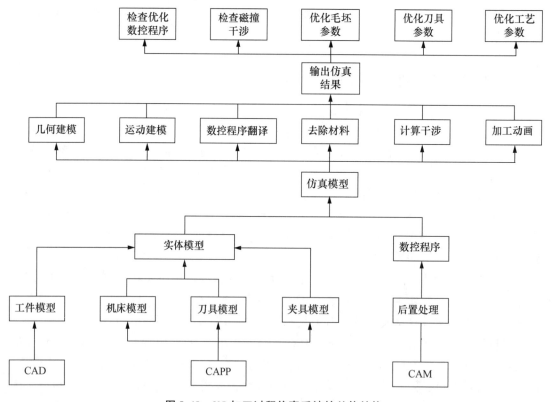

图 5-40　NC 加工过程仿真系统的总体结构

1. 刀具扫描体的生成算法

除了材料切除过程的计算，加工精度校验和材料切除率的计算也需要用到刀具扫描体信息，因此刀具扫描体的求取在整个仿真算法中占有很重要的地位。

刀具扫描体是刀具根据 NC 程序控制的运动过程在空间生成的一个虚形体，扫描体表面就是刀具自身表面在空间运动过程中形成的包络面。因此，刀具扫描体的求解的实质就是对刀具实体表面按照 NC 代码运动时在空间中生成的包络面的求解。

首先介绍包络面的概念。假设给定一参数曲面族 $\{S_\lambda\}$：$F(x, y, z, \lambda) = 0$。其中，λ 为参数，并且假定函数 $F(x, y, z, \lambda)$ 关于变量 x、y、z、λ 是连续的，且具有一阶和二阶的连续偏导数，它们不同时为 0。

对于曲面族 $\{S_\lambda\}$，如果有这样一个曲面 S，使得对于 S 上每个点 P_λ 必有族中一个曲面 S_λ 在点 P_λ 处与 S 相切，而且对于族中每个曲面 S_λ，在曲面 S 上有这样一个点 P_λ，使得 S_λ 与 S 在点 P_λ 处相切，则曲面 S 称为单参数曲面族 $\{S_\lambda\}$ 的包络面。包络面 S 与族中的曲面 S_λ 相切的曲线称为特征线，不同的面对应于不同的特征线，所有的特征线构成包络面 S。

刀具扫描体表面由两个部分构成：

（1）刀具在起始位置和终止位置的部分表面。

（2）刀具表面在运动过程中形成的包络面。

其中，第一部分可以简单地用参数方程或解析方程描述，此处讨论第二部分。现以环形刀为例说明对五轴加工时刀具扫描体的求取。由于三轴加工时刀具的运动不包含转动，因此只有五轴是特例。

如图 5-41、图 5-42 所示，设环形刀圆环部分半径为 R_1，刀具圆柱部分半径为 R_2，刀具圆柱体长度为 l，刀位点运动方程为 $p(t)$，刀轴方向的变化规律为 $a(t)$。

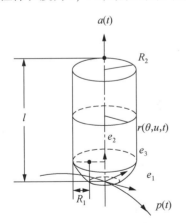

图 5-41　环形刀坐标系以及运动轨迹

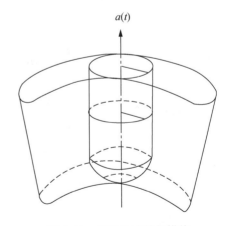

图 5-42　刀具生成的扫描体

刀具的局部坐标系按以下方式建立：

当 $|\dot{a}| \neq 0$ 时，

$$e_1 = a / |a|$$
$$e_2 = \dot{a} / |\dot{a}|$$
$$e_3 = e_1 \times e_2$$

当 $|\dot{a}| = 0$ 且 $a \times \dot{p} \neq 0$ 时，

$$e_1 = a/|a|$$
$$e_2 = e_3 \times e_1$$
$$e_3 = (a \times \dot{p})/|a \times \dot{p}|$$

若 $|\dot{a}| = 0$ 且 $a \times \dot{p} = 0$，包络体就是刀具原体自身。

当 t 变化时，环形刀表面可用参数方程表示为

$$r(\theta, u, t) = p(t) + ua(t) + R\cos\theta e_2 + R\sin\theta e_3 \tag{5-1}$$

$$R = \begin{cases} \sqrt{2R_1 u - u^2} + R_2 - R_1 & 0 \leq u \leq R_1 \\ R_2 & R_1 \leq u \leq l \end{cases}$$

其中，$0 \leq t \leq 1; 0 \leq u \leq l; 0 \leq \theta \leq 2\pi$。

因此，刀具形成的包络体上任一点 q 沿着运动方向的切向矢量为

$$v(q) = \frac{\mathrm{d}r}{\mathrm{d}t} = \dot{p} + u|\dot{a}|e_2 - R\cos\theta|\dot{a}|e_1 \tag{5-2}$$

对于出刀具圆柱体部分形成的包络体上的任一点 q，其法向矢量为

$$n(q) = \frac{\mathrm{d}r}{\mathrm{d}\theta} \times \frac{\mathrm{d}r}{\mathrm{d}u} = \cos\theta e_2 + \sin\theta e_3 \tag{5-3}$$

由包络体的性质可知 $v(q)$ 与 $n(q)$ 垂直，因此 $v(q) \cdot n(q) = 0$，得到特征线参数关系为

$$\cos\theta e_2 \cdot \dot{p} + u\cos\theta|\dot{a}| + \sin\theta e_3 \cdot \dot{p} = 0 \tag{5-4}$$

故

$$\theta(u,t) = \arctan\left(-\frac{e_2 \cdot \dot{p} + u|\dot{a}|}{e_3 \cdot \dot{p}}\right) \tag{5-5}$$

同理，对于刀具圆环体部分有

$$n(q) = \frac{\mathrm{d}R}{\mathrm{d}u}e_1 + \cos\theta e_2 + \sin\theta e_3 \tag{5-6}$$

$$\frac{\mathrm{d}R}{\mathrm{d}u} = (R_1 - u)\Big/\sqrt{2R_1 u - u^2}$$

令 $D = \frac{\mathrm{d}R}{\mathrm{d}u}$，由 $v(q) \cdot n(q) = 0$，得到特征线参数关系为

$$(\dot{p} \cdot e_2 + DR|\dot{a}|)\cos\theta + \dot{p} \cdot e_3 \sin\theta \dot{p} \cdot e_1 = 0 \tag{5-7}$$

故

$$\theta(u,t) = \arcsin D\dot{p} \cdot e_1\Big/\sqrt{A^2 + B^2} - \phi \tag{5-8}$$

其中

$$A = \dot{p} \cdot e_2 + DR|\dot{a}| + u|\dot{a}|, B = \dot{p} \cdot e_3,$$

$$\cos\phi = \frac{B}{\sqrt{A^2 + B^2}}, \sin\phi = \frac{A}{\sqrt{A^2 + B^2}}$$

将参数 θ 的表达式（5-5）和式（5-8）代入方程（5-1），即可得到环形刀沿着运动方向生成的扫描体特征线方程。

求出刀具扫描体后，得到的表达式一般比较复杂，很多情况下不能直接用于后续计算，因此在将其用于图形显示与精度检验之前，要先将刀具扫描体用多面体进行逼近离

散，以便在计算机内将扫描体用全 Z-Buffer 的数据格式统一表达。

2. 材料切除算法

目前，材料切除算法归纳起来主要可以分为两类：基于实体造型的切除算法和基于视向的切除算法。

（1）基于实体造型的切除算法。

它是利用 CSG 或 B-rep 法实体建模系统实现的。这些实体建模系统具有良好的布尔运算能力，从理论上可以提供精确的材料切除。但是，直接实体建模法在仿真过程中涉及大量的布尔减运算，使得该类方法的效率较低。

（2）基于视向的切除算法。

这种方法克服了基于实体造型的切除算法的运算效率低的问题。通过预先选定一个视向，再将实体模型转化为全 Z-Buffer 数据模型，使直接实体建模中的布尔减运算简化为视向方向的一维布尔减运算，显著地提高了运算速度，甚至可以实现实时仿真，达到动画效果。但基于视向的切除算法也存在许多不足：第一，由于算法是基于视向进行计算的，因此如果用户想改变观察方向，就需要重新运行整个系统，导致不容易实现仿真的全方位观察；第二，由于运动过程中无视向改变，因此后续的精度检验仅局限于视向方向。基于视向的切除算法的最大优点是运算速度快，因此这种方法仍是一个好的选择。

① 全 Z-Buffer 模型的建立方法。

实体的 Z-Buffer 模型是建立在视线方向上的。假设视线方向为 Z，图 5-43 所示为 Z-Buffer 模型建立的示意图。

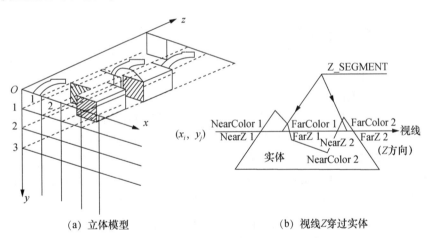

(a) 立体模型　　　　　　　(b) 视线Z穿过实体

图 5-43　Z-Buffer 模型建立的示意图

图 5-43（a）中的坐标系为视角坐标系，其中 z 与视线方向平行，xOy 平面按 x 和 y 坐标划分为正方形网格，网格边长决定了模型的精度。假设该坐标系内有一待建立模型的实体，若从 xOy 平面内的某坐标为 (x_i, y_j) 的网格点发出一条与 z 轴方向平行的视线 Z，如图 5-43（b）所示，则视线 Z 可能与该实体表面产生两个或多个交点，也可能不与实体相交。若视线 Z 与实体有交点，则将各交点的 z 值按深度（视线方向）由近及远记录下来，就得到该实体在网格点 (x_i, y_j) 的全 Z-Buffer 数据；若视线 Z 与实体无交点，则将该点的深度记为 NULL。定义全 Z-Buffer 的数据结构格式如下：

```
typedef struct Z segment{
                          int NearZ;      //近端交点深度
                          int FarZ;       //远端交点深度
                          unsigned char NearColor; //近端交点颜色索引
                          unsigned char FarColor; //远端交点颜色索引
                          Z-SEGMENT * Next One;//下一交线
                          } Z-SEGMENT;
Z-SEGMENT FullZbuffer[XSIZE][YSIZE]        //XSIZE,YSIZE:图像的大小
```

由此，图 5-43（b）所示的网格的全 Z-Buffer 数据可表示为

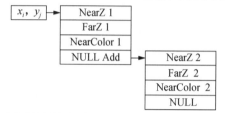

现假设实体在 xOy 平面内投影的包容盒大小是（x_{min}，y_{min}）和（x_{max}，y_{max}），以 x 值和 y 值为索引遍历包容盒范围内所有的网格点，结束后就得到了实体的全 Z-Buffer 结构模型。

从全 Z-Buffer 数据结构可以看出，结构中除了记录视线 Z 与实体在交点处的深度值 z 外，还记录了该点的颜色值。该颜色值的作用是显示图形。如果将 xOy 平面看作是光栅显示器的显示屏幕，将网格点（x_i，y_j）看作是屏幕上的一个像素点，那么将颜色 NearColor 1 投影到屏幕上就生成了实体在视线方向上的图形。由于只绘出 z 值最近处的颜色，因此在显示图形的同时就完成了三维图形的消隐。图形显示的分辨率取决于实体包容盒区域的大小和屏幕上的图形区域的大小，如用一个 500 mm×500 mm 的图形来显示一个 250 mm×250 mm 的实体区域，那么图形显示的分辨率为 0.5 mm。

② 材料切除过程图形的计算。

材料的切除过程就是毛坯与刀具扫描体做布尔减运算的过程。将全 Z-Buffer 结构应用于三轴 NC 加工时，由于刀轴方向保持固定不变，在视角固定的情况下，刀具在任一时刻的全 Z-Buffer 数据都不会发生改变，此时不必对每条仿真指令都建立刀具扫描体的全 Z-Buffer 模型，只需在仿真开始时计算一次刀具原体在视线方向上的 Z-Buffer 即可。这种简化方法在三轴加工且程序段位移增量较小的情况下使用效果较好，可以达到实时动画的效果。当程序段的位移增量较大时，采用该简化方法得到的仿真结果精度较低，且动画显示不平滑，特别是在五轴加工时，刀具的摆动使得刀具扫描体发生变化，因此在五轴加工时不能对计算进行简化。

下面举例说明如何使用全 Z-Buffer 结构做实体间的布尔减运算。由于引入了 Z-Buffer 数据结构，毛坯和刀具扫描体的减运算被简化为一维空间上的简单计算，刀具扫描体切入毛坯，源自点（x_i，y_j）的一条视线 Z 穿过毛坯和刀具扫描体，因此以该点为索引的毛坯的全 Z-Buffer 值为

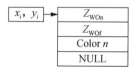

刀具扫描体的全 Z-Buffer 值为

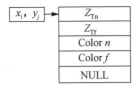

当刀具切入毛坯时，点（x_i，y_j）发出的视线被截断，索引为点（x_i，y_j）的全 Z-Buffer 也因此分裂为两个单元：毛坯初始的 FarZ 被刀具的 NearZ（Z_{Tn}）替代，而刀具的 FarZ（Z_{Tf}）与毛坯初始的 FarZ（Z_{WOf}）分别构成了毛坯在该点的新单元的 NearZ、FarZ，同时新单元的颜色值被设置为刀具扫描体在 FarZ 处的颜色值，点（x_i，y_j）的全 Z-Buffer 结构在完成减运算后为

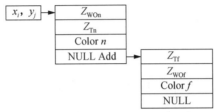

以 x 值、y 值为索引对 Z-Buffer 内所有的点重复上述的一维减运算，即得到毛坯被刀具扫描体切除的结果。

在具体的图形生成与显示计算过程中，必须在计算机内存储器中开两个全 Z-Buffer 缓冲区：一个用于保存毛坯形状，称为主 Buffer；另一个用于临时存储刀具扫描体或其他将与毛坯进行加、减操作的实体，称为辅 Buffer。设原始毛坯是由一些凸基本体素（棱柱、棱锥、圆柱、圆锥、球）加减拼合而成的，它的全 Z-Buffer 表示可以通过以下过程生成：

主 Buffer 清空
for(所有凸基本体素 OB)
{辅 Buffer 清空;
扫描转换 OB,存入辅 Buffer;
加减拼合运算:主 Buffer = 主 Buffer ± 辅 Buffer;}

对于夹具和其他可能与刀具发生碰撞干涉的机床部件，也可以按照上述方式加入主 Buffer。应用于铣削仿真时，将铣削刀具扫描体转换存入辅 Buffer，再将它与主 Buffer 做减运算，这样主要铣削仿真的材料切除与图形显示过程可以简要表示如下：

显示毛坯的初始形状和刀具初始位置
for(刀具路径)
{由刀具形状和路径生成刀具扫描体 SWEEP-VOLUME;
估算 SWEEP-VOLUME 在图像中的 BOUNDING-BOX;
辅 Buffer 清空;
扫描转换 SWEEP-VOLUME,存入辅 Buffer;
减运算:主 Buffer = 主 Buffer - 辅 Buffer;
辅 Buffer 清空;
依据当前的刀位,生成刀具图像,取其颜色和最前 z 值存入辅 Buffer;
对 BOUNDING-BOX 中的所有像素,取主 Buffer 和辅 Buffer 中的最近颜色,在屏幕上绘出;}

算法中的刀具扫描体、刀具以及构成毛坯的基本体素表面都应离散为三角片，统一使用三角片的扫描转换算法将它们转化为全 Z-Buffer 表示，根据外法向确定是 NearZ 还是 FarZ，由光照模型计算 NearColor 和 FarColor。将 NearColor 和 FarColor 全部记录后可以从两个完全相对的视角观察加工图形。

用全 Z-Buffer 算法做实体间的减运算，每次运算只修改图形的变化部分，后续运算可以充分利用上一次的运算结果，运算量减少，因此能够快速得到每条 NC 指令仿真后的图形结果，进而进行动画显示。该算法在数据结构上是面向光栅显示器的，图形显示是以像素为单位在 x、y 方向上搜索扫描的，因此得到的图形显示质量较高。

由于全 Z-Buffer 算法只能进行固定视线方向上的精度检验，因此难以对精度检验做准确分析，其主要目的是用于生成高质量的真实感图形和为计算材料切除率等提供一些原始数据。

5.5.4　精度检验

精度检验的目的是对 NC 程序的加工结果在几何尺寸上进行校验，判断零件程序是否符合设计要求。其基本原理是把刀具扫描体和零件之间的求变结果与理想零件模型进行比较来获得欠切与过切的情况。前面提到的全 Z-Buffer 方法可以通过比较各像素点与理想加工工件的深度值给出观察方向的加工精度，但却难以获得整个加工区域的比较精确的精度检验分析。为此，美国科学家 Oliver、Jerard 等采用了离散矢量切割法。它们的共同点都是在理想的加工表面确定一系列的采样点并获得与各采样点相对应的矢量，进而求得该矢量与刀具扫描体的交点，并记录相交后该矢量的长度。通过判断该矢量的长度可以检验加工精度，并可根据该矢量被切割的情况判断是哪一段 NC 程序造成了欠切与过切以及欠切与过切的程度如何，同时将输出图形按欠切与过切的程度做对应的颜色渲染，达到比较真实的显示效果。

但二者在矢量取法上存在很大的差异，Oliver 法是选取采样点的法向矢量作为计算矢量，如图 5-44（a）所示，这种方法检测比较准确，但计算量较大。Jerard 法是取平行于 z 轴方向的矢量作为计算矢量，如图 5-44（b）所示，这种矢量选取是一种近似方法，检验精度没有得到很大改善，但运算速度较前者要快，因此它可以用于加工平坦曲面。

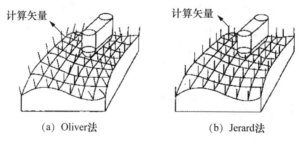

(a) Oliver法　　　　　　(b) Jerard法

图 5-44　离散矢量切割法

离散矢量切割法主要由 4 个部分组成。

（1）理想加工表面的离散。

切割矢量与曲面的交点称为采样点。采样点的获取方法有很多种，将曲面用三角片离散为网格，取网格交叉点位采样点是一种比较方便的方法。从理论上讲，采样点越密集越好，但由于计算机的计算时间与采样点的个数成正比，因此应该在满足误差许可的前提下拾取尽可能少的采样点。

① 三角片的逼近误差 e_s。

曲面被三角片离散后，自然会产生逼近误差 e_s。e_s 可以通过进一步细分三角片来减小。精确求取 e_s 比较困难，可以通过采用一种保守的计算方式来保证 e_s 在误差允许的范围内：分别计算三角片 3 边的中点和三角形中心到被逼近曲面的距离，如果均满足误差要求，则认为 e_s 满足误差需求。如果需要进一步节省计算时间，还可以忽略对几何中心误差的检验。在工程应用中，忽略中心的计算方法是可以接受的。三角片的细分规则为：计算三角形 3 边的误差值，当存在不满足要求的边长时，按图 5-45 所示的方式进一步离散，即图 5-45（a）中的 3 边均超出误差范围，图 5-45（b）中的两边超出范围，图 5-45（c）中只有一条边不满足误差要求，进一步细分时三角形的边用中点打断，按这种方式细分下去直到所有三角片均满足要求。

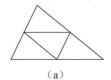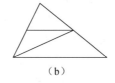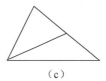

（a）　　　　　　　　　（b）　　　　　　　　　（c）

图 5-45　三角片细分规则

② 采样点拾取误差 e_p。

图 5-46 所示为采样点拾取误差，从图中可以看出，若选取刀具与曲面的交点作为采样点，则在保证各采样点均满足误差需求的情况下，曲面上未被检测的点仍有可能包含未被检测到的误差 e_p。采样点的拾取应保证三角片的逼近误差与采样点拾取误差之和小于给定的误差要求，但在对复杂的雕塑曲面进行仿真时，由于其曲面曲率变化的不可预知性，e_p 的值难以预先估计，很难用一种通用算法来保证所选取的点完全符合要求，因此建议采样点的选取最好是在速度允许的情况下尽量细分。

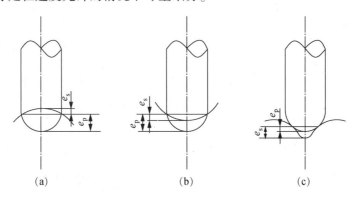

(a)　　　　　　　　(b)　　　　　　　　(c)

图 5-46　采样点拾取误差

（2）加工区域的判定。

仿真系统执行每一条仿真指令时，刀具扫描体只与部分采样点的矢量相交，为提高计算效率，在进行矢量切割前要先找出落在加工范围内的采样点，然后仅对落在加工范围内的采样点进行计算。三轴加工方式下的加工区域包容盒求解比较简单，五轴加工的加工范围求解较难，可采用一些保守的近似方法进行估算求解。

（3）矢量的切割（即矢量与刀具扫描体求交）。

在三轴 NC 加工中，若刀具原体的形状不复杂，则求得的刀具扫描体形状也不会太复杂，此时刀具扫描体的各组成部分大多是平面、球面、柱面等。但在五轴加工中及刀具形状复杂时，生成的刀具扫描体也相应复杂。对于形式复杂的刀具扫描体，直接进行该扫描体与矢量的求交比较困难，且需要的计算时间较长，因此在计算前一般要将复杂的刀具扫描体统一转化为多面体。经过这样处理后，无论扫描体的形状简单或复杂，矢量与刀具扫描体求交实际上就成为直线与平面、球面、柱面等几何元素的求交问题，这里不再赘述。

（4）曲面着色。

矢量与刀具扫描体求交后，交点到相应采样点的距离是判断 NC 程序精度的依据，同时也是对曲面进行着色的依据。对欠切与过切情况进行着色后，能够从屏幕显示的图形上直观地看出欠切与过切、严重欠切与严重过切等情况。着色的依据值为欠切量与过切量的函数，其值域为 $[-1, 1]$。当精度检验发现一条 NC 指令的仿真结果在允许误差范围内时，将着色值设为 0，若发现欠切与过切，则将欠切量与过切量在 $[-1, 1]$ 上做线性映射，在发生严重欠切与过切时着色值相应地设为 -1 和 1。如图 5-47 所示，依照该图误差的着色函数可以写成

$$v = \begin{cases} -1 & c \leqslant -(t_g + t_d) \\ (c + t_g)/r_d & -(t_g + r_d) < c < -t_g \\ 0 & -t_g \leqslant c \leqslant t_m \\ (c - t_m)/r_d & t_m < c < t_m + t_d \\ 1 & t_m + t_d \leqslant c \end{cases} \tag{5-9}$$

其中，c 是矢量被切割后的剩余长度；r_d 为严重超差范围；t_g 与 t_m 分别是欠切与过切允许差。在得到着色值后，做线性映射以得到相应的色彩灰度值（即颜色值），如图 5-48 所示。

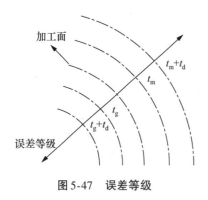

图 5-47　误差等级

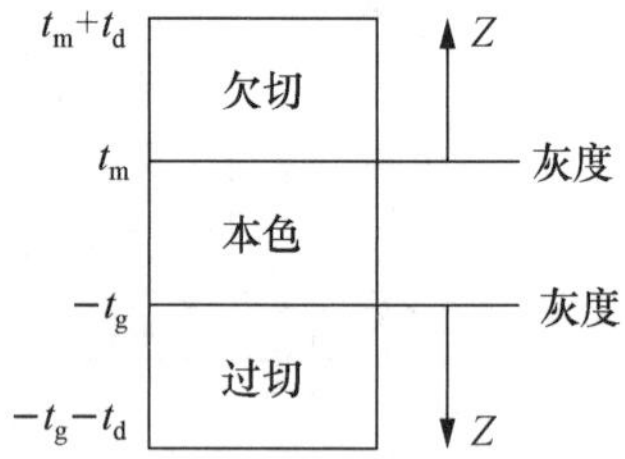

图 5-48　灰度与精度的对应

5.5.5　干涉碰撞检测

干涉问题是确定不同的物体在空间是否占用相同区域的问题。该问题一般可以描述如下：给定 N 个物体 S_1，S_2，…，S_i，…，S_n，它们在空间区域的位置是由定义在时间域 $[T_s, T_e]$ 上的函数 F_1，F_2，…，F_i，…，F_n 确定的，判定在这个时间区域内相同时刻是否存在任何一对物体占用公共的空间。在 NC 加工仿真中，干涉碰撞检测具体为检测加工

中的刀具、夹具、机床元件以及环境物体之间的碰撞，此时为了保持虚拟环境的真实性，需要检测这些干涉碰撞，并计算相应的碰撞反应，否则便破坏了 NC 加工仿真的真实性和沉浸感。

干涉碰撞检测有两个问题是要解决的：一是检测干涉碰撞发生的时间和空间，二是计算干涉碰撞后的反应。由于前者又是后者的先决条件，因此在仿真中占有很重要的地位。由于 NC 加工仿真中包含大量的物体，加上物体几何形状、运动的复杂性，因此，选取适当的几何模型数据结构和处理算法对很好地解决算法的效率和可靠性（无漏判和误判）具有极其重要的意义。

长期以来，世界各国的专家学者对三维运动物体干涉碰撞检测方法进行了大量的研究工作。1988 年，美国的计算机科学家 J. Canny 提出了基于 B-rep 多面体的动态体与静态体间的碰撞检测方法，给出了动态体与静态体、动态体与动态体之间的干涉检测算法。这种基于 B-rep 的算法均用 B-rep 方法进行几何造型，干涉检验是由连续测试表面与形体相交来完成的，随着表面数量的增加，计算时间呈几何级数增加，所以对于比较复杂的运动物体，其算法效率较低。1991 年，美国的计算机科学家 H. Nobrio 又提出了专门用于干涉检测的层状球实体表达模型。球形模型以球形单元层次来表示一个物体所占据的三维空间，同八叉树一样是一种层次结构，实体被转化为一个球体区域，节点干涉检验被简化为简单的球心距离检查，当物体运动时，只需计算球心坐标，就可以得到各子节点的坐标。

目前，按照时间，干涉碰撞检测主要分为两类：连续时间检测和离散时间检测。连续时间检测是将时间参数作为函数的一个自变量，定义在四维空间。离散时间检测是将时间间隔 $[T_s, T_e]$ 离散为 $T = T_s, T_1, \cdots, T_i, \cdots, T_e$，测试仅在每个 T_i 时刻进行。离散时间检测的算法复杂性比连续时间检测要简单，因为它相当于把问题从四维空间降到三维空间处理，但其可靠性没有连续时间检测好。

为了满足 NC 加工仿真的实时性和沉浸性的要求，应尽量提高算法的效率，因此常选用离散时间检测方法。离散时间检测主要涉及以下 3 个方面的问题：

1. 时间步长的选择问题的解决方法

显然在将时间离散成时间点时，如果 dt 的取值较大，则采样的次数相应减少，因而计算速度较快，但有可能发生漏判的情况；如果 dt 的取值较小，则计算结果更加精确，但计算量相应增大，因而效率低。为了同时获得满意的速度和准确性，理想的方法是采用可适应性变化的步长 dt 来替代固定步长 dt，当干涉碰撞发生的频率升高时，步长相对小些，而当干涉碰撞频率降低时，步长则相应变大。

2. 多物体对测试问题的解决方法

多物体对检测实际上是一种粗略干涉碰撞检测方法，它的实质是在当前帧中如何从大量的物体中排除相距较远的物体对，从而减少需要进一步检测碰撞的物体对数。常用的方法是包围盒法，它的基本思路是用一个简单的包围盒（如长方形）将复杂的几何体围住，于是该包围盒的干涉碰撞就成了几何体干涉碰撞的必要条件。当对两个物体做干涉碰撞检测时，首先检测两者的包围盒是否相交，若包围盒不相交，则说明两个几何体一定不相交，否则再进一步对物体做检测。求包围盒的交比求物体的交简单得多，可以快速排除很多不相交的物体，从而加速了算法。

3. 两个物体的干涉碰撞检测方法

利用多物体对检测是一种保守的方法，它没有将真正发生干涉碰撞的物体检测出来，因此如果应用要求得到更高的结果，就必须进一步精确检测两个物体。目前，两个物体的干涉碰撞检测方法主要有两种。

（1）包围盒层次法。

它的基本思路是将物体分成很多几何子部分，并进一步求出这些几何子部分的包围盒，同样，这些子部分又递归地由更小的部分组成，由此可以将物体及其子部分的包围盒组成层次结构。其中又以八叉树层次结构最为典型，该树的根节点是物体的包围盒，叶节点是构成物体的几何元素，而中间节点则对应各级子部分的包围盒。

（2）距离跟踪法。

它的基本思路是通过寻找或跟踪两个物体之间的最近点来计算它们的距离，显然，当距离小于或等于零时，两个物体发生碰撞。同时由于物体运动的时间连续性和几何连续性，计算物休间的最近距离可利用前一时刻计算结果来加速当前时刻的计算。

5.6 思 考 题

1. 什么是制造和制造系统？
2. 简述制造系统的概念模型。
3. 简述 CAM 的主要内容及工作流程。
4. 简述 NC 机床的组成。
5. 简述 NC 加工工艺过程的确定，以及怎样选择合理的刀具。
6. 简述 NC 编程的内容和步骤。
7. NC 编程方法有哪些？请通过资料收集和自学，了解 APT 语言 NC 编程的相关知识，培养文献收集和自主学习的能力。
8. 什么是插补？常用的插补方法有哪几种？
9. 机床坐标系和编程坐标系是如何确定的？二者有何异同？
10. NC 加工仿真的目的是什么？它由哪些部分组成？

第 6 章 CAD/CAM 集成系统

目前，制造业普遍面临着市场全球化、制造国际化、品种需求多样化的新挑战，在市场竞争日益激烈的形势下，人们对产品质量及产品开发周期的要求越来越高。随着制造技术的不断进步，CAD/CAM 技术的发展给传统的制造业带来了一场变革，彻底改变了产品的设计、生产和管理方式。长期以来，以手工设计和人工管理为主的生产将逐步转变为无纸化的计算机管理与控制生产。当前，CAD/CAM 的硬件系统已经达到了实用化的阶段，CAD/CAM 的单项技术也日益成熟。但是各自独立发展的系统之间难以实现信息的交流和传递，不能实现信息资源的共享，制约了各单项技术的充分利用，并且造成了生产周期延长，生产效率降低，出错机会增大，难以取得明显的经济效益等问题。而实现 CAD/CAM 集成是解决这一问题的重要手段，因此，CAD/CAM 集成技术的研究具有重要的现实意义。

6.1 CAD/CAM 系统集成的概念

6.1.1 CAD/CAM 系统集成的基本概念

集成是将一些孤立的事物或元素通过某种方式改变其原有分散的状态而集成在一起，保持相互间的联系，从而构成一个有机的整体。在不同的应用领域中，集成的含义也有所不同，即使是在同一个领域中，在不同阶段、不同层面，集成的含义也存在差异。1992年，英国拉夫堡大学的 Wenston 教授给出了一个定义：集成是指将基于信息技术的资源及应用（计算机软硬件、接口及机器）聚集成一个协同的工作整体，包含功能交互、信息共享以及数据通信 3 个方面的管理与控制，如图 6-1 所示。

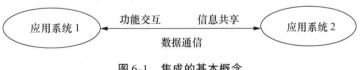

图 6-1 集成的基本概念

系统集成化可以分为内部集成和外部集成。内部集成就是指系统各个组成部分之间接口必须一致，通过工程数据库以保证信息流畅通。外部集成是指将一个系统嵌入另一个系统，此时前者的外部接口必须和后者的内部接口一致，以保证信息流完整。集成化又可分为两个阶段：第一阶段是通过接口使得各个子系统的信息能够互联、互通，称为信息集成；第二阶段是集成系统的建模、体系结构的建立、任务的制定和分解、作业排序调度等优化和标准化，称为功能集成。

可以从信息和硬件设备两个方面去理解 CAD/CAM 集成。从信息的角度看，CAD/CAM 集成就是信息共享，通过各类接口实现不同单元系统之间的数据通信和功能交互，使整体系统的功能更强，完成系统中各个单元部分独自不能完成的任务。另外，从硬件设备的角度看，CAD/CAM 集成包括两层含义：一是内部集成，为使系统成为真正的开放式系统，并易于扩充，各个组成部分之间的接口必须一致；二是外部集成，为使一个系统能嵌入另一个系统而作为其组成部分，前者的外部接口必须与后者的内部接口一致。总之，接口一致是实现集成的前提。

CAD/CAM 系统集成属于计算机应用系统的一种信息集成，即包含计算机辅助设计、分析、工艺、制造以及信息管理等不同软件系统的信息资源的集成，通过集成达到功能交互、信息共享以及数据通信的管理与控制。

（1）功能交互。

CAD/CAM 系统将 CAD、CAE、CAPP、CAM、PDM、ERP 等不同功能的软件系统进行有机结合，用统一的执行控制模式组织各种信息的传递，协调各子系统的运行，保证系统内部信息流的传递快捷通畅。

（2）信息共享。

系统采用通用接口标准和开放式体系结构，实现系统内部各组成部分间的数据交换。外部系统可通过接口嵌入模式，成为系统的一个组成部分，以解决系统间信息通信和数据交换的问题。

（3）数据通信。

集成系统的输入和初始化工作一次完成，各子系统产生的结果可作为其他有关子系统共享资源，直接被接收使用，而无须用户多次重复输入。

6.1.2　CAD/CAM 系统集成的特点

CAD/CAM 系统的集成化是指在总体设计的指导下，以工作数据库为核心，以网络为支撑，把各种不同功能的软件系统（如设计、制造、工艺规划有限元及信息管理系统）按不同的用途有机结合起来，在统一的执行控制程序组织下，实现各种信息的传递，协调各子系统有效地运行和保证系统内信息畅通，达到信息交换和资源共享的目的，并获得最优的整体效益。CAD/CAM 系统集成的作用主要表现为以下几个方面：

（1）有利于系统各应用模块之间的资源共享，减少数据重复输入，提高系统运行效率，降低设计成本。

（2）避免应用系统之间信息传递误差，特别是人为传送误差，提高设计质量。

（3）有利于实现各应用模块间的并行设计、协同作业，缩短产品开发周期，提高企业市场竞争力。

（4）有助于将传统纸质产品信息载体转换为电子信息载体，实现无纸化生产。

（5）有助于计算机集成制造、敏捷制造、智能制造等先进制造模式的实施，提高企业综合竞争力。

6.1.3　CAD/CAM 系统集成的原则

为了将集成系统中各应用程序所需要的及所产生的信息存储和交换，系统集成的原则包括以下几个方面：

（1）各子系统间信息必须畅通无阻，相互间能进行数据共享和交换，并保证安全、可靠。

（2）各子系统必须满足该工程领域中 CAD/CAM 应用的要求，软件不应重复，信息不应冗余。

（3）应充分利用原有软件、硬件以及用户熟悉的操作方式，但也应尽量使用当前的新技术。

（4）各子系统应用软件集成宜在新一代软件平台上进行，并协同工作。

（5）各子系统应用软件集成不是现有软件的简单堆积，而是在该行业、该领域的 CAD/CAM 系统的总体设计的指导下，按照系统工程的原理和软件工程的方法进行优选、改造和集成，并按照该应用工程领域信息流程进行集成，以便发挥集成系统的总体效益。

（6）集成系统能覆盖产品的设计和制造的主要领域，应用统一的产品数学模型。

（7）各子系统采用工程数据库及其管理系统，统一管理各类工程数据。

（8）应特别注意各子系统之间的接口关系，应有统一的用户界面和尽可能统一的数据模式，并应获得用户的良好反馈。

（9）为使得各子系统有条不紊地投入运行，必须设计完备的执行控制程序，对集成系统进行组织和控制。

（10）应选择良好的图形、图像和网络支撑环境，尽量选用当前的国际标准。

（11）各子系统的硬件和软件采用模块化结构，集成应符合工程化和实用化要求。

（12）CAD/CAM 系统的集成内容包括硬件集成和软件集成。硬件和软件组成 CAD/CAM 系统的一个有机的综合体，其选择的依据是用户的需求和系统进一步扩充发展的可能性。

CAD/CAM 是 CIMS 的重要部分，它指导制造系统的设计和改进。要正确理解 CAD/CAM 系统集成的概念，就应将 CAD/CAM 放到 CIMS 中分析。CIMS 是在信息技术、自动化技术、管理技术、设计制造的基础上，通过计算机网络和数据库有机地组合起来。可见，CAD/CAM 集成化是 CIMS 的核心。

6.1.4　CAD/CAM 系统集成领域

CAD/CAM 系统集成涉及不同层次、不同领域的集成，一个是产品设计领域 CAD/CAM 系统的集成，另一个是 CAD/CAM 系统与企业信息管理系统的集成。

（1）产品设计领域 CAD/CAM 系统的集成。

产品设计领域 CAD/CAM 系统的集成如图 6-2 所示，该领域的集成是将 CAD 、CAE、CAPP、CAFD、CAM 等各个计算机辅助设计功能子系统进行有效集成，以实现产品设计信息的共享，解决设计领域"信息孤岛"的障碍，提高综合设计效率。

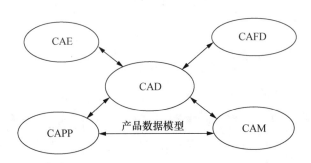

图 6-2　产品设计领域 CAD/CAM 系统的集成

CAD 子系统是 CAD/CAM 系统的核心，其主要功能是根据产品设计要求和结构特征，以一定的数据结构和建模方式，建立产品数据模型，供其他功能子系统调用和信息共享。

CAE 子系统是对 CAD 子系统所建立的产品数据模型进行分析验证，对产品的性能与安全可靠性进行分析，对未来的工作状态进行仿真模拟，以验证所设计产品的功能可用性和性能可靠性，并将验证结果反馈给 CAD 子系统，以供其修改完善产品的设计。

CAPP 子系统是根据产品数据模型中的产品结构和工艺要求进行产品加工的工艺设计，确定加工方法及加工过程，选择加工机床和刀夹量具，选择加工毛坯，确定加工余量和切削用量，计算工时定额和加工成本，编制完成加工工艺规程文件。对于加工工艺不能实现的产品结构，需要 CAD 子系统进行产品结构的改进设计。

CAFD 子系统根据 CAD 子系统提供的产品数据模型结构特点以及 CAPP 子系统所提供的加工工艺要求进行产品加工所需的工装设计。

CAM 子系统是对 CAD 子系统所提供的产品数据模型以及 CAPP 子系统所提供的加工工艺信息进行 NC 加工程序的设计，自动生成导轨文件、后置处理、加工模拟仿真，最终产生满足加工机床要求的 NC 代码。

目前，市场上所提供的 CAD/CAM 系统基本实现了 CAD/NCP 集成，即产品设计与 NC 加工编程的集成，有些系统可提供 CAD/CAE/CAFD/CAM 更大范围的集成。由于计算机辅助工艺设计受到产品对象、加工批量、加工设备与环境条件等因素的影响较大，CAPP 子系统的集成还有待进一步研究和探索。

（2）CAD/CAM 系统与企业信息管理系统的集成。

制造型企业的生产运行过程可看作企业内有关生产经营信息流的不断转换和处理的过程。在企业内部，生产经营信息流有两条主线：一条是设计部门的产品信息流，另一条是企业经营管理部门的管理信息流，如图 6-3 所示。CAD/CAM 系统是处理企业产品信息流的重要工具，而企业的管理信息流则由企业资源计划、制造执行系统、全面质量管理等不同管理系统进行处理。

若将企业设计部门的 CAD/CAM 系统与经营管理部门的企业资源计划、制造执行系统、全面质量管理等管理系统进行集成，便构成了遍及整个企业的信息集成系统，即 CIMS。因此 CAD/CAM 是 CIMS 系统的重要基础，是企业产品信息的策源地，为其他系统提供了产品结构、加工工艺以及质量保证等产品基本信息。

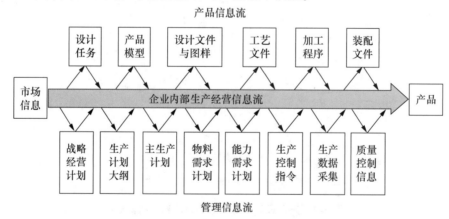

图 6-3　企业内部生产经营信息流

CAD/CAM 集成系统中的产品信息起源于产品的功能设计和概念设计，经过详细设计使产品的概念模型具体化，经过分析—优化—评价使产品结构详细模型得到进一步的完善，直至设计过程结束，便得到整个产品结构模型。产品结构模型的结构模式和表示形式至关重要，它直接影响信息传输的效率，以及后续的工艺设计、检测设计、装配设计各模块的信息传递和共享。以特征为基础的产品结构模型，以及面向对象的模型表示形式，是当前 CAD/CAM 集成系统较为常用的方式。产品信息经过工艺设计模块、加工制造模块、检验和装配设计模块，补充了产品的工艺信息、制造信息和装配信息，从而获得较为完整的产品信息模型。由此可见，CAD/CAM 集成系统的信息流不仅满足自身系统运行的需要，同时又不断补充和完善产品信息。这样的信息既是企业的资源财富，也是制造型企业 CIMS 产品信息的重要来源。

6.1.5　CAD/CAM 集成系统的体系结构

CAD/CAM 集成系统的体系结构可以分为 3 种类型。

1. 传统型系统

传统型系统的开发应用较早，现在仍在广泛应用，其是以某种应用为背景发展起来的。例如，开始时主要为解决工程绘图、曲面设计、有限元等问题；后来逐渐扩大了其他功能再加以继承，如 I-DEAS 的最基础功能是有限元分析，而 UG 系统产品的基础是曲面造型和设计等。系统开发之初的硬件环境、设计思想、设计方法的局限性，使得这些系统不太容易适应高度集成化的要求。

2. 改进型系统

改进型系统是在 20 世纪 80 年代中期发展起来的，如 CIMPLEX、Pro/Engineer 等都属于这类系统。相比之下，这类系统提高了某些功能的自动化程度，如参数化特征设计、系统数据与文件管理、NC 加工程序的自动生成等，但仍缺乏数据交换和共享的能力。

3. 数据驱动系统

数据驱动系统是正在发展的新一代 CAD/CAM 集成系统。其基本出发点着眼于产品整个生命周期，寻求产品数据实现交换和共享的途径，以期在更高的程度和更宽的范围实现集成。其中一条主要途径就是采用 STEP 产品数据交换标准，逐步实现统一的系统信息结构设计和系统功能设计。图 6-4 所示为数据驱动系统体系结构。

由图 6-4 可知，整个系统是分为 3 个层次来实现的。最底层为产品数据管理层，以 STEP 的产品数据定义模型为基础，提供了 3 种数据交换方式，即数据库、工作格式和 STEP 文件交换方式。这 3 种方式的数据存取分别用数据库管理系统、工作格式管理模块和系统转换器来实现。系统运行时，通过数据管理界面按选定的数据交换方式进行产品数据的交换。

系统的中间层为基本功能层，包括几何造型、特征造型、图形编辑显示和尺寸公差处理等基本功能。这些功能在应用上具有通用性，即每一种功能都可能被许多不同的应用系统使用。实际上，基本功能层为 CAD/CAM 应用系统提供了一个开发环境，CAD/CAM 应用系统可以通过功能界面来调用这些功能。

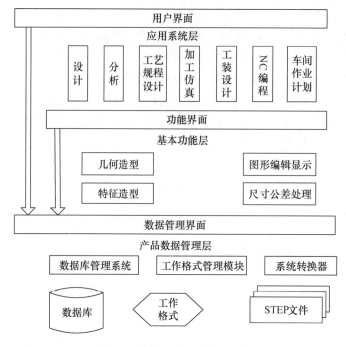

图 6-4　数据驱动系统体系结构

　　系统的顶层为应用系统层，包括设计、分析、工艺规程设计和加工仿真等，可以完成从产品设计、分析到加工的全过程。这些功能通过用户界面被提供给用户。

　　因为底层采用了统一的数据管理办法，当产品模型发生改变时，数据的管理方式可保持不变，所以对系统程序的影响不大。因为系统采用分层结构，并且每一层都有一个标准界面，所以当某一层次进行功能扩充时，对其他层的影响较小。由于各层隔离，因此某层次的系统开发人员不必了解其他层的内部细节，只要了解各界面提供的功能即可。

6.2　CAD/CAM 系统集成关键技术

　　CAD/CAM 系统集成的目的就是按照产品设计—工艺准备—生产制造的实际过程，在计算机里实现各应用程序所需的信息处理和交换，形成连续的、协调的信息流。为了达到这一目的，必须解决产生公用信息的产品建模技术、存储和处理公用信息的集成数据管理技术，以及进行数据交换接口技术、执行控制程序等 CAD/CAM 集成的关键技术问题。这些技术的实施水平是衡量 CAD/CAM 系统集成度水平的主要依据。

　　（1）产品建模技术。

　　一个完善的产品设计模型既是 CAD/CAM 系统进行信息集成的基础，也是 CAD/CAM 系统中共享数据的核心。传统基于实体造型的 CAD 系统局限于对产品几何信息的描述，缺乏对产品零件信息的完整描述，与制造所需的信息彼此分离，难以实现 CAD/CAM 系统的高度集成。可以将具有工程语义的特征概念引入 CAD/CAM 建模系统，建立 CAD/CAPP/CAM 范围内相对统一的、基于特征的产品定义模型。该模型不仅提供从设计到制造各阶段所需的产品定义信息（包括几何信息、工艺信息和加工制造信息），而且还提供符合人们思维方式的高层次工程描述语言，能够表达工程师的设计与制造意图，实现 CAD/

CAM 之间的数据交换和共享。因而就目前而言，基于特征的产品定义模型是解决产品建模关键技术问题的比较有效的途径。

（2）集成数据管理技术。

随着 CAD/CAM 技术的自动化、集成化、智能化和柔性化程度的提高，集成系统中的数据管理问题日益复杂，主要表现如下：

①集成系统由多个不同的工程应用程序组成，这就要求数据管理系统能支持应用程序之间数据的传递与共享，满足可扩充性要求。

②工程数据类型复杂，不仅有矢量、动态数组，还有结构复杂的工程对象。

③工程对象在不同设计阶段可能有不同的设计模式，因此，应能根据实际需要修改和扩充定义模式。

④由于工程设计过程一般采用自上而下的工作方式，并且有反复试探的特点，因此，集成系统的数据管理必须提供能够适应工程特点的管理手段。

传统的商用数据库已满足不了日益复杂的数据管理要求。CAD/CAM 系统的集成能提供处理复杂数据的工程数据管理环境，使 CAD/CAM 各子系统有效地进行数据交换，尽量避免数据文件和格式的转化，还能清除数据冗余，保证数据的一致性、安全性和保密性。工程数据库管理方法已成为开发新一代 CAD/CAM 一体化系统的主流，也是系统进行集成的核心和关键技术之一。为了满足系统各功能模块的需要，工程数据库一般包括以下内容：

①全局数据和局部数据的管理。

②相关标准及标准件库。

③参数化图块库。

④刀具库。

⑤切削用量数据库。

⑥工艺知识库。

⑦零件设计结果存放库。

⑧NC 代码库。

⑨用户接口。

⑩其他。

（3）数据交换接口技术。

数据交换的任务是在不同计算机之间、不同操作系统之间、不同数据库之间和不同应用软件之间进行无障碍的数据通信。由于 CAD、CAPP、CAM 技术是各自独立发展起来的，各系统内的数据表示格式不可能完全统一，因此不同系统间的数据交换很难进行，影响了各应用系统功能的发展，难以进一步提高 CAD/CAM 系统的工作效率。解决产品数据交换技术的途径是制定国际性的数据交换规范和网络协议，以作为各类应用系统数据交换接口的开发标准，包括图形软件标准、NC 编码标准、数据库软件标准和控制系统标准等，以保证数据交换和传输在各种软硬件环境下快捷、流畅地进行。

（4）执行控制程序。

由于 CAD/CAM 集成系统具有规模大、信息源多、传输路径不同、各模块的支撑环境和功能多样化等特点，故而对系统各模块进行组织和管理的执行控制是系统集成的最基本要素之一。执行控制程序的功能是将系统中相关的模块组织起来，按规定的运行方式完成规定的作业，并协调它们之间的信息传输，提供统一的用户界面，进行故障处理等。

6.3 CAD/CAM 集成方式

CAD/CAM 集成可以通过两种方式进行，即系统集成和集成系统。

CAD/CAM 系统集成是将不同功能、不同开发商的单元系统集成到一起，形成一个完整的 CAD/CAM 系统。这种应用系统的优点是单元系统配置灵活，选择余地大，可以选择单元技术最优秀的系统进行组合，当系统升级换代时，可有选择地保留或更新各单元系统。因此，它是一种广泛应用的 CAD/CAM 集成方式。但是系统集成方式也存在着不足，比如各单元子系统之间很难做到"无缝连接"，总会或多或少地留有一点"痕迹"，这种缺陷偶尔也会给系统带来灾难性的影响。系统集成可以分为内部集成和外部集成，上文有讲述。

CAD/CAM 的另一种集成方式是集成系统。集成系统是在系统设计开始，就将系统未来要用的功能都考虑周全，并将所有功能全都集成到一个系统中，这依赖于系统采用统一的产品数据模型的共享机制，因此不会有任何的连接痕迹。一般情况下，这种系统仅在某些特定行业或部门比较成功地实现狭义的 CAD/CAM 集成，而难以做到广泛意义上的 CAD/CAM 集成。如 CATIA、I-DEAS、Pro/Engineer 等著名的 CAD/CAM 集成软件系统，可以在一个集成环境中完成从产品设计、工程分析到 NC 加工的过程。在模具设计与制造过程中，这种系统应用得比较成功。

6.3.1 信息集成

不同的集成系统有着不同的集成层次，因此 CAD/CAM 集成并非各系统模块叠加式组合，而是通过不同数据结构的映射和数据交换，利用各种接口将 CAD、CAPP、CAM 的各应用程序和数据库连接成一个集成化的整体。CAD/CAM 集成涉及网络集成、功能集成和信息集成等诸多方面，其中网络集成是要解决异构和分布环境下网内和网间的设备互连、传输介质互用、网络软件互操作和数据互通信等问题；功能集成应保证各种应用互通互换、应用程序互操作以及系统界面一致性等；而信息集成是要解决异构数据源和分布式环境下的数据互操作和数据共享等问题。信息集成是 CAD/CAPP/CAM 集成的核心，是近年来备受工业界关注的课题。

对于不同方式的 CAD/CAM 集成系统来说，信息集成（信息共享）可以通过以下几种方法来实现。

1. 基于专用接口的 CAD/CAM 集成

基于专用接口的 CAD/CAM 集成是早期的 CAD/CAM 集成模式。由于各单元技术独立发展，集成系统各单元的独立性非常强，各子系统都是在各自独立的数据模式下工作。这种集成方式的特点是：原理简单、运行效率较高；但开发的专用数据接口无通用性，各子系统之间需开发不同的专用接口，一旦某子系统的数据结构发生变化，与之相关的所有接口程序均需修改。

因为 CAD/CAM 单元系统在最早时的独立性非常强，所以必须提供一种专门的数据格式来实现 CAD/CAM 的集成。若要解决应用问题，首先需要进行前置处理，将问题转换成专门数据格式的表达形式；其次在系统处理过后，还要经过后置处理，再还原到应用空间中，才能看到处理结果。若用户分别开发 A、B 系统，为了同时了解 A、B 专用数据格式，就需要开发专用接口，把 A、B 系统集成，如图 6-5 所示。此方法的集成缺乏通用性，开发性也差。随着计算机软硬件技术的发展和应用 CAD/CAM 的水平迅速提高，这种集成模式越来越少被采用。

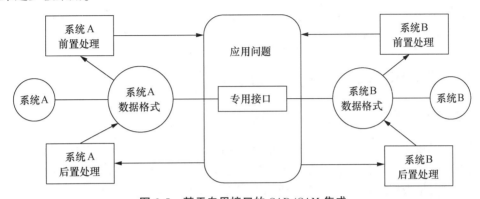

图 6-5　基于专用接口的 CAD/CAM 集成

2. 基于专用标准数据格式的 CAD/CAM 集成

基于专用标准数据格式的 CAD/CAM 集成在进行数据交换时，首先需要进行前置处理，将系统 A 的数据转换成标准数据交换格式文件；其次进行后置处理，将标准数据交换格式文件转换成系统 B 的数据格式。这种集成方式的关键技术是建立公用的数据交换标准。目前，世界各国已开发了多个公司数据交换标准，在应用中比较典型的有 IGES 和 STEP。

由于专用接口的集成影响了开发商的快速发展，为此许多开发商提出了开发自己的标准数据格式作为集成的接口。它的集成方法可以省略系统 A、B 的前置和后置处理，如图 6-6 所示。这种方法的突出优点是当子系统数目较多（大于 3 个）时，相对于基于专用接口的 CAD/CAM 集成，能大大减少转换接口程序的数目。这种方法需要系统研制人员根据实际需要设计数据文件。由于应用程序与数据文件一一对应，针对性很强，因此仍缺乏通用性和扩充性。此方法只适用于一些大型系统管理非共享数据。

图 6-6　基于专用标准数据格式的 CAD/CAM 集成

为克服专用数据接口集成模式的弊端，有些系统开发商提出，用通用数据格式作为系统集成的接口，应用系统数据按标准格式输入输出就可集成到一起。比较典型的公用数据交换标准有 IGES、STEP、GKS、VDI 等。作为系统集成的接口，应用最多的标准数据格式是美国国家标准局主持开发的数据交换规范 IGES。

3. 基于统一产品数据模型和数据库的 CAD/CAM 集成

基于统一产品数据模型和数据库的 CAD/CAM 集成是真正的 CAD/CAM 集成，它从根本上将 CAD、CAPP、CAM 等过程作为一个有机的整体来进行规划和开发，能够实现信息的高度集成和共享。其中，统一的产品数据模型是实现集成的核心，统一的数据库管理系统是实现集成的基础。这种集成包括了从产品设计到制造的所有环节，各环节都与工程数据库有数据交换，实现了全系统数据共享，避免了数据文件格式的转换和数据冗余，保证了数据的一致性、安全性和保密性。

6.3.2 基于 PDM 平台的 CAD/CAM 集成

1. 基于 PDM 平台的 CAD/CAM 系统集成

目前，多数企业采用的是应用封装的集成方式。虽然应用封装仅为文件级的功能集成，但是这种集成方式投入少、见效快、技术上易于实现，较为实用。对企业而言，最为实用的技术就是最好的技术。图 6-7 所示为基于 PDM 平台的 CAD/CAM 系统集成结构框架，该平台建立了产品对象库、设备资源库、原材料库、工艺信息库等不同类型的数据库，设计人员可应用系统所提供的统一操作界面轻松地进行 CAD、CAPP、CAM 的集成作业。

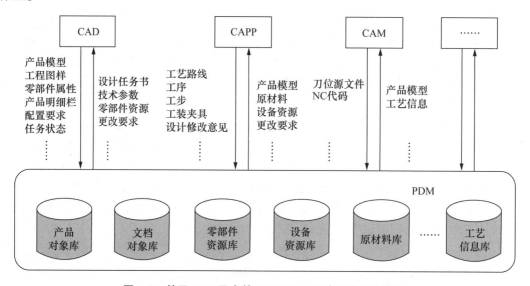

图 6-7　基于 PDM 平台的 CAD/CAM 系统集成结构框架

在 PDM 平台上，设计人员可运行 CAD 系统进行产品结构设计，设计所生成的产品模型、工程图样、零部件属性、产品明细栏等直接由 PDM 负责存储和管理，以供其他应用系统共享；在产品设计过程中，所需要的设计任务书、技术参数、设计资料以及更改要求等信息，也可以从 PDM 平台相关数据库中直接调取。从事产品工艺设计时，设计人员可运行 PDM 平台所封装的 CAPP 系统进行工艺设计，设计产生的工艺路线、工序、工装夹具以及对产品设计的修改意见等，也由 PDM 负责存储和管理；在 CAPP 作业时，也可以从 PDM 中获取如产品模型、原材料、设备资源等信息。同样，CAM 系统可从 PDM 中调取由

CAD 系统产生的产品模型信息，以及由 CAPP 系统产生的工艺信息等，并将 CAM 作业所生成的刀位源文件、NC 代码交由 PDM 管理。

2. 基于 PDM 平台的 CAD/CAM 内部集成

PDM 系统是指挥、控制与通信（Command, Control and Communication, 3C）系统与 ERP 系统之间进行信息传递的桥梁，实现了企业全局信息的集成与共享。CIMS 重要组成部分之一的 ERP 系统中的许多信息来自 CAD/CAPP/CAM 系统。通过 PDM 系统可以及时地把相关信息传递到 ERP 系统中，ERP 系统产生的信息也通过 PDM 系统传递给 CAD/CAPP/CAM 系统，如图 6-8 所示。

图 6-8　基于 PDM 平台的 CAD/CAM 内部集成

6.3.3　PDM 平台上基于 STEP 的 CAD/CAM 集成

现有大型 CAD 系统（如 Pro/Engineer、UniGraphics 等）大都支持 STEP，都带有 STEP 接口。在某一领域实施 STEP，必须先规定其应用范围以及引用的 STEP 资源，这需要制定相应的应用协议。一个应用协议定义应包括应用范围、应用相关内容以及信息要求。应用协议说明了如何用 STEP 的集成资源来解释产品数据模型以满足工业需求，即根据不同应用领域的实际需要，选定标准的逻辑子集或加上必须补充的信息，作为标准强制地要求各应用系统在交换、传输与存储产品数据时遵从应用协议的规定。

PDM 平台上基于 STEP 的 CAD/CAM 集成如图 6-9 所示，整个系统分 5 层。

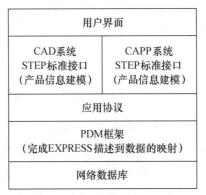

图 6-9　PDM 平台上基于 STEP 的 CAD/CAM 集成

第一层是用户界面层。该层提供一个简单的人机交互界面，完成用户与系统的交互工作。

第二层是 CAD/CAPP 系统单元层。在这一层上，CAD/CAPP 系统主要完成信息模型的建立。CAD/CAPP 系统自带标准的 STEP 接口，根据 STEP 的描述建立产品信息模型，并采用 EXPRESS 语言进行描述。

第三层是应用协议层。在这一层上根据某一应用领域的应用协议，或者使用已经标准化的应用协议来规范交换、传输或存储的产品信息模型数据，保证数据传输的一致性。

第四层是 PDM 框架层。PDM 是一项管理所有与产品相关的信息和过程的技术。这一层不但要完成产品相关数据的管理，支持 CAD/CAPP 系统的整个过程，而且要支持符合 STEP 标准的产品数据共享，建立集成化的 CAD/CAPP 系统的全局数据模型。PDM 提供了数据库和中性文件两种实现方式，从而支持产品的数据表达，共享和交换既可以在数据库中进行，也可以通过中性文件进行。其中，EXPRESS 描述到数据库的映射也是在这一层完成的。

第五层是网络数据库层。网络数据库层以数据库技术为基础，并遵从 TCP/IP 协议实现数据的存取。这一层集数据的管理能力、网络的通信能力以及过程的控制能力于一体，能够满足分布式环境中群体活动的信息交换和监控。

6.3.4 基于工程数据库的 CAD/CAM 集成

自 20 世纪 70 年代末以来，以各类数据库为核心的信息系统迅速发展，数据库技术很快应用于 CAD/CAM 集成系统、科学统计、地理信息、人工智能等各种领域。目前，CAD/CAM 集成系统通常采用工程数据库，由于数据的种类繁多、数据流量大，工程数据库的研制只能一步一步完善，如图 6-10 所示。

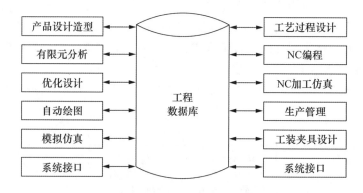

图 6-10 基于工程数据库的 CAD/CAM 集成

目前，研制人员采用的方法是以商用数据库管理系统为底层支撑环境，利用或改造商用数据库管理系统，使之适应工程数据库的要求。为了满足系统各个模块的需要，系统应在产品设计制造的所有环节与工程数据库进行数据交换，以实现数据的全系统的共享。

工程数据库管理系统（Engineering Data Base Management System，EDBMS）要满足 CAD/CAM 集成的信息要求，应具备以下特点：

（1）数据模型复杂。

工程数据包括多维向量、矩阵、集合、有序集、时间序列、几何图形、数学公式等形式。数据模型不仅有多种客体类型和多种关系，而且有复杂的网状结构。此外，数据模型还应把图形的表示作为一种特殊的类型来考虑。

（2）工程数据量大。

工程的图形、图像信息都必须存放在数据库中，规模都常在 10 GB 以上。因此，数据库不仅要管理存储的大量数据，还要快速响应处理数据，CPU 占用率高，在使用中应避免应用程序的长时间运行。

工程数据分成以下两大类：

① 标准数据，如预先设计好的基元客体、设计规范、设计知识等描述设计环境的信息。它们通常放在标准的知识库中，供设计人员使用。

② 与设计客体有关的信息，一般随着设计进程的深入而逐渐产生，是工程应用程序运行的结果。

（3）模式的动态修改。

将工程数据映射到数据库中，需要数据库能支持动态数据定义，这意味着工程数据库模式必须能灵活地修改和扩充，能重新编译模式和重新装入数据库。

（4）版本控制。

设计过程具有尝试性、反复性、发展性。在工程环境中，CAD/CAM 系统必须能维护设计历史信息，并为设计人员查询和存取提供有效的版本控制。

（5）支持交互式的工作方式。

设计人员通过面向问题的语言、菜单等终端功能进行交互式操作。这要求数据库能随时提供数据并存储数据。为此，EDBMS 应有一个工程语义接口及管理系统支持交互式工作方式。

（6）支持工程长事务处理和分布式加库处理功能，支持多用户工作环境。

6.4　产品数据管理

随着 CAD/CAM 技术的发展和应用，在 CAD/CAM 集成过程中要利用和生成大量的工程数据，包括工程设计、分析数据、产品模型数据、专家知识、推理规则和产品的加工数据等。而 PDM 能够有效地跟踪管理和充分利用这些数据，既是一项新的管理思想的技术，也是 CAD/CAM 集成中一项不可缺少的关键技术。PDM 明确定位为面向制造企业，它以软件技术为基础，以产品管理为核心，实现对产品相关的数据、过程、资源一体化集成管理技术。PDM 系统进行信息管理的两条主线分别是静态的产品结构和动态的产品设计流程，所有的信息组织和资源管理都是围绕产品设计展开的，这也是 PDM 系统有别于其他的信息管理系统，如管理信息系统、物料管理系统、项目管理系统的关键所在。PDM 系统中数据、过程、资源和产品的关系如图 6-11 所示。

作为 20 世纪末研发的技术，PDM 继承并发展了计算机集成制造（Computer-Integrated Manufacturing，CIM）等技术的核心思想，在系统工程思想的指导下，用整体优化的观念对产品设计数据和设计过程进行描述，规范产品生命周期管理，保持产品数据的一致性和可跟踪性。PDM 的核心思想是设计数据有序、设计过程优化和资源共享。

经过近些年来的发展，PDM 技术已经取得了长足进步，普遍应用于模具、电子、航空/航天等领域。PDM 技术正逐渐成为支持企业流程重组、并行工程、CLMS 工程和 ISO 9000 质量认证等系统工程的使能技术。

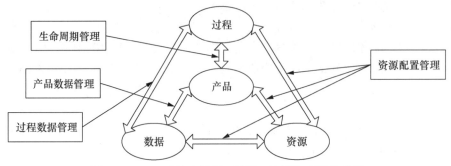

图 6-11　PDM 系统中数据、过程、资源和产品的关系

6.4.1　PDM 的基本概念

PDM 系统是一个管理所有与产品相关的信息和过程的计算机软件系统。它以软件技术为基础，以产品信息为核心，将产品设计、工艺规划、生产制造和质量管理等产品信息进行集成，对产品整个生命周期内的数据进行统一管理。PDM 系统为实现企业信息的集成提供了信息传递的平台和桥梁，在这个平台上可以集成或封装 CAD、CAE、CAPP、CAM 等多种开发环境和工具，将产品不同阶段的信息作为全部产品数据信息的一个子集，按不同的用途和目的分门别类地进行信息集成管理。CAD/CAM 系统中的各个功能子系统可以从 PDM 系统中提取各自需要的信息，再把处理结果放回 PDM 系统中，无须在 CAD/CAM 各子系统之间直接发生联系，从而较为实用地实现 CAD/CAM 系统的集成。

PDM 技术源于美国，是对工程数据管理、文档管理、产品信息管理、技术数据管理、技术信息管理、图像管理等信息管理技术的一种概括。一般地，可以从广义和狭义两个方面来理解 PDM：狭义 PDM 只涉及工程设计相关领域的信息；广义 PDM 覆盖了产品整个生命周期中的全部信息。基于 PDM 的应用范围，人们给出了不尽相同的定义。

（1）按照专门从事 PDM 和 CIM 相关技术咨询业务的国际 CIMdata 公司总裁 EdMiller 在《PDM today》一文中给出的 PDM 的定义：PDM 是管理所有与产品相关的下述信息和过程的技术。

① 与产品相关的所有信息，即描述产品的各种信息，包括零部件信息，结构配置、文件、CAD 档案、审批信息等。

② 对这些过程的定义和管理，包括信息的审批和发放。

（2）Gartner Group 公司的 D. Burdick 把 PDM 定义为：为企业设计和生产构筑一个并行产品艺术环境（由供应、工程设计、制造、采购、销售、市场与客户构成）的关键使用技术。一个成熟的 PDM 系统能够使所有参与创建、交流、维护设计的人在整个信息生命周期中自由共享和传递与产品相关的所有异构数据。

（3）国内学者对 PDM 的定义是：一项管理所有与产品相关的信息（如电子文档、数字化文件、数据库记录等）和所有与产品相关的过程（如工作流程和更改流程）的技术。它提供产品全生命周期的信息管理，并可在企业范围内为产品设计与制造建立一个并行化的协作环境。

从上述定义可以看出，PDM 能跨越整个工程技术群体，是促使产品快速开发和业务过程快速变化的使能器。另外，它还能在分布式企业模式的网络上，与其他应用系统建立直接联系。PDM 能够组织、存取和控制公司有关的商业产业信息，其范围包括资源配置、生产制造、计划调度、采购销售、市场开发等方面，并以整个制造企业为整体来考虑一切问题。

PDM 就像一个面向对象的电子资料管理室。它能集成产品生命周期内的全部信息（图、文、数据等多媒体信息），实现产品生产过程的管理；它是一种管理软件，提供对数据、文件、文档的更改管理、版本管理，并能对产品配置和工作流程进行管理；它是在关系型数据库的基础上加上面向对象的层；它是介于数据库和应用软件间的一个软件开发平台，在这个平台上可以集成或封装 CAD、CAM、CAE、CAPP 和 Word 等多种软件和工具。这些都说明 PDM 在工业上的应用范围非常广阔。

6.4.2　PDM 的发展

PDM 的发展可以分为以下 3 个阶段：配合 CAD 工具的 PDM 系统、专业 PDM 产品产生和 PDM 的标准化阶段。

1. 配合 CAD 工具的 PDM 系统

早期的 PDM 产品诞生于 20 世纪的 80 年代初。当时，CAD 已经在企业中得到了广泛应用，工程师们在享受 CAD 带来好处的同时，也不得不将大量的时间浪费在查找设计所需信息上，因此对于电子数据的存储和获取的新方法的需求变得越来越迫切。针对这种需求，CAD 厂家配合各自的 CAD 软件推出了第一代 PDM 产品，这些产品的目标主要是解决大量电子数据的存储和管理问题，提供了维护"电子绘图仓库"的功能。第一代 PDM 产品仅在一定程度上缓解了"信息孤岛"问题，普遍存在系统功能较弱、集成能力和开放程度较低等问题。

2. 专业 PDM 产品产生

通过对早期 PDM 产品功能的不断扩展，最终出现了专业 PDM 产品，如 Metaphase、PM、SmarTeam 等就是第二代 PDM 产品的代表。与第一代 PDM 产品相比，在第二代 PDM 产品中出现了许多新功能，如对产品生命周期内各种形式的产品数据的管理、对产品结构与配置的管理、对电子数据的发布和更改的控制，以及基于成组技术的零件分类管理与查询等，同时软件的集成能力和开放程度也有较大提高，少数优秀的 PDM 产品可以真正实现企业级的信息集成和过程集成。第二代 PDM 产品在技术上取得巨大进步的同时，在商业上也获得了很大成功。PDM 开始成为一个产业，出现了许多专业开发、销售和实施 PDM 的公司。

3. PDM 的标准化（PDM 的 2PDM/PDM/CPC/CPDM/PLM 等）

20 世纪 90 年代末，Internet 迅猛发展，PDM 迎来了网络时代。Internet 的广泛普及给信息技术的发展提供了原动力，推动了新一代 PDM 产品诞生。该产品具有如下特点：

（1）实现了信息集成和过程集成。PDM 系统的功能已经从信息管理发展到过程管理，增加了工作流程管理、变更流程管理和项目管理功能。

（2）采用了分布式计算技术。基于构件的系统体系结构，支持以 OMG 组织为核心的 CORBA 标准和以微软为代表的基于 DCOM 的 Active X 标准，使得 PDM 产品逐渐走向标准化。

（3）采用了分布式计算框架和 Java 技术结合。Java 语言具有高度的可移植性、健壮性和安全性等优点，使该产品成为编写网络环境下的移动式构件的最佳选择。

（4）实现了基于 Web 的 PDM 系统。为了满足网络时代企业的需求，企业级 PDM 系统架构在 Internet/Intranet/Extranet 之上，美国 MatrixOne 公司的 eMatrix 和美国参数技术公司的 Windchill 就是这类系统的代表。这类系统是跨越延展供应链的产品信息和生命周期过程管理的全面解决方案。

6.4.3　PDM 的功能

PDM 为企业提供了一种宏观管理和控制所有与产品相关的信息的机制。企业用电子方式管理文档，可以迅速、安全、有效地维护、获取、修改图纸和技术相关信息。如果企业想使用 PDM 系统，一定要确保包含下列功能，如图 6-12 所示。

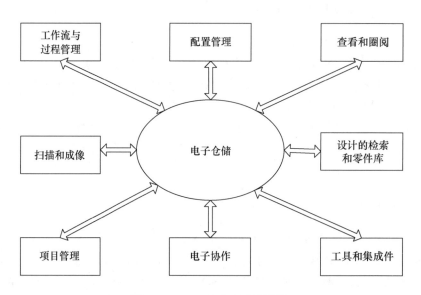

图 6-12　PDM 的主要功能模块

1. 电子仓储

电子仓储在 PDM 中实现某种特定数据储存机制的元数据（管理数据的数据）库及其管理系统，是 PDM 系统最基本、最核心的模块，也是实现 PDM 系统中其他相关功能的基础。电子仓储由管理数据的数据（元数据）以及指向描述产品不同方面的物理数据和文件的指针组成，为 PDM 控制环境和外部世界（用户和应用系统）之间的数据传递提供了一种安全的手段。完全分布式的电子仓储能够允许用户迅速无缝地访问企业的产品信息，而不用考虑用户和数据的物理位置。这一模块的功能包括以下几点：

（1）文件的检入（Check-in）和检出（Check-out）。

（2）按属性搜索机制。

（3）动态浏览/导航能力。

（4）分布式文件管理/分布式电子仓库。

（5）安全性机制（记录锁定、域锁定）。

电子仓储通过权限控制来保证产品数据的安全性，面向对象的数据库组织方式能够提供更快速有效的信息访问，实现信息透明、过程透明，而用户无须了解应用软件的运行路径、有效版本以及文档的物理位置等信息。

在产品的整个生命周期中，与产品相关的信息以文件或图档的形式存在，统称为文档，包括设计任务书、设计规范、二维图纸、三维模型、各种技术文件和工艺数据文件等。文档在 PDM 中有两种管理方法：一种是将这些信息放到 PDM 数据库表中，而文档的物理位置仍然在操作系统的目录下，由 PDM 提供管理该文档的机制；另一种是将文档内容打散，将其内容分门别类地放到数据库中，由 PDM 提供分类查询或建立其与其他数据库中对象的关联，并提供图示化的管理工具。

2. 工作流与过程管理

工作流与过程管理（Workflow and Process Management）是 PDM 的基本功能之一。它用来定义和控制数据操作的基本过程，主要管理用户操作数据过程中人与人之间或活动与活动之间的数据流向，以及在一个项目的生命周期内跟踪所有事务和数据的活动。

这一模块为产品开发过程的自动管理提供了保证，并支持企业产品开发过程的重组以获得最大的经济效益。工作流与过程管理主要有以下几个方面的内容：

（1）面向任务或临时插入/变更的工作流。

（2）规则驱动的结构化工作流。

（3）触发、提醒和报警。

（4）电子邮件接口。

（5）图形化工作流设计工具。

3. 配置管理

配置管理（Configuration Management）以电子仓储为底层支持，以材料清单（Bill of Material，BOM）为组织核心，把定义最终产品的所有工程数据和文档联系起来，实现产品数据的组织、控制和管理，并在一定目标或规则约束下向用户或应用系统提供产品结构的不同视图和描述（如 As-designed，As-assembly，As-manufacturing，As-planned 等）。配置管理不仅仅是简单的版本控制和材料清单的创建，它主要有以下几个方面的功能：

（1）创建材料清单。

（2）控制版本。

（3）支持 Where Used 搜索。

（4）与 MRP 集成。

（5）支持规则驱动配置。

4. 查看和圈阅

查看和圈阅为计算机审批检查过程提供支持。用户可以利用它查看电子仓储中存储的数据内容（特别是图像或图形数据）。如果需要，用户还可利用图形覆盖技术对文件进行圈点和注释。查看和圈阅有以下几个方面的功能：

（1）支持多种标准格式文件的查看，包括 PDES/STEP、IGES、DXF、DWG、TIFF、CCIT、Postscript、HPGL。

（2）支持 CAD 系统（如 AutoCAD、Pro/Engineer 等）对本系统类型文件的查看。

（3）用红线圈点或图形覆盖。

（4）支持第三方软件的查看。

目前，不同软件商在标准格式文件的实现上缺乏统一的一致性测试，导致不同应用系统间的同一种标准格式文件不兼容。因此，应尽量采用由生成该文件的应用系统来查看该文件，这样才能消除由上述不一致性带来的潜在错误。

5. 扫描和成像

扫描和成像可以把图纸或缩微胶片扫描转换成数字化图像，并把它置于 PDM 系统控制管理之下。在 PDM 发展的早期，以图形重构为中心的扫描和成像系统是大多数技术数据管理系统的基础，但在目前的 PDM 系统中，这部分功能仅是很小的辅助性子集，而且随着计算机在企业中的推广应用，它将变得不再重要，因为在不久的将来，几乎所有的文档都将以数字化的形式存在。

6. 设计的检索和零件库

任何一个设计都是设计人员智慧的结晶，日益积累的设计结果是企业极大的智力财富，利用对现有设计进行革新以创造出更好的产品是企业发展的一个重要方面，PDM 的设计检索和零件库就是为最大限度地重新利用现有设计创建新的产品提供支持，主要功能包括以下几个方面：

（1）建立零件数据库接口。

（2）基于内容的而不是基于分类的检索。

（3）构造电子仓库属性编码过滤器的功能。

7. 项目管理

到目前为止，项目管理在 PDM 系统中考虑得还比较少，许多 PDM 系统只能提供工作流活动的状态信息。一个功能强大的项目管理器能够为管理者提供精确到每分钟的项目和活动的状态信息，而管理者通过 PDM 与流行的项目管理软件包（如 Microsoft Project、Artemis）接口还可以获得资源的规划和重要路径报告的能力。

8. 电子协作

电子协作主要实现人与 PDM 数据之间高速、实时的交互功能，包括设计审查时的在线操作、电子会议等。较为理想的电子协作技术能够无缝地与 PDM 系统一起工作，允许交互访问 PDM 对象，采用 CORBA 或 OLE 消息的发布和签署机制把 PDM 对象紧密结合起来。

9. 工具和集成件

为了使不同的应用系统之间能够共享信息，并对应用系统所产生的数据进行统一的管理，就必须把外部应用系统"封装"到 PDM 系统之中，并在 PDM 环境中运行。封装涉及与各应用相关的规则辨识以及对应产生的数据类型的辨识，同时也规定了应用系统运行时的条件及应用系统产生数据在 PDM 中的自动存储方式。该模块的功能有以下几个方面：

（1）批处理语言。

（2）应用程序编程接口。

（3）图形界面/客户编程能力。

（4）系统/对象编程能力。

（5）工具封装能力。

（6）集成件（样板集成件、产品化应用集成件、基于规则集成件）。

以上介绍了 PDM 系统应具备的主要功能，到目前为止，还没有哪一个商用的 PDM 软件拥有上述全部功能，而且有的功能构件还有待进一步发展和完善。尽管如此，PDM 在企业中的作用已经普遍为大家所认同。国际 CIMdata 公司曾对所有实施 PDM 的公司所做的情况调查表明，有 98% 的公司宣称，如果有机会，他们将追加 PDM 资金投入，扩大实施范围，提高技术层次，并且一致认为 PDM 的价值是积极的。许多企业则把 PDM 作为贯穿整个企业的骨架，认为它是企业保持竞争力的战略决策。

6.4.4　PDM 的体系结构

最初的 PDM 主要用于管理 CAD 系统产生的大量电子文件，属于 CAD 工具的附属系统，出现于 20 世纪 80 年代初期。受当时各方面技术的限制，PDM 通常采用简单的 C/S 结构和结构化编程技术。到了 20 世纪 90 年代中期，出现了很多专门的 PDM 产品，这些 PDM 产品均基于大型关系型数据库，采用面向对象技术和成熟的 C/S 结构。近些年，随着 Web 技术的不断发展和面向对象关系数据库管理系统（Object-Oriented Relational Database Management System，ORDBMS）的日益成熟，出现了基于 Java 三段式结构和 Web 机制的第三代 PDM 产品。

应该说，PDM 体系结构是随着计算机软硬件技术的发展而日益发展的，体系结构从 C/S 结构发展到 C/B/S（Client/Browser/Server）结构，编程技术从最初的结构化编程发展到完全的面向对象技术，使用的编程语言从 Fortran、C 发展到 C++、Java、XML，采用的数据库从关系型数据库发展到对象关系数据库。PDM 以计算机网络环境下的分布数据库系统为技术支撑，采用 C/S 结构的工作方式，在企业范围内为产品设计与制造建立一个并行化的协作环境。

当前，先进的 PDM 系统普遍采用 Web 技术及大量业界标准，其体系结构如图 6-13 所示。整体可分为 5 层：底层平台层、核心服务层、应用组件层、应用工具层和实施理念层。

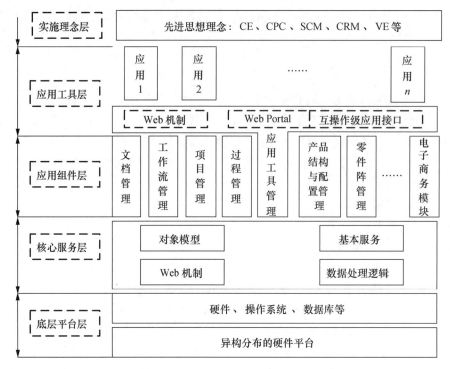

图 6-13 PDM 体系结构

1. 底层平台层

底层平台主要指异构分布的计算机硬件环境、操作系统、网络与通信协议、数据库、中间件等支撑环境。当前，PDM 软件底层平台的发展主要有两个特点：一是适应能力不断扩展，能够支持越来越多的软硬件环境。PDM 厂商一直致力于推出能够适应更多平台的 PDM 系统。在硬件环境上，从最简单的用户终端、PC 到高端的工作站和服务器都可以运行相应的 PDM 系统。二是底层平台朝廉价方向发展。在操作系统上，Unix 依然是大多数 PDM 系统使用的主要服务平台，但由于成本低廉、界面友好、操作方便等原因，PC/Windows 为越来越多的人所接受。很多大型 PDM 系统如 Metaphase、IMAN、PM 等，其服务器端还是运行在 Unix 环境中，但都相继推出了各自的微机版。而像 Windchill 等产品更是以 PC/Windows 为主要平台，后来才推出 Unix 版本。

由于企业级 PDM 系统具有庞大的数据量及较高的性能要求，因此底层数据库几乎无一例外地都集中于 Oracle、SQL Server、Sybase 等大型数据库，尤其是 Oracle 是很多 PDM 系统的首选或独选数据库。此外，PDM 软件几乎都支持 TCP/IP、IIOP、NetBIOS 和 HTTP 等局域网和广域网标准协议。

2. 核心服务层

在 C/S 结构下，核心服务层一般就是服务器端，客户端软件就属于 PDM 的应用组件；在 C/B/S 结构下，核心服务和应用组件都运行在服务器端，但在软件产品购买、安装等方面会有所不同，核心服务是必需的，而应用组件可以选用。比如 Metaphase 的对象管理框架、Windchill 的 Windchill Foundation、IMAN 的 eServer 等都属于各自的核心服务层。

核心服务层实际上就是一组对象模型，主要具有 3 个功能：连接并操纵数据库，为 PDM 应用组件提供基本服务，为应用软件提供 API 以集成应用软件。此外，有些 PDM 软件在核心服务层中还加入了 Web 处理机制。

3. 应用组件层

PDM 应用组件实际上就是由调用 PDM 基础服务的一组程序（界面）组成并能够完成一定应用功能的功能模块。比如工作流管理应用组件，就是由工作流定义工具、工作流执行机、工作流监控工具等组成的完成工作流管理的功能模块。各 PDM 厂商都在不断丰富自己的应用组件，像 Metaphase 提供了包括生命周期管理器、更改控制管理器、产品结构管理器、产品配置管理器、零部件族管理器、用于同 CAX/DFX/ERP/CSM/EC/SCM 等应用软件集成的 Metaphase 应用集成接口、可视化工具、协同设计支持工具、数字样机等大量丰富的应用组件。

统一的用户界面也归入了应用组件层，几乎所有的 PDM 都支持通过 Web 方式访问和操纵 PDM，较新的如 eMatrix、Windchill 等 C/B/S 结构的 PDM 都是以 Web 浏览器为客户端，而 Metaphase、IMAN 等也相继推出了各自基于 Web 的客户端。

4. 应用工具层

应用工具主要指 CAX/DFX 等工程设计领域软件、Word 等办公用软件以及所有 PDM 以外的其他应用软件。PDM 通过多种方式与这些应用软件实现集成。

5. 实施理念层

一方面，PDM 归根结底不是企业的经营管理模式，而只是一种软件工具，这种软件工具只有在先进的企业运作模式下才能发挥作用，因此，PDM 的实施几乎都离不开 CE、CPC、SCM、ISO 9000 等先进的管理理念和质量标准。只有在这些先进理念的指导下，PDM 的实施才能确保成功并发挥较大的作用。另一方面，PDM 又是这些先进理念得以成功贯彻的最有效的工具和手段之一。

PDM 软件厂商在推销其软件产品的同时，也在推销其理念，如 PTC 倡导 CPC、Metaphase 倡导 4C［即消费者（Consumer）、成本（Cost）、便捷（Convenience）、沟通（Communication）］理念等，而 PDM 软件又是一种只有通过实施才能完美地与企业结合并体现其价值的软件，因此，将实施理念列在了 PDM 体系结构的最上层。

6.4.5　PDM 的发展趋势

随着市场竞争的加剧，缩短产品上市时间、降低生产成本已经成为企业所面临的严峻挑战，这种情况直接影响了企业的产品生命周期管理。而"虚拟企业"概念的提出，又要求企业具备一种信息基础环境，使得企业能够实现与供应商和客户之间交换多种类型的产品数据。每个企业在产品开发过程中必须全面有效地协作，这种协作关系从产品的概念设计阶段就要开始，相关人员不但要访问产品设计数据，而且要访问制造过程中的数据，还有其他一些在产品生命周期中涉及的有关产品信息。但是，传统的 PDM 系统局限于设计阶段的工程信息管理，不能够很好地适应敏捷制造和虚拟环境下的产品开发，尤其是制造过程的需要。因此，在"虚拟企业"概念下，面向产品生命周期的产品数据管理系统将成为研究的焦点。

将来 PDM 技术开发的方向会集中在以下 3 个方面：电子商务、虚拟产品开发管理（Virtual Product Development Management，VPDM）和支持供应链管理。

1. 电子商务

在未来，PDM 系统将能够提供这样的功能，即用户在网上就可以得到产品数据信息。这为电子商务提供了一个重要的基础，通过从产品及相关产品配置中选择参数，即得到产品模型。在这一领域的深入发展，将会使网络完全能够实现产品/服务选择、建议准备和订购过程。

2. 虚拟产品开发管理

VPDM 是指在虚拟设计、虚拟制造和虚拟产品开发环境中，通过一个可以即时观察、分析、互相通信和修改的数字化产品模型，并行、协同地完成产品开发过程的设计、分析、制造和市场营销及其服务。

VPDM 集合了 Web、PDM、3D-CAD 和 DMU 技术，使企业具备更好的产品革新能力。在概念设计期的高灵活性、不可预测性的环境中，VPDM 为数据变化的管理提供了很典型的管理框架。它还可以作为一个知识库和渠道，将不同阶段的产品信息转化为连续的信息状态。

3. 支持供应链管理

随着网络技术不断地深入应用，PDM 系统作为标准的黑盒解决方案及较廉价的硬件、软件和网络技术，利用率在不断提高。PDM 系统能够很容易地在虚拟企业中实施。在虚拟企业中，一个组织要与它的供应商、合作伙伴和其他人同时加入供应链，需要在虚拟企业内不断交换工程信息。在 PDM 技术中，各个系统间的通信和数据交换，使得产品开发时原始制造商之间能进行合作，并能随时在整个供应链中得到产品信息。下一代 PDM 系统将是完整意义上的供应链管理系统，将会提供下列的功能：工程仓库/工程服务、工程合作。

（1）工程仓库/工程服务。

作为一个灵活的、易适应的和易运行的系统工程仓库（数据库），它管理着技术数据，能提供其他系统的有关参考信息。在未来，像搜索助手这样的搜索技术，即使在模糊的搜索条件下也能进行目标搜寻。当前的市场趋向表明，PDM 技术将是企业内部知识管理的一个重要部分。下一代 PDM 系统能够管理与信息和技术知识密切联系的项目和过程。

（2）工程合作。

合作商务是最先进的电子商务形式，它使得多个企业通过动态重组后能够在线合作。它将利用网络技术来代替静态的网络供应链。虚拟企业的工程合作需要有支持协同工作和通信的结构。CSCW 解决方案将会集成到未来的 PDM 系统中。CSCW 系统提供 IT 工具，这更能促进小组成员间的联系。用户只要有网络技术、协同工作、PDM、CAD 系统和智能浏览器，就能够进行一个具有连接分布式开发环境功能的、在线交互式的协商会议。它与传统的电视会议相比有一个很大的优点，就是它允许所有到会者同时进入产品三维模型和编辑相关信息，以及给产品模型加上注解（用不同的颜色，以文本/声音/图形的形式）。

浏览器（可视化软件）能显示产品的图形描述，并能被没有 CAD 知识和技术知识的使用者操作和利用。这一新型的软件能在较轻便的机器上运行，如 PC。浏览器使用相对较易用的界面，使知识水平不同的人都可以通过产品数据理解和使用它，这些可视化工具就提供了相对简单的、廉价的途径来提升 PDM 的价值。

在地理位置分散的组织中，工作流程技术是一个为开发过程提供全面系统支持的重要工具。有了公布/预定合作模型，用户将不再需要预定义和结构化工作流程管理。在以后的在线会议中，多个设计人员可以同时在相同的 CAD 模型上工作，这将使工作的效率更高。CSCW 技术提供了智能的、分布式的虚拟合作结构，从而使虚拟结构快速反映市场动态。

6.5　产品数据模型交换标准 STEP

STEP 是目前被业界广泛采用的产品数据交换标准。该标准由国际标准化组织制定，是针对整个产品生命周期的一种产品数据交换模型。STEP 标准采用中性机制的文件交换格式，而不依赖于任何具体的应用系统，可保证各个应用系统之间进行顺畅、无障碍的数据交换和通信。表 6-1 中列出了 STEP 标准的结构及其组成文件。由表 6-1 可知，STEP 标准包含 0、10、20、30、40、100、200 共 7 个系列文件，包括概述、描述语言、实现形式、一致性测试方法和框架、通用资源、应用资源、应用协议等内容。

STEP 采用 EXPRESS 形式化描述语言来定义产品模型，保证了产品模型描述的确定性、完整性和一致性；所定义的产品模型包括产品结构的几何信息和拓扑信息，以及产品结构配置、组成材料、视图描绘、公差精度、形状特征、工艺特征以及管理信息等，适合于产品全生命周期内多方面的应用；提供了中性文件交换、工作格式交换以及数据库交换 3 种具体的系统间数据交换的实现方法，具有较强的可操作性。

表 6-1　STEP 标准的结构及其组成文件

序号	系列	系列名	系列号	内容	说明
1	0	概述	1	概况与基本原理	
2	10	描述语言	11 12	EXPRESS 语言 EXPRESS-1 语言	提供支持 STEP 开发所需的方法和工具
3	20	实现形式	21 22	物理文件格式 标准数据存取接口	指明产品模型将被用于哪些数据处理任务
4	30	一致性测试方法和框架	31 32 33 34	对测试库和一致性 评估人员的需求 抽象测试套件规范 对不同实施的抽象测试方法	用以检查软件对本标准的符合程度

序号	系列	系列名	系列号	内容	说明
5	40	通用资源	41 42 43 44 45 46 47 48 49	产品描述和支持 基础几何和拓扑表示 表达结构 产品结构配置管理 材料 直观表示 形状公差 形状特征 产品生命周期支持	用 EXPRESS 语言描述的产品概念模型
6	100	应用资源	101 102 103 104 105	绘图 工程设计 AEC（未定） 电子/电气连接 有限元分析 运动学	指出产品模型的哪些部分将付诸实施
7	200	应用协议	201 202 203 204 205 206 207 208 209 210 211 212	显式绘图 相关绘图 配置管理设计 使用边界表达的模具设计 使用曲面的模具设计 使用线框的模具设计 钣金冲模规划与设计 生命周期产品变动过程 构件和金属结构的分析与设计 电子印刷电路的 装配、设计与制造 电子器械的测试、诊断与返修 电工设备	描述特定应用领域的信息要求，规定无二义性的信息描述方法，提供一致性测试需求与目标

因为 STEP 涉及的内容复杂、庞大，各部分成熟程度也不一样，所以要实现 STEP 只能从 STEP 的一个子集开始。为了保证 STEP 不同系列之间的一致性，这些子集的构成也必须是标准化的。STEP 的体系结构可以看成 3 个层次：

（1）应用层，包括应用协议及对应的抽象测试集。

（2）逻辑层，包括集成通用资源及集成应用资源，以及由这些资源建造的完整的产品模型。

（3）物理层，包括实现方法，给出具体在计算机上表现的形式。

6.5.1　STEP 结构

产品数据的表达和交换构成了 STEP，其结构如图 6-14 所示。

从图 6-14 可以看出，STEP 表现为一系列的 ISO 10303 标准，除了产品模型外，还定义了描述方法、实现方法以及一个一致性测试方法学和框架。STEP 的资源模型可视为一系列的可构造块，利用这些构造可以按照标准化规则和方法来定义特定应用领域的产品模型（应用协议）。

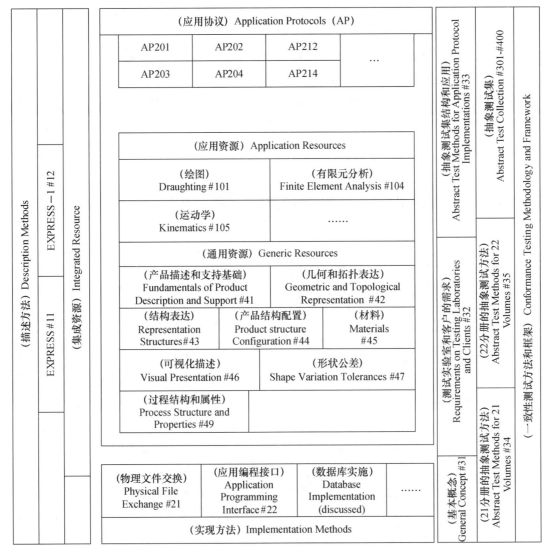

图 6-14　STEP 结构

1. 描述方法

集成资源和应用协议中的产品数据描述要求使用形式化的数据规范语言来保证描述的一致性、无冲突和语义上无二义性。这种形式化语言既具有可读性，使人们既能够理解其中的含义，又具有能够被计算机理解的形式，有利于计算机应用程序和支撑软件的生成。因此，在 STEP 描述方法中定义了 EXPRESS 规范描述语言和它的图形化表达 EXPRESS-G。

EXPRESS 是一种形式化信息建模语言而不是一种编程语言。它是 STEP 系列中的一个部分内容，用以描述 STEP 中其他部分的信息要求，且标准化为 ISO 10303-11。其设计目标包括以下内容：

（1）语言不仅能够为人所理解，而且便于计算机处理。

（2）语言能够区分 STEP 涉及的复杂内容。

（3）语言的重点放在实体定义上，实体定义包括实体属性和这些属性上的约束条件。

（4）语言尽量与具体实现无关。

EXPRESS 语言吸收了许多语言的功能和特点，并增加了一些新的功能，以便更适于表达信息模型。但应该注意的是，EXPRESS 语言不是一种程序设计语言，不包含输入输出、信息处理、异常处理等语言元素。它是一种具有面向对象特性的描述语言。EXPRESS 通过数据和约束，清楚、简明地定义了对象，给出了一个概念模式。因此，EXPRESS 不仅是产品数据模型的规范语言，用来描述集成资源和应用协议，而且是整个 STEP 中数据模型的形式化描述工具。这种形式化描述为标准在计算机内的实现提供了良好的基础，可视为计算机相关国际标准制定工作的一种新突破。

图 6-15 所示为一个用 EXPRESS 描述和物理文件表达的实例。由图中可以看出，圆心和圆两个实体是以面向对象的形式来定义的。不同 CAD 系统之间的实例的交换格式是物理文件。

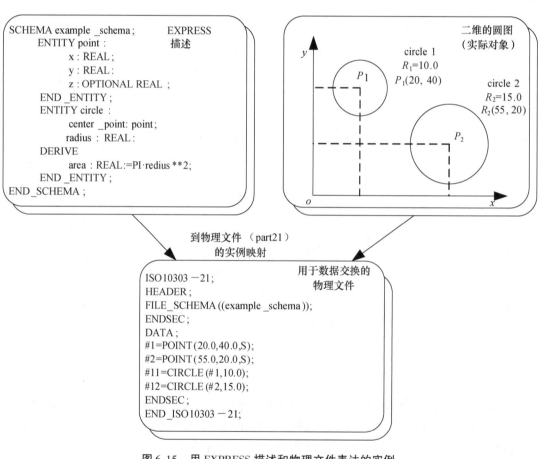

图 6-15　用 EXPRESS 描述和物理文件表达的实例

2. 实现方法

形式化的建模语言应该尽可能与具体实现无关。与数据库的概念模式描述相比较，用 EXPRESS 描述的信息模型既保留有特定实现方法的独立性，又以一个适于计算机处理的格式进行存取。因此，用 EXPRESS 描述的信息模型可应用于不同的目标实现。STEP 提供了各种实现方法，从而可以利用各种实现方法把用 EXPRESS 定义的模型转换成特殊的实现格式。到目前为止，STEP 支持以下几种实现方法：

（1）文件交换格式。产品数据交换是通过顺序文件实现物理文件的交换，即通常所说的中性文件交换方式（ISO 10303—21）。STEP 文件实现方式定义了 3 部分内容：中性文件格式、EXPRESS 文件到中性文件格式的映射规则、中性文件数据交换模型。

（2）应用程序接口方式。应用程序接口允许应用程序通过一软件接口存取产品数据，而这些产品数据以 EXPRESS 模式定义，并且存储在随机的系统中。这部分 STEP 称为标准数据访问接口（SDAI）（ISO 10303—22）。与这部分 ISO 10303 紧密相连的是 SDAI 编程语言集，其中包含 C++（ISO 10303—23）、C（ISO 10303—24）、Fortran（ISO 10303—25）、IDL（Interface Definition Language）（ISO 10303—26）以及 Java。

（3）数据库方式。各种应用可以对用 EXPRESS 模式定义的逻辑数据库实现透明访问，达到数据共享。这些 EXPRESS 模式在物理上可分布在网络中。实际上，数据库实现方式的开发以及标准化是相关研究项目的主题。

（4）产品数据的长期归档。定义实现方法时，应该使用形式化语言，以便利用计算机辅助方法和工具来开发具体实现。STEP 中的每一种实现方法都描述了从 EXPRESS 语言到实现方法所用的形式语言的映射，这种映射与应用协议有关。

3. 一致性测试方法学和框架

STEP 的一致性测试方法学和框架，是 STEP 中的一个重要组成部分。它为实现 STEP 应用协议的软件产品的一致性测试提供了一般性的方法论和要求。

一致性测试方法学和框架要保证具有如下特点：

（1）可重复性，在任何时候实行测试结果相同。

（2）可比较性，在任何地点实行测试结果相同。

（3）可审查性，测试结束后，可重审结果。

STEP 一致性测试的基本原则和方法是为了测试支持 STEP 的软件的有效性。这些基本原则和方法描述了通用一致性准则和测试过程，同时还描述了执行这些测试的方法。每一种 STEP 实现方法都定义了抽象测试方法。

因为 STEP 的具体应用体现在应用协议上，所以 STEP 的实现，一方面，实际上就是对 STEP 某个或几个应用协议的实现，即对应每个应用协议，STEP 给出了一个抽象测试集；另一方面，又是以某种或几种 STEP 实现方法为基础，此时一致性测试就会涉及具体的实现方法，但一致性测试要求的满足应与具体实现无关，所以 STEP 对每一种实现方法都定义了抽象测试方法。抽象测试方法用来描述待测实现如何测试，具有一定的抽象性，与具体的实现方法、测试工具和测试过程无关，但又详细到足以产生这些工具和过程。

4. 集成通用资源

集成通用资源提供了 STEP 中每个信息元素的唯一表达，构成了产品数据描述的基础。集成通用资源通过解释来满足应用领域的信息要求。集成通用资源分成一些逻辑相关的资源块的集合，并可相互引用，以避免重复定义。

集成通用资源构成 STEP 的核心，其内容及有关说明如表 6-2 所示。

表 6-2　集成通用资源的内容及有关说明

分册	内容	有关说明
41	产品描述基础和支持	建立在 STEP 标准之上的概念，用于描述和支持产品数据的交换、共享和管理
	通用产品描述资源	STEP 的集成核心（结构和关系），通过该核心连接所有资源模型，提供了 STEP 中集成资源的一种整体结构
	管理资源	在应用中用于描述管理数据的实体
	支持资源	产品描述的通用实体，是 STEP 集成资源共享的一组资源，如标识、名称、文字、日期和时间标记、测量方法和单位等
42	几何和拓扑表示	用于产品外形的显示表达，包括几何关系、拓扑关系、三维实体模型
43	表达结构	定义产品数据各个方面表达的总体结构，如某产品的特性
44	产品结构配置	产品/转配体的结构信息（如零件明细表、材料清单），产品配置以支持管理产品结构和管理这些结构配置所需信息
45	材料	产品的材料属性
46	视觉表达	用于产品模型数据视觉表达的参数和规则，实现从 STEP 产品模型的可显示特性构成一个视觉展现
47	形状变动公差	定义尺寸、形位公差
49	过程结构和特性	定义过程活动的逻辑顺序及其参数和特性

5. 集成应用资源

集成应用资源是集成资源中针对特定的一些应用范围而定义的另一类资源，它是集成通用资源的细化和扩展。

值得一提的是，集成应用资源应该是一个完整的产品数据模型，模型的定义精确、无二义性。但是集成应用资源的开发并不是一件简单的事。目前已有的部分只是产品模型的一个部分，其他有的正在开发中，也有的技术本身尚在研究之中。

6. 应用协议

尽管 STEP 支持广泛的应用领域，但在不同工业部门的产品模型中，往往存在差异。对于一个特定应用的产品数据模型而言，并不需要定义集成资源中的所有元素，也就是说，一个具体应用系统要实现 STEP，一般只需要实现标准的一个子集（如图 6-16 所示）；而集成资源中的通用结构在具体的应用中必须通过定义约束和应用说明来加以修改。为了保证 STEP 不同实现之间的一致性，这些子集的构成也必须是标准的。因此，在 STEP 中提出了"应用协议"的概念，并根据不同应用领域制定一系列的应用协议。

应用协议是 ISO 10303 系列标准的一个重要基本概念。所谓"应用协议"是一份文件，用以说明如何用 STEP 集成资源来解释产品数据模型文件，以满足工业需要。也就是说，根据不同应用领域的实际需要，认定标准的逻辑子集以及/或者扩充某些必需的信息作为标准，强制地要求各个应用系统在交换、传输与存储产品数据时应符合应用协议的规定。因此，应用协议是标准在各个具体应用领域的一个子集。随着标准在工业界应用的不断扩大和深化，应用协议也在不断地扩充和完善。

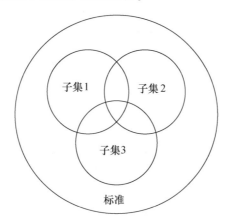

图 6-16　标准与其子集的关系

一个应用协议包含如表 6-3 所示的 3 部分内容。

表 6-3　应用协议包含的内容

模型	任务	描述方法
AAM（Application Activity Model，应用活动模型）	以过程和信息流的形式来描述应用的功能及相关信息	SADI 法（IDEF0） I → [活动] ← O，↑C ↑M
ARM（Application Reference Model，应用参考模型）	信息模型的应用视图的开发以及特定应用的术语描述	EXPRESS-G, EXPRESS version —Version-of— part
AIM（Application Interpreted Model，应用描述模型）	ARM 到 AIM 的映射，其间 ARM 实体映射成 STEP 资源实体	EXPRESS, EXPRESS-G ENTITY product-ENTITY product; Definition-formation; Id: identifier; Id: identifier; Name: label; Description：text; Description：text; Of-production：product; END-ENTITY; END-ENTITY;

第一部分是应用协议所支持的 AAM。AAM 定义了标准的范围，并用形式化的过程建模语言 SADI 表示。AAM 将标识分为 4 种数据类型，即输入、输出、控制以及涉及的功能/活动的方法要素。

第二部分是按照某一应用视角给出的 ARM。ARM 定义了在 AAM 中所给出的并以规范化方法描述的数据模型。通常用形式化信息建模语言 EXPRESS-G 表示。

第三部分包含对特定应用的 ARM 的描述 AIM。该描述是利用集成资源所预先定义的构造块，通过对集成资源的选择和约束来满足 ARM 所给出的信息要求。解释模型用 EXPRESS 或 EXPRESS-G 表示。

图 6-17 所示为 ARM 和 AIM 之间通过集成通用资源和集成应用资源进行实体间的映射。此外，有些应用实体需通过两个或多个应用协议进行定义，这些应用实体群将通过应用解释结构（Application Interpreted Constructs，AIC）进行构造。AIC 定义了这些协议的重叠部分。AIC 的标准化在 ISO 10303 的 500 系列中。

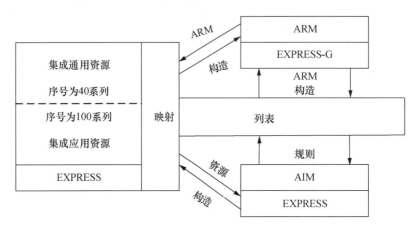

图 6-17　ARM 和 AIM 之间通过集成通用资源和集成应用资源进行实体间的映射

6.5.2　STEP 工具及其应用

随着 STEP 技术的开发及工业应用的推广，目前已经形成了许多 STEP 技术产品。下面列出德国 Pro STEP 公司和美国 STEP Tools 产品情况。

（1）德国 Pro STEP 公司产品——Pro STEP 软件工具集及其应用。

Pro STEP 软件工具集及其应用如图 6-18 所示。

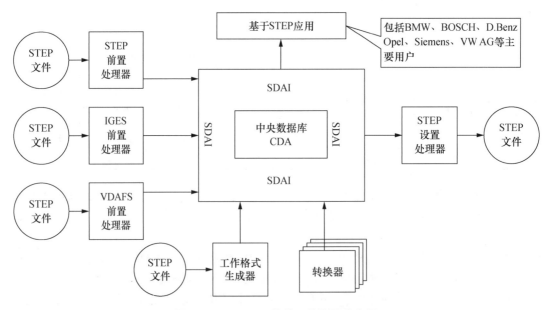

图 6-18　Pro STEP 软件工具集及其应用

（2）美国 STEP TOOLS 产品 ST-DEVELOPER STEP 软件工具集。

ST-DEVELOPER STEP 是一套集成的 STEP 工具集，它为处理任何用 EXPRESS 描述的信息模型提供完善的解决方案。图 6-19 所示为该工具集的组成及其相应关系。

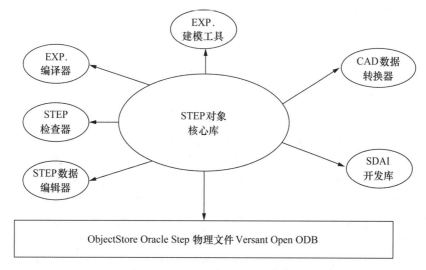

图 6-19　ST-DEVELOPER STEP 工具集的组成及其相应关系

6.6　思　考　题

1. 什么是 CAD/CAM 集成？它有哪些特点？
2. CAD/CAM 集成系统的基本构成是什么？
3. CAD/CAM 集成有哪些方法？
4. 什么是产品数据管理？
5. 简述 STEP 的结构。
6. PDM 有哪些功能？

第7章 模具设计反向工程

7.1 反向工程的概述

近年来，随着科技的蓬勃发展及市场竞争的日益激烈，市场对产品的设计改进提出了更高的要求。产品多样化、外形美观、更新换代周期短既是产品开发人员追求的目标，也是市场的需求。传统的产品开发模式是沿用"串行""顺序"和"试凑"的方法，即先进行市场需求分析，将分析结果交给设计部门，由设计部门人员进行产品设计，然后将设计图纸交给相关部门进行工艺方法的设计和制造工装的准备，由采购部门根据要求进行采购，待材料和 CAD 模型图纸等一切都齐备以后，再进行生产加工和测试。对产品结果不满意时，需要反复修改设计和工艺，再加工、测试，直到满足要求为止。这种设计方法常常在某些情况下难以实现，如修复已损坏的零件，而该零件的图纸已经丢失；现有产品的设计更新；产品设计加工过程中的实时监测；对利用快速原型得到的产品进行严格的检验等。

随着计算机辅助几何设计的理论和技术的发展和应用，以及 CAD/CAE/CAM 集成系统的开发和商业化，对产品实物或模型首先通过扫描测量以及利用各种先进的数据处理手段获得其几何模型，经过适当的工程分析、结构设计和 CAM 编程，就可通过 NC 加工出产品模型，最后制成产品，从而完成产品（样件）—再设计—产品（批量）的过程。

这种实物测量反向技术始于用油泥模型（通常称为主模型）设计汽车、摩托车外形，并借助仿形技术完成零部件的设计制造，现已广泛应用于产品改型、模具翻制等生产活动中。特别是对于具有复杂曲面外形的产品，用类似的方法进行设计，可以大大地缩短产品的开发周期，提高产品与样机的几何相似度，以满足市场需求。实物测量反向技术是消化、吸收先进技术进而改造和开发各种新产品的重要手段，它已经成为反向工程（Reverse Engineering，RE）的主要内容。

反向工程也称逆向工程或反求工程，是指在没有产品原始图纸、文档的情况下，对产品实物进行测量和工程分析，经 CAD/CAM/CAE 软件进行数据处理，重构几何模型，并生成 NC 程序，由 NC 机床重新加工复制出产品的过程。反向工程是相对于传统的产品设计流程即所谓的正向工程（Forward Engineering，FE）提出的，是针对消化吸收先进技术的一系列分析方法和应用技术的组合。它以先进产品或设备的实物、软件（图纸、程序、技术文件等）或影像（图片、照片等）为研究对象，应用现代设计理论方法、生产工程学、材料学和有关专业知识进行系统分析和研究，进而重构出完整的三维模型，并在此基础上进行模型优化、创新设计、二次开发。反向工程广泛应用于模具制造、文物修复、地理信息构建等领域。反向工程技术在实现较为复杂和难以精确表达形状或使用未知方法构建的样品等场合具有明显优势。

反向工程含义广泛，包括设计反向、工艺反向、管理反向等，虽然针对反向的对象不同，但其大致的思想是一致的。反向工程是从已存在的零件或原型入手，首先对其进行数字化处理（即将整个零件用一个庞大的三维点的数据集合来表示），然后构造 CAD 模型。图 7-1 与图 7-2 所示分别为正向工程设计流程和反向工程设计流程。

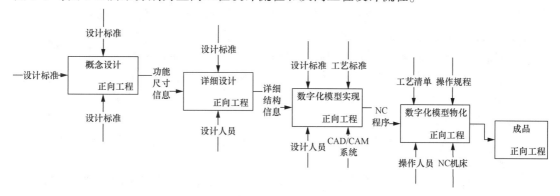

图 7-1　正向工程设计流程

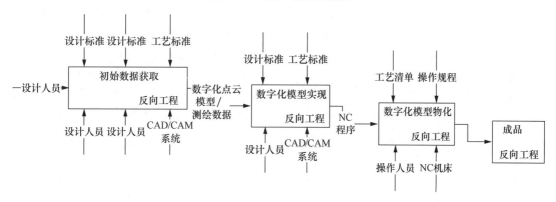

图 7-2　反向工程设计流程

正向工程和反向工程的本质区别在于对"设计从哪里开始"这一问题的回答。

在正向工程中，设计是从为了实现某一特定功能的概念开始的。这时，设计人员首先要对产品进行功能分析，在满足要求的前提下选择合适的结构组合成一个产品雏形，再根据各种约束条件（几何约束、整体协调性、人机工程、美学要求等）来修正这一雏形，直到产品定型为止。其难点和关键在于设计人员对所设计产品的使用要求（功能）要了如指掌，并能找到合理的物化过程和物化结构。

反向工程更多的是指一种几何实现的设计过程，即产品设计是从模型数字化的实现过程开始的，往往是对已有产品的仿制或仅在局部做有限的改动，而不将产品的功能要求作为主要因素考虑。其难点和关键在于模型的重构技术。这里的模型重构是指对已有模型进行合理几何表达的方法。对于以规则几何体为主的产品，可采用手工测绘或利用一些辅助设备如三坐标测量仪等进行测量，给出产品的几何表达即可；对于以不规则的自由曲面为主的产品，目前一般的做法是利用三坐标测量对产品进行扫描，再借助一些 CAD/CAM 系统软件对扫描的点云（形象地表达出点的数量）数据进行处理，最终重构出满足一定几何精度的新的产品数学几何模型。

反向工程在产品开发和制造过程中能将快速设计和创新设计变成可能，极大地增强企业对市场的快速响应能力，使其能较高效率地对新产品进行全面的了解和研发。经预测，未来的模具制造产品中有 60%～70% 将没有图纸而只有实物。利用较为成熟的反向工程技术对模具进行设计和改进，可以节约存储资源，使企业不必担心模具图纸的丢失，降低了意外风险。随着现代计算机技术及测量技术的发展，反向工程技术必将成为未来 NC、模具、CAD/CAM 领域的一个新兴产业，有着很大的实用价值和市场推广前景。目前，反向工程技术与计算机辅助集成技术、虚拟现实技术、神经网络、人工智能、知识工程等现代设计、制造和控制技术融为一体，发展非常迅速，形成当今的前沿科技。

对于手工测绘，执行者是工程技术人员，可以用符合人类对产品的几何特征表达来提取（测绘）产品的特征信息，如直线距离（长度）、起止位置，圆弧的半径、中心点位置等。虽然这是一个繁杂的过程，但有了这些几何信息就如同有了正向工程的几何表达方式，在此基础上就可以对其进行相关运算，并得出特征的初步结论。其数字化实现过程与正向工程没有太大的区别。

而对于机器扫描，执行者是测量仪或扫描仪，由于目前这些机器无法对产品特征进行识别，所以只能以一定的模式将产品模型离散化成三维的坐标点集，也就是说，扫描的结果是只能得到丢失所有特征信息的点云模型，提取的点云越密集，得出的结果也就越接近真值。任何一种仅仅基于点表达的设计都是非常棘手的，由于不知道原来的设计意图，甚至很难从点云中抽取一条直线，整个反向建模过程往往是被动的，设计的自由度较小，难度也就比正向设计大得多，因此，必须设法在 CAD 系统中从这些点云中抽取出可供构造一些几何元素（如直线、圆弧、样条曲线等）的特征点或节点，但是在数以万计甚至更多的点云中，要完成这项任务是十分烦琐且低效的。如果因样件问题或测量问题而导致测量点的精度不高，那么要完成剔除噪声点等工作更是难上加难。这些可以归结为数据的采集和处理问题，这是反向工程中要解决的关键问题。

概括起来说，反向工程可分为如下几个步骤：

（1）数据获取（Data Capturing）或零件原型数字化。利用各种接触式或非接触式数据获取设备，按照某种规则进行数据获取，对获得的数据进行补偿、去噪等一系列操作，并将其以某种格式存入计算机。

（2）数据处理（Data Processing）。为使获得的数据适合后续的拟合操作，需对其进行去噪声、精简等处理。

（3）CAD 建模（CAD Model Creation）。对大量散乱数据按某种规则进行分块处理，分别进行曲面拟合，并进行曲面延拓、拼接等操作，以形成复杂曲面。对产生的曲面进行误差检验、光顺处理后，进行拉伸、旋转、缝合并切割实体。对实体之间进行交、并、差运算等来获得满意的实体模型。这是整个反向工程过程中最关键、最复杂的一环，也为后续的工程分析、创新设计和加工制造等应用提供数学模型支持。

（4）选择合适的精度评价指标，实现产品的精度要求，这是反向工程的难点之一。通过测量，只能得到零件的外形尺寸，而不能获得几何精度的分配。只有科学合理地进行精度分配，才能提高产品的装配精度和力学性能。

（5）通过 CAD 模型进行产品设计，并确定产品中零件的材料。通过一系列测量、光谱分析等试验方法，对材料的物理性能、化学成分、热处理等情况进行全面鉴定，确定合适的生产材料。

（6）测试产品的工作性能，根据样品需求进行试验测定和反复计算，了解产品的设计准则和设计规范，并提出改进措施。

7.2　反向工程的数据采集技术

原型或零件的数字化是从已存在的原型或零件出发的反向工程中的第一步，也是较为关键的一步。这一步得出数据的质量直接影响对原型或零件的描述的精确、完整程度，进而影响后续重构的 CAD 曲面以及实体模型的质量，并最终影响快速成型出来的产品是否能真实地或在一定程度上反映出原始的物体模型。因此，它是整个原型反向工程的基础。

在 20 世纪 70 年代以前，物体的测量方法基本上是手工测量，这种方法目前仍在一些工厂中使用。其测量过程如下：首先在物体样件或模型上确定若干关键点（包括几何元素的特征点或节点），合理选取参考坐标系，测量出这些点对应的 x、y、z 坐标值；然后利用这些点进行差值计算，得到在该坐标系中模型的初始曲线或曲面，并通过软件对其建立起 CAD 模型。常使用的测量工具有卡尺、塞规、量块等，后来随着生产生活自动化，人们也逐渐使用单点测量的三坐标测量仪。对于简单对称的零件，测量点可以少于 10 个；而对于稍微复杂的零件，测量点较多，有时可达到 2 000 个以上。

手工测量方法的缺点如下：

（1）人工劳动强度大。这不仅反映在数据的提取上，还反映在当零件稍微复杂时，所要测量的关键数据点就会比较多，输入任务繁重且容易出错。

（2）测量精度不稳定。这主要受测量者的经验和测量工具的影响，其中测量者的经验影响较大。

对一个具有复杂表面的工件进行手工数字化处理是一件非常耗时、枯燥和容易出错的工作。目前，反向工程的实现手段正由熟练的手工过程逐步转变为以计算机软件和现代测量仪器为主的模具自动测量过程。

数据采集技术是反向工程中的关键技术之一，对这一技术所需要使用的关键设备、数据测量仪器的选择是十分重要的。从本质上说，所有的测量设备都是试图通过一定的机制与目标物体建立起一种交互关系，这种交互关系的结果就是尽可能有效地获取目标物体上相关点的准确数据信息。

目前常用的数据采集的方法包括：接触式测量方法、非接触式测量方法和逐层扫描法。

7.2.1　接触式测量方法

接触式测量方法是一种用于测量物体尺寸、形状和表面特征的技术。它通过直接接触物体表面或与之紧密接触的探测器来获取测量数据。接触式测量方法通常使用传感器或探针，将物理量转换为电信号或其他形式的输出。

接触式测量方法常用于工业制造、工程测量、质量控制和科学研究等领域。它可以提供高精度的测量结果，并适用于测量各种材料和形状的物体。

接触式测量方法的优点如下：

（1）测量精确度高。

（2）适合测量简单几何形状，如面、圆孔、圆柱、圆锥等。对于具有简单几何形状特征的物体的测量速度比较快。

（3）可测量光学仪器死角的区域，如深沟、间隙小的凹槽等区域。

接触式测量方法的缺点如下：

（1）逐点方式测量速度较慢。

（2）在每次测量时需要重新制定测量基准点，步骤较为烦琐，且需使用特殊的夹具，测量成本相对较高。

（3）测头探针容易因接触工件而造成磨损，为维持一定的精度，需要经常校正或更换测头探针。

（4）测量时由于探针需要和被测量物体接触，故容易对某些软质物体如橡胶品、黏土模型等的表面造成损伤。

（5）在对具有内孔的零件进行测量时，探头的直径必定要小于被测内孔直径，因此对测量对象的规格有限制。

（6）在每次测量时，需要对测头探针进行相关修正。

在实际测量中根据传感器数据采集方式的不同，可以将接触式测量方法分为点触发式和连续式两种，主要以模具臂测量仪与三坐标测量仪为代表。

模具臂测量仪依靠模具臂的自由度对被测物体进行定位测量采集数据。根据点触发式测量方法，即以探头前方测针的顶尖为接触点，通过传感器感知接触点与被测零件接触时受力产生的微小形变，来触发开关记录测量数据。在测量前需要通过计算机编程来对其规划数据测量路径，使测针按照规定的测量路径逐点测量并记录，最终得到所需的零件表面特征点的相对坐标值。

三坐标测量仪法，又称探针扫描法，主要应用于由基本的几何形体（如平面、圆柱面、圆锥面、球面等）构成的实体的数字化过程，适用于测量不太复杂的实体的外部几何形状。采用该方法可以达到很高的测量精度（±0.5 μm），但测量速度很慢，工作效率相对较低，此外，三坐标测量仪所使用的探针的材质一般硬度不大，在测量过程中，在一些不光滑曲面部位易受损伤，但是如果被测量物体比探针硬度更小，那么当被测实体表面不甚光滑时，探针容易划伤被测实体，并且由于该仪器所使用的探针的价格一般较高，因此其对使用环境也有一定要求。由于各种不确定因素的干扰，加上其本身测量速度相对较慢，故采用这种方法会使测量周期大大延长。如果针对一些周期要求较短的项目，不建议采用此方法，其与快速成型技术还有一段距离。

一般来说，三坐标测量仪法包括两种不同的测量方法。

（1）点对点测量。

点对点测量方法（Point to Point Method）适合较为规则的曲面测量，具体测量方法为：首先在该仪器内输入一个相对坐标系并确立基准点；其次确定将要测量的点的顺序和数目；最后利用三坐标测量仪探针从起始点 A 出发，对该点进行测量并保存数据，再移动到下一个测量点 B，测得数据并保存后再移动到下一个测量点 C，如此反复，直到所有的数据点被测量完毕为止。该方法的优势在于能根据所给的指令较为精准地测量出一些基准点的坐标方位，适用于测量孔、基准线等。

（2）截面扫描。

截面扫描方法（Section Scanning Method）适用于一些稍微复杂的曲面测量，具体测量方法为：首先输入相对坐标系；其次通过编程使得三坐标测量仪探针在被测实体上沿着截面轮廓线做连续移动，每循环一次就可以测量出一个截面的形状特征，如此循环往复，可得到零件的整体特征。在每次测量后，仪器会将得到的该截面轮廓的测量数据送往计算机。

7.2.2　非接触式测量方法

相较于接触式测量方法，非接触式测量方法依靠声波、光波、电磁等模拟量信号与零件表面相互作用并反馈来进行零件的三维点云数据采集。

1. 非接触式测量方法的优缺点

非接触式测量方法的优点如下：

（1）由于是利用扫描的原理，故无须对各个具体点进行逐点方式测量，测量速度相对较快。

（2）在非接触测量时，可以从各方位对被测物体的特征进行扫描，能较大程度地测得物体上大部分特征，较完全地取得各特征对应的数据资料。

（3）由于此方法不需要使用探针，故无须每次都对测头探针进行修正。

（4）可用于测量软质材料且不会对其造成损伤，也可用于测量其他不可接触类高精密物体。

非接触式测量方法的缺点如下：

（1）扫描特征而得出的数据容易造成偏差，测量精度相对较差。

（2）易受被测量件表面反射性能及环境光源影响，造成测量干扰，影响输出数据。

2. 常用的非接触式测量方法

随着现代光学、声学、电磁学等领域的深入开发应用，各式新型的非接触式测量设备也不断发展和涌现。目前较为常用的非接触式测量方法有投影光栅法、激光三角形法和极线约束法等。

（1）投影光栅法。

投影光栅法的基本原理是把被测量件放置在合适的光源条件下，把光栅通过设备投影到被测实体的表面上，光栅影线因受到被测实体表面高度的调制而发生变形，然后通过解调和分析变形的光栅影线，得到被测实体表面的高度特征信息。图 7-3 所示为投影光栅法的原理。

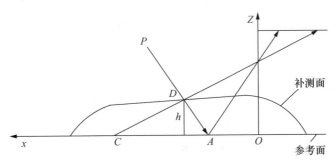

图 7-3　投影光栅法的原理

入射光线 P 照射到参考平面上的 A 点，放上被测物体后，P 照射到被测物体上的 D 点，此时从图示方向观察，A 点就移到新的位置 C 点，距离 AC 就携带了高度信息 $Z = h(x, y)$。

投影光栅法的主要优点是测量范围大，速度快，成本低，操作简便，易于实现；缺点是精度较低（±0.02 mm），而且只能测量表面起伏不大的较平坦的实体，对于表面变化剧烈的实体，在陡峭处往往会发生相位突变，使测量精度大大降低。

（2）激光三角形法。

激光三角形法的基本原理是将具有规则几何形状的激光源投影到被测实体表面上，通过形成的漫反射光点（光带）在安置于某一空间位置处的图像传感器上成像，按照三角形定位原理，测出被测点的三维空间坐标，如图7-4所示。

三角形定位原理利用基准面、像点、物距、像距等之间的几何关系计算物体表面轮廓的 z 坐标值。

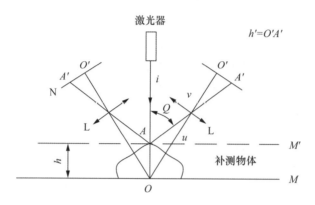

图7-4　激光三角形法测量原理

在图7-4中，i 为入射光，L 为透镜，N 为成像屏，u 为透镜 L 的物距，v 为透镜 L 的像距，O 为 L 光轴与入射光线 i 的交点，A 为物面上的光点，A'、O' 分别是 A、O 的像点，h 为物面上光点相对于基准面 M 的高度，α 为入射光线与光轴的夹角，M' 为目标平面，M 为参考平面。

根据透镜成像原理，以入射光与透镜光轴交点所在平面 M 为基准面，则光点 A 相对于基准面 M 的高度 h 的计算公式为

$$h = \frac{u \cdot h'}{\sin \alpha \cdot v + h' \cdot \cos \alpha} \tag{7-1}$$

在式（7-1）中，u、v、α 是系统参数，均为已知，这样可以通过 h' 计算出 h 的值。

按激光源的不同，激光测量又可分为点激光、线激光、栅激光 3 种方式，但是测量方法和测量步骤基本一致，在此不再过多叙述。

（3）极线约束法。

极线约束法是指在对实体模型的特征进行提取时，利用两个电荷耦荷器件（Charge Couple Device，CCD）摄像机同时对被测实体进行图像拍摄，通过基于极线约束的匹配算法对所拍摄的二维图像进行相关处理，再进行反向计算，从而得到被测实体轮廓各个特征点的三维空间坐标。

基于激光三角形和极线约束的线激光测量法是目前来说最为成熟，也是在实际生产生活中应用最为广泛的一种反向工程特征提取的方法。它的优点是测量速度快，精度较高（±5 μm）；缺点是对被测实体表面的粗糙度、漫反射率和倾角较为敏感，影响测量结果的准确性。

7.2.3　逐层扫描法

逐层扫描法是快速成型的逆过程，将一个实体整体看作一层层横截面的叠加，从而得到整个实体的形状特征。目前常用的实现方法主要有工业计算机断层扫描（Computed Tomography，CT）和核磁共振以及自动断层扫描。

1. 工业 CT 和核磁共振

工业 CT 和核磁共振是指根据扫描得到的 CT 图像来重构三维模型，适用于当被测实体的内部几何形状较为复杂，且难以使用人工或其他常规方法完成的情况。

工业 CT 和核磁共振的测量精度相对较低，目前其精度约为 1 mm，在这种精度下是无法做出实用且合格的零件的。此外，这种方法测量速度慢，设备昂贵，对运行环境的要求也较高，加上对被测实体的尺寸和材料也有一定限制，因而目前该方法尚不能广泛应用于快速成型技术领域。但它是目前唯一的一种既能测量出实体复杂的内部几何形状，又不破坏实体的技术，仍然有进一步开发和探索的价值。该方法在未来工业当中会有较大的竞争优势和应用市场。

2. 自动断层扫描

自动断层扫描是一种采用对材料进行逐层去除与利用逐层光扫描相结合的特征提取方法。这种方法对实体进行破坏性测量，其基本原理是将被测实体固定在 NC 铣床或磨床上，并开动 NC 铣床或磨床，每次以一定的厚度切削掉被测实体的最上一层，然后利用摄像系统摄取片层二维图像，如此循环往复进行该操作，最后经过图像综合处理获得片层三维轮廓的边界数据。

这种方法的片层厚度最小可达 0.01 mm，测量精度为 ±0.025 mm。与工业 CT 和核磁共振相比较，价格便宜 70%～80%，而测量精度却提高很多。但它的测量速度相对缓慢，且对较为贵重的被测实体不宜采用。

上述测量方法应用于实体的快速成型时各有优缺点，它们之间的比较如表 7-1 所示。

表 7-1　各种测量方法的比较

测量方法	精度	速度	能否测内部轮廓	形状限制	材料限制	成本
三坐标测量仪法	高	慢	否	无	无	高
投影光栅法	较低	快	否	表面变化不能过陡	无	低
激光三角法和极线约束法	较高	快	否	表面不能过于光滑	无	较高
工业 CT 和核磁共振	低	较慢	能	无	有	很高
自动断层扫描法	较低	较慢	能	无	无	较高

7.2.4　数据采集过程要解决的工程问题

反向工程的数据采集的理想目标是找到一套完全自动的解决方案，实现对目标物体的智能三维扫描，以便得到一个与扫描体一模一样的复制品（可以不考虑材料）。但就目前来说，要实现这一目标是十分困难的，即便是仅仅把一个目标物体的形状特征通过 CAD 技术转化成完全一致的 CAD 模型也已经是较为困难和复杂的，这是因为就目前来说，特征点的数据采集技术尚不够成熟，且在数据采集的过程中会因种种工程因素的影响而使采集的数据信息存在误差。这些因素可以归纳如下：

（1）设备的精度和校准。

数据采集的精度在很大程度上取决于所选用的测量设备，灵敏度不高的设备是不可能采集到较高精度的数据信息的。因此，测量设备关键部件的精度是至关重要的，如激光扫描仪的扫描精度与光学成像系统的灵敏度密切相关。同时，使用设备时的校准工作也是十分重要的，这是所有后续其他工作的开端。设备的校准工作将极大地影响测量结果。

（2）工件定位和装夹。

有一些待测零件由于形状不规则而难以被精准定位，可能需要使用专门的工装夹具。由于所使用的工装夹具会挡住待测零件的一部分表面而使测量无法一次完成，故不得不对被测量物体进行多次扫描测量。那么怎样选择和设定多次装夹的统一定位基准也是必须认真考虑且有待完善的问题，否则仓促扫描出来的数据可能一点工程价值都没有，无法应用到工程生产当中。对于需要多面测量的较小尺寸零件，选择定位基准是最关键的步骤。

（3）工件形状与表面质量。

工件位置不同，其表面特征也不同。此外，在工件的不同部位，仪器扫描的方向也不一样。工件不同部位的表面和仪器设备的扫描方向所成的夹角也不一样。这些问题将会导致采集的数据点信息疏密不均，对于数据点比较稀疏的地方可能会忽略某些细节（如尖角、小圆角等），引起测量误差，进而导致后续工作不稳定和最终工件不精确。此外，工件的表面质量也会影响测量数据的精确性，特别是对于激光扫描，光滑表面的扫描数据结果总是优于粗糙表面的。

（4）噪声点的处理。

反向工程测量过程中，受测量设备的精度、操作人员经验和被测物表面质量等诸多因素的影响，测量数据会产生误差点和冗余，这类误差点和冗余在工程上被称为噪声点。在反向工程中，对所得到的被测量实体特征的测量数据进行噪声点处理是必不可少和十分重要的，但是对其进行噪声点处理的同时也将导致点云模型的失真，如多次降噪后模型总会变得相对"光顺"一些，但这有时候并不是一件好事，因为这有可能会使被测实体的一些几何特征弱化或丢失。另外，有些待测工件已经发生变形，如成型零件的某些部位在冷却过程中出现了凹陷，扫描时可能也会将其如实地放映出来，但这一特征对于工件来说是有害的，我们在还原新实体时并不想将其保留，而是意图将其摒弃。如何处理上述这些工程问题并没有固定的模式和行之有效的方法，只能在实践中慢慢摸索。

（5）多次扫描的正态分布现象。

针对同一个工件的实体特征进行多次测量的结果是不可能完全一致的，每次的整体扫描所扫描到的位置点坐标也不尽相同，在测量方法正确和测量仪器正常工作的条件下，每次测量得到的结果一般会有一定的差别，多次测量得到的结果一般呈正态分布，但是怎样从这种呈正态分布的每组数据中找到一种计算方法来减小测量误差还没有较为系统和权威的途径，仍然有待解决。

7.3　反向工程的数据处理技术

7.3.1　点云模型预处理

反向工程预处理的目的是合理去除从模型中提取到的冗余数据点，最好只留下恰恰能重构出 CAD 模型的数据点，但是这个尺度是很难把握的。点云模型预处理是反向工程中最重要的环节，其精度以及效率将直接影响三维模型的最终效果。如何有效地对点云数据进行适当处理，并从中最大限度地找到特征点的相关参数（法线和曲率、点特征直方图、快速点特征直方图、纹理特征、视点特征直方图等）十分重要，其对后续点云模型的分析、配准、匹配以及曲面重建会产生巨大的影响。一般来说，预处理后的点云模型仍然存在较多的数据冗余，不过相对来说已经可以大大减轻 CAD 系统的负担，因为目前来说，许多 CAD 系统对点云模型的数据处理能力是非常有限的，如对数以万计点云的显示问题，大多数 CAD 系统都会占用大量的计算机内存储器容量并影响计算机的运行速度，因此在计算过程中刷新速度很慢，甚至导致后续工作无法开展而致使项目夭折。此外，目前对噪声点进行合理化过滤还只能由人机交互来完成，无法实现智能化。

便携化点云数据采集设备的发展使得我们采集数据的方式越发简单，采集的数据越发密集与庞大。要在无序庞大的数据中精确地查找和定位所需要的点，就需要通过构建邻域划分点云数据的空间结构来规划无序杂乱的初始点云数据，从而提供定位与查找点云的方法。邻域主要有 BSP 邻域、Voronoi 邻域和 k 邻域。BSP 邻域是点云数据中的采样点 q 的投影点集 q_i 形成的一个二叉划分区域，所以又被称为空间二叉划分邻域。Voronoi 邻域通常以图的方式呈现。在计算采样点 q 与点云数据中相邻点之间的距离时，将其中距离最小的 k 个点形成的邻域称为点 q 的 k 邻域。目前确定邻域主要依靠基于空间划分的搜索，将点云数据存在的空间按规则划分不同的块状区域，以最优策略进行空间搜索并确定邻域。目前，主要有 KD（k-Dimensional）树和八叉树两种划分方法。

KD 树是一种基于二叉树结构的拓展结构。KD 树的设计思路是根据数据自身特点建立一个索引，在此基础上进行快速匹配以达到目标搜索的目的。八叉树是目前最常使用的三维数据空间划分的方法，是一种通过构建空间立方体包围盒，然后再进行依次划分包围盒，进而划分数据的方法。

通过选择划分方法对点云进行领域划分只是点云模型预处理的前期工作，要想得到较为理想的点云模型，还要对得到的点云进行以下操作：

（1）补偿点产生。

由于从被测量实体特征得到的扫描数据来自不同的扫描设备，故其有时候会以不同的格式呈现。因此，若想对各种格式的数据进行统一化处理，首先需要一个标准数据接口将这些数据转换成统一标准的内部数据存储格式，同时通过计算机软件对其进行必要的数据补偿。一方面，对于接触式扫描，由于从扫描仪获得的测量数据并不真正代表接触点的三维坐标，而是反映探头中心或顶部的相对测量坐标，因此，要对这些数据进行合理转换和补偿，将其转换为被测物体表面的实际三维坐标；另一方面，在生成刀具轨迹时，有些刀具，如铣刀等也需要与工件之间有一定的偏移量。在对其产生合理的补偿点时需要先计算出标准点，而由于没有具体的数学表达式，因此不能使用通常的方法计算出标准点。目前已开发出特殊的专业算法能够在所规定的公差范围之内获得近似的标准点三维坐标数据。

（2）噪声点删除。

在处理数据点时要先删除噪声点，这样能避免或减少误差点对后续相邻区域平滑或细化等处理步骤不可预见的干扰和影响。扫描数据经过去除噪声处理后，可以进行后续的数据点精化处理，消除数据波动，修改范围可由用户通过人机交互设定。常见点云去噪方法有：均值滤波算法、中值滤波算法、高斯滤波算法等。

（3）数据点精化。

在 CAD 系统中，在对数据点进行去除噪声处理后，可对其进行下一步的精化处理，然后进行后续的曲面特征重构，以及 NC 加工或快速原型直接复制等工作。测量数据的精化处理包括对测量数据点过滤、平滑等操作。过滤数据点的原则是在扫描线曲率较小时减少点数，在扫描线曲率较大时保留较多的点数，从而进行中和处理，使得处理后的数据点的数量保持在合理范围之内。对数据点的过滤一般在平滑之前，这样能够减少由数据过密造成的局部区域产生较大曲率等问题，并且有利于提高平滑过程的效率和精度。

（4）数据点加密。

表面上看起来数据加密与数据点精化相互矛盾，但实际上由于各种测量设备以及测量方法不同，测量数据点分布的结果也不相同。通常，测量仪所采集的数据是通过自动计算弧弦误差得到的，即在较平缓的区域采集到的数据点较少或没有，造成曲线拟合时出现失真现象而导致后续工作受阻；同时，在重构曲面时，需要插值加密；而从四边形网格的要求出发，相对应的边也需要将数据点均匀化，否则在构造曲线、曲面时会产生较大的波动。因此，对于某些局部的数据不足，应该允许用户采用自动和交互两种方式进行数据点加密和补充。数据点加密可以采用手工屏幕取点和相邻点自动插值等方法。

（5）坐标变换。

在反向工程中，对于扫描数据点通常要提供 4 种类型的坐标转换，即平移、旋转、缩放和镜像。平移和旋转常用于调整 CNC 机床坐标系的刀具轨迹位置。缩放功能除了用于测试和演示外，还可用于塑性注模，考虑由于塑料件的收缩而需要尺寸补偿，还要很容易地设定不同方向的缩放因子。镜像功能主要用于在模具制造中的凸凹转换，如冲压成型凸、凹模，它们的形状相似，只是有一个板料厚度的差别。在模具设计和制造中，这种功能可以减少大量的重复劳动，此外它还能够用于具有对称形状的零件。

（6）数据输出。

对扫描数据进行一系列编辑处理并优化以后，可以根据不同的条件和需要，以多种格式输出，如 ASCⅡ、IGES、DXF、VDA、STEP、STEP 等。输出的数据主要有两方面的用途：一是建立 CAD 模型；二是利用这些数据直接产生 NC 轨迹并进行模具加工或快速原型制造。

7.3.2　模型重构的曲面构造方案

在反向工程中，主要应用 3 种曲面构造方案：以 NURBS 曲面（非均匀有理 B 样条曲面）为基础的曲面构造方案、以三角 Bezier 曲面为基础的曲面构造方案和以多面体方式来描述曲面物体。其中，第一个方案对于自由表面的实现非常有效，具有速度快、算法稳定、曲面光顺性好、表达力强、可局部修改等优点，因此是复杂几何设计的理想工具，也成为 CAD/CAM 的标准工具，是目前研究和应用最多的一类曲面重构方法。

1. B 样条曲面及 NURBS 曲面

在反向工程中，针对型值点数据具有大规模散乱的特点，对此，B 样条曲面的拟合通过以下方法来解决和处理。在 B 样条曲面拟合中，需要研究的首要问题是单矩形域内曲面的散乱数据点的曲面拟合问题。在 Weiyin 和 J. P. Kruth 的研究中，根据边界构造初始曲面，将型值点投影到这个初始曲面上，然后利用投影位置计算其参数分布，从而解决散乱数据的参数分配问题。根据型值点参数分配拟合出一个 NURBS 曲面，再对型值点参数优化，使拟合曲面距离给定型值点的误差达到最小。在实际产品中，产品型面多数由多个曲面混合而成，所以，在实际工作中要将产品型面数据分块处理。B. Sarkar 和 C. H. Menq 运用图像处理的原理处理具有图形数据（行 × 列）特点的数据。T. Varady 等提出一种四叉树的方法，还提出一种基于曲面网格构造曲面的方法。C. Bradley 和 G. W. Vicker 提出两步方案，即首先用函数方法构造曲面的数学模型；其次在曲面上构造拓扑矩形网格，交互定义特征线，利用矩形数据网格构造出曲面。

在 NURBS 曲面模型中，由 $(m+1) \times (n+1)$ 个控制顶点构成的 NURBS 张量积曲面方程如式 (7-2) 所示。

$$P(u,v) = \frac{\sum\limits_{i=0}^{m}\sum\limits_{j=0}^{m} w_{(i,j)} d_{(i,j)} N_{(i,k)}(u) N_{(j,l)}(v)}{\sum\limits_{i=0}^{m}\sum\limits_{j=0}^{m} w_{(i,j)} N_{(j,l)}(u) N_{(j,l)}(v)} \tag{7-2}$$

其中，$d_{(i,j)}$ 为控制顶点；$w_{(i,j)}$ 为控制顶点的权因子；$N_{(i,k)}(u)$（$i=0,1,2,\cdots,m$）与 $N_{(j,l)}(v)$（$j=0,1,2,\cdots,n$）分别为由节点矢量 $\boldsymbol{U}=\{u_0,u_1,\cdots,u_{m+k+1}\}$ 和 $\boldsymbol{V}=\{v_0,v_1,\cdots,v_{m+k+1}\}$ 决定的 u、v 两方向的规范 B 样条基函数。

然后采用递推公式计算，即可得到 NURBS 张量积曲面方程，而进行曲面重构的过程就是对张量积曲面进行逆运算，由此可反算出曲面重构后的各个点的参数坐标。

在以 NURBS 曲面为基础的曲面构造中能构造出作为标准的 B 样条曲面的最终表达，形式简洁。但二次优化计算使得曲面的光顺性难以保证、计算量大，曲线网格的建立分块等不容易自动完成，而且曲面构造的精度不好控制。

2. 三角曲面构造

三角曲面也称三边曲面。三角曲面具有构造灵活、边界适应性良好的特点。特征线的提取、三角网格的简化和多视问题的处理是三角曲面应用研究的重点。Chenxin 和 F. Schmitt 曾在 1994 年做过此项研究。1995 年，H. Park 和 K. Kwangsoo 提出自适应的光滑曲面逼近大规模散乱点的方法，用分段 3 次 Bezier 三角代数曲面作为最终输出结果，使各三角曲面片之间达到跨边界 C1 连续。H. Hoppe 则对大规模的散乱测量数据的曲面重构问题从初始曲面估计、网格优化、分段光滑曲面等几个方面进行了研究，并取得了较好的效果。但由于三角曲面模型和通用 CAD/CAM 系统的曲面模型不兼容，它和 CAD/CAM 系统的数据通信和图形交换难以实现。此外，有关三角 Bezier 曲面的一些计算方法（如三角曲面之间的求交、三角曲面的裁减等）的研究还不太成熟，这些因素也限制了它在工业制造领域中的实际应用。

7.3.3 几何模型重构

1. 数据分割

数据分割是将测量数据分类转变为造型数据，方法是根据每一个自然曲面，将测量点分割，同时决定每一个点集属于哪一种曲面。数据分割、分类和曲线、曲面的拟合有时可以同步进行。目前存在两种基本的分割方法：基于边（Edge-based）的数据分割（Data Segmentation）和基于面（Face-based）的数据分割。

基于边的方法首先是从数据点集中，根据组成曲面片的边界轮廓特征、两个曲面片之间的相交过渡特征以及形状表面曲面片之间存在的棱线或脊线特征，确定出相同类型曲面片的边界点，连接边界点以形成边界环，判断点集是处于环内还是环外，从而实现数据分割。基于面的技术是确定哪些点属于某个曲面，这种方法和曲面的拟合结合在一起，在处理过程中，这种方法同时完成了曲面的拟合。因此，与基于边的方法相比较，基于面的方法是数据分割中具有发展前途的技术。基于面的方法可以分为自下而上（Bottom-up）和自上而下（Top-down）两种。

自下而上的方法是首先选定一个种子点（Seed Points），由种子点向外延伸，判断其周围（邻域）的点是否属于同一个曲面，直到在其邻域不存在连续的点集为止，最后将这些小区域（邻域）组合在一起。但种子点的选取是困难的，如果有一个坏点被选入，它将使判断依据失真，即这种方法对误差点是敏感的。

与其相反，自上而下的方法开始于这样的假设：所有数据点都属于一个曲面，然后检验这个假定的有效性。如果不符合，将点集分成两个或更多的子集，再将上述假设验证应用于这些子集，重复以上过程，直到假设条件满足为止。应用这种方法时的一个问题是选择在哪里和如何分割数据点集；另一个问题是重新划分数据点集后，计算过程必须从头开始，计算效率较低。测量数据分割完成后，根据曲面造型方法的不同，曲面重建方法分为基于点-样条的曲面重建方法和基于测量点的曲面重建方法。

2. 基于点-样条的曲面重建方法

基于点-样条的曲面重建方法的原理是，在数据分割的基础上，首先由测量点拟合出组成曲面的网格样条曲线，再利用系统提供的放样、混合、扫描和四边曲面等曲面造型功能进行曲面模型重建，最后通过延伸、求交、过渡、裁减等操作，将各曲面片光滑拼接或缝合成整体的复合曲面模型。这种方法实际上是通过组成曲面的网格曲线来构造曲面，是原设计的模拟，对于规则形状物体是一种有效的模型重建方法。但对于复合曲面，采用点-样条的曲面重建方法需反复交互选取曲面造型方式，使构建的曲面片满足光滑和精度的要求。这个方法中具有代表性的是 W. D. Ueng 等的扫描曲面重建和 H. Park 的基于截面线的曲面重建。

3. 基于测量点的曲面重建方法

基于测量点的曲面重建方法的原理是，直接建立满足对数据点的最小二乘拟合的曲面，既能处理规则点也能直接拟合散乱点，并在大量的数据点上工作，同时支持面对点的最佳拟合，此时曲面一般选取 B 样条表示。

复杂曲面通常采用分块曲面片拟合来处理。对于图形数据（具有行 × 列特点的数据），可以运用图像处理获取曲面的特征线，将曲面划分成不同的块，每块用 B 样条曲面拟合，最终将所有块拼接成一整体；也可以首先构造一张整体的曲面，若不能满足要求，则将其一分为四，再对每一小块进行处理，直至所有小块均满足要求为止；还可以通过首先构造插值于测量点的曲面数学模型，然后在曲面上构造拓扑矩形网格，交互定义特征线，利用此矩形网格数据构造曲面。拟合曲面应进一步探讨的内容包括以下几个方面：

（1）给定一个曲面，对测量数据点找到好的参数值的方式。

（2）使距离最小（最小二乘法）时能否得到最佳曲面。

（3）怎样处理测量漏失的区域。

4. 基于几何特征及约束的模型重建

大多数模具零件产品都是按一定特征设计制造的，同时特征之间还具有确定的几何约束关系。产品模型重建过程中的一个重要目标就是还原这些特征以及它们之间的约束。在模型重建时，仅还原特征而忽略它们之间的几何约束，得到的产品模型是不准确的。

前文已述，几何特征点的相关参数有法线和曲率、点特征直方图、快速点特征直方图、纹理特征、视点特征直方图等。提取模型的几何特征常用以下几种方法：

（1）基于法向量的特征提取。法向量是点云数据模型中很重要的几何属性，点云数据配准、分割、特征提取和曲面重建等处理，都依赖于法向量的准确估算。

（2）基于曲率的特征提取。曲线的曲率是曲线上某个点的切线方向角对弧长的转动率，通过微分来定义，用以表明曲线偏离直线的程度。

（3）基于点特征直方图（Point Feature Histograms，PFH）的特征提取。PFH 三维特征描述子能够较好地反映点云全局特征。PFH 通过计算点云中某一个查询点与该点 k 邻域点之间的空间差异并将其参数化表达，合成一个高维直方图，借此描述点及邻域点的几何属性。

（4）基于快速点特征直方图（Fast Point Feature Histograms，FPFH）的特征提取。该方法是学者们针对降低 PFH 的计算复杂度和提高作业效率提出的。

（5）多特征判别参数提取点云特征。通过对法向量、曲率、点到邻域重心距离等多个几何参数的计算比较，设定合适阈值。当计算所得点云的多个参数都大于阈值时，判定其为特征点。

（6）基于离散莫尔斯（Morse）理论提取点云特征。首先，利用局部邻域的协方差计算出每个数据点的特征度量，将该数据点标定为潜在特征点。其次，将潜在特征点与其邻域点在主方向上所形成的夹角的平均值作为局部特征检测算子，并利用该算子计算该点的离散梯度。最后，利用线性插值法计算离散梯度并构建离散梯度向量域，将离散梯度向量域中的梯度极值点判定为特征点。

（7）基于 DBSCAN 聚类提取点云特征。该方法首先定义散乱点云上点的反 k 近邻以作为特征描述子，初步判定其是否具有局部突变性。其次，将点的反 k 近邻尺度作为点的密度值，并基于密度聚类分析的方法，将具有相似局部几何特征的点聚为一类。最后，根据局部曲率突变点是否同时为潜在曲面上的曲率突变点来对聚类边界点进行判定，若同时为局部及全局曲率突变点，则判定其为特征点。

（8）基于凹凸特性提取点云特征。曲面凹凸性质在点云数据中可以直观地表现出来，因此可以根据邻域点的凹凸特性提取特征点。首先，定义邻域重心 q。其次，通过判断查询点到 q 的连线构成的向量与查询点的法向量的内积的正负性判断凹凸性质（正为凸点，负为凹点）。最后，计算凸点到邻域重心的距离 d，并设定 d 的阈值，以大于阈值的为特征点。

上述方法中，前 4 种方法较为常用，但技术还不够完善和纯熟，目前面向反向工程的曲面、实体造型技术尚达不到理想的实用水平，这就是由建模中难以获得零件的结构特征数据而导致原型表达不合理引起的。如何高效提取复杂零件的外形结构特征数据并准确建模仍然是反向工程技术的难点。

7.4 反向工程在模具制造业中的应用

目前，使用反向工程的情况可能是设计文件丢失、样品重新设计等，例如，在木制品、船舶等行业，通过雕刻机或机床可实现产品的复制。目前，随着数字化技术的发展，基于三维建模、CAD 模型的反向工程方法已经逐渐代替传统机床方法。

1. 反向工程在模具制造业中的应用

反向工程在模具制造业中的应用一般为以下几个方面：

（1）零件的复制。

反向工程技术在工业设计领域的产品的仿真或改型、破损零件的重现等方面应用广泛，不仅能较高程度地还原现有零件，还对新产品的开发有促进作用。反向工程技术是帮助修复和再次开发的技术保障。

（2）工业检测。

反向工程技术能对产品或零件进行误差检测，并能较高精度地识别出实际产品与三维模型数据之间的误差，从而实现产品的检测与分析。该技术还能实现对产品的自动化精准测量。

（3）零件备用。

反向工程技术能够利用现有的少数零件生成精确数据，并根据实物生产出相同规格的产品。科研人员可以利用三维数据生成类似规格的产品用于飞机零制造、船舶零件制造等。

现以汽车冲压产品模具设计为例，阐述冲压零件及成型模具设计中的反向工程技术的应用过程和方法。

2. 汽车冲压产品模具设计的反向工程阶段

汽车冲压产品模具设计的反向工程大致可分为 4 个阶段：反向测量阶段、数据预处理阶段、曲面重建阶段、CAD 模型后续分析阶段。各阶段主要完成的工作分别如下：

（1）反向测量阶段。

由于汽车冲压产品多为复杂曲面，因此在对产品造型几何测量时，普遍采用非接触式测量方法。目前广泛采用的是三维扫描测量设备。该设备采用先进的结构光非接触测量原理，扫描速度极快，数秒内可得到 100 多万点，可对大型物体进行分块测量并进行自动拼合。测量的散乱点云如图 7-5 所示。

（2）数据预处理阶段。

首先，由于在扫描过程中，物体表面对光的反射特性造成一些不可避免的噪声点，因此需要去除这些杂点。其次，由于对实物的扫描是分块进行的，因此需要将这些分别扫描得到的数据合并成一个整体。最后，由于得到的扫描点云数据过于庞大，因此对其采用平均取样的方法进行精简。精简后的灯座点云如图 7-6 所示。

（3）曲面重建阶段。

在进行曲面重建时，首先是对经过预处理的数据进行分块，把属于同一类型的数据点划分到同一区域。运用曲率分析可以很方便地完成点云的分块，结果如图 7-7 所示。从图中可以看出，A、B、C、D 等区域的数据曲率很小，因此可以单独对每个区域直接铺面。其次将每个曲面进行延伸至相交，对曲面进行交割、裁剪、倒圆角。最后得到重建后的 CAD 模型，如图 7-8 所示。

图 7-5　散乱点云

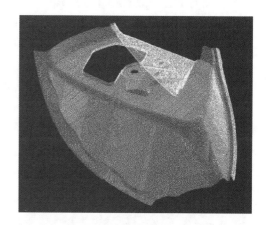

图 7-6　精简后的灯座点云

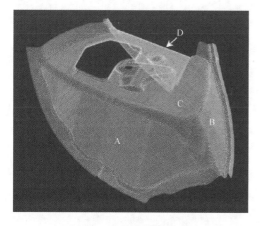

图 7-7　曲率分析

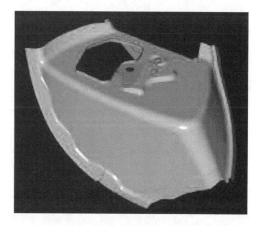

图 7-8　重建后的 CAD 模型

（4）CAD 模型后续分析阶段。

在重建 CAD 模型之后，能否获得满足要求的冲压件，需利用数值模拟仿真软件对其进行分析，预测成型中可能出现的缺陷，然后加以修正。对工艺过程、工艺参数、模具结构尺寸的修正往往需要多次进行，所要做的工作如下：

① 模具型腔和坯料尺寸的修正。

通过 Dynaform 软件对冲压成型过程进行模拟，预测成型过程中是否会出现料不足、拉裂、起皱等缺陷，并对成型过程中的各种参数进行优化，确定合理的模具结构、工艺参数及工艺过程。

② 冲压产品的修正。

若通过数值模拟仿真分析难以成型所需的冲压零件时，需修改冲压零件的局部形状和尺寸，再进行模拟，最终获得合格的冲压产品。

7.5 思 考 题

1. 什么是反向工程？它和正向工程有哪些区别？
2. 反向工程一般有哪几个流程？
3. 在反向工程中，接触式测量方法和非接触式测量方法分别包括哪几种？
4. 数据采集主要有哪些方法？
5. 数据采集中要解决哪些方面的工程问题？
6. 点云模型处理的主要内容有哪些方面？
7. 简述提取几何特征常用的 4 种方法。
8. 模型重构的曲面构造方案一般包括哪几种？

第8章 CAD/CAM 实例分析

目前，CAD/CAM 技术已广泛应用于航空航天、船舶、汽车等领域的设计与制造，实现了三维建模、调用标准间库、虚拟装配、机构运动模拟、模具加工工艺编排、NC 加工程序自动编制、加工报表自动生成等，贯穿整个模具设计和加工过程。CAD/CAM 技术的应用，缩短了零件的生产周期，提高了工件的精度和质量，对模具产品的研发、更新起到很大的推动作用。本章将以模具为例，以注射模、冲模这两种典型塑性成型、板料成型模具为对象，介绍 CAD/CAM 技术在模具设计制造中的具体应用。

传统的注射模具设计依靠设计人员的经验进行；模具设计加工以后往往需要经过反复的调试和修改才能正式投入生产；发现问题后，不仅要重新调整工艺参数，还要修改塑料制品和模具的设计。这种设计方式制约了新产品的开发。随着塑料工业的飞速发展，人们对塑料制品的质量要求越来越高，且产品更新快，价格低，市场竞争激烈。在这种情况下，人们对模具产品的要求是交货期短、质量好、价格低。显然，传统的人工设计、手工作坊式的生产方式已不能适应现代化工业发展的要求。为了在市场经济的残酷竞争中取胜，跟上产品更新的速度，模具制造业必须采用新技术、新工艺来解决传统技术中存在的问题。发达工业国家从 20 世纪 80 年代中期开始广泛使用计算机对塑料模进行计算机辅助设计、计算机辅助制造，并对模具设计的各个环节进行定量计算和数值分析，使得产品的质量得到保证，同时大大缩短了新产品的开发周期。

纵观国内外模具工业的发展，可以认为，采用 CAD/CAM 技术是模具生产中革命性的重要措施，是现代模具设计制造方法的重要组成部分。

8.1 注射模 CAD/CAM

常用塑料如 PVC、PE、PS、ABS 等在 20 世纪 40 年代问世，虽然注射模的历史不过几十年，但发展却异常迅速。美国和日本的塑料模具专业厂均已超过 10 000 家。塑料工业对模具的迫切需求就是注射模 CAD/CAM 技术发展的原动力，而近几十年，塑料流变学、几何造型技术、NC 加工以及计算机技术的突飞猛进又为注射模 CAD/CAM 系统的开发创造了条件。

自 20 世纪 60 年代起，英国、美国、加拿大等国的学者如 J. R. Pearson（英国）、J. F. Stevenson（美国）、M. R. Kamal（加拿大）、K. K. Wang（美国）等开展了一系列有关塑料熔体在模具型腔内流动与冷却的基础研究。各国学者在合理的简化基础上，于 20 世纪 60 年代研发了一维流动与冷却分析程序；于 20 世纪 70 年代研发了二维分析程序；于 20 世纪 80 年代开展了三维流动与冷却分析，并把研究扩展到保压、纤维分子取向以及翘曲预测等领域；进入 20 世纪 90 年代后，开展了对流动、保压、冷却、应力分析的注射工艺全过程的集成化研究。这些卓有成效的研究及相关成果为开发实用型的注射模分析软件奠定了基础。

在几何造型方面，基于线框模型的 CAD 系统率先由飞机和汽车制造公司开发并使用。

例如，美国洛克希德飞机公司于 1965 年研制的 CADAM 系统、美国麦克唐纳·道格拉斯（McDonnell Douglas）飞机公司于 1966 年研制的 CADD 系统、美国通用汽车（General Motors）公司研制的 AD2000 系统等。进入 20 世纪 70 年代后，曲面造型技术发展很快，Coons 曲面、Bezier 曲面和 B 样条曲面相继问世，出现了一批以曲面造型为核心的 CAD/CAM 系统，如英国的 DUCT 系统，美国的 CAMAX 系统等。曲面造型系统适用于具有复杂型腔表面的注射模。20 世纪 80 年代，实体造型技术发展迅速，如美国斯坦福大学研制的 Geomod 系统、美国罗切斯特大学研制的 PADL 系统、日本北海道大学研制的 TIPS 系统、英国剑桥大学研制的 BUILD 系统等，为实体造型软件的开发奠定了基础。无疑，CAD/CAM 软件是实体造型和曲面造型兼备的系统。

与几何造型技术一样，CAM 技术在近三四十年也获得了显著发展。美国在 20 世纪 60 年代研制的自动编程语言 APT 大大促进了 NC 加工技术的发展与普及。风靡一时的 EXAPT（德国）与 FAPT（日本）皆源于 APT 语言。但 APT 语言也有不足，如编程效率低、设计与制造脱节、容易出错等，解决手段是采用 CAD/CAM 技术，即充分利用 CAD 阶段获得的数据，以人机交互方式生成机床刀具加工轨迹或者辅助生成 APT 源码，再利用后置处理程序产生 NC 机床的加工指令。自 20 世纪 80 年代以来，已有一批 CAD/CAM 系统在国际商品化软件市场推出，除了前面介绍过的 UG、Pro/Engineer 以外，典型的软件还有 Mastercam。

Mastercam 是美国 CNC Software 公司开发的基于 PC 平台的 CAD/CAM 软件，是目前世界上应用最广泛的 CAD/CAM 软件之一，相对来说，其 CAD 造型能力比 UG、Pro/Engineer 等要差，但在 CAM 方面能生成刀具路径轨迹、模拟仿真加工并迅速生成 NC 代码，可极大地缩短编程时间并降低出错概率，尤其在复杂零件的 NC 程序编制时其优点更加突出，有效提高了程序的正确性、安全性以及效率性。

注射模 CAD/CAM 技术能够得到日新月异的进步，得益于研究者们这些年的研究和对相关软件的开发。目前，注射模 CAD/CAM 技术仍然是热门研究课题。

8.1.1 注射模 CAD/CAM 的特点

注射模 CAD/CAM 的重点在于注射产品的造型、模具设计、绘图和 NC 加工数据的生成。而 CAE 包含的工程功能更加广泛，它将工程设计、试验、分析等贯穿于产品研制过程的每个环节中，以指导和预测产品在构思和设计阶段的行为。按照传统方法，注射产品的设计完成后，需制作实体模型以评估其外观、测定其性能。型腔或者电火花机床所需的电极若采用仿形加工，还需要制作木模，经过两次翻型后方能得到石膏靠模。这种方法的主要缺点是木模的精度无法保证。由于仅凭经验设计模具，因此在模具装配完毕后，往往需要几次试模和修正才能生产出合格的注射产品。CAD/CAM 的集成化从根本上改变了传统的模具生成方式。采用几何造型技术，一般不必对注射产品进行原型试验，产品形状能逼真地显示在计算机上，并能借助弹性力学有限元分析软件对产品的力学、模具性能进行测定。借助于 CAD 软件，自动绘图代替了人工绘图，自动检索代替了手册查阅，计算机计算代替了手工计算，使得模具设计师能够从繁重的绘图和计算中解放出来，集中精力从事诸如方案构思和结构优化等创造性工作。在模具图纸下达到车间之前，CAE 软件可以预测与成型工艺及模具结构等有关的参数的正确性。例如，可以采用流动模拟软件来模拟塑料熔体在模具型腔内的流动过程，以此改进流道系统的设计，提高试模的一次成功率；也可以采用保压和冷却分析软件来考察塑料熔体的凝固过程和模温的变化，以此改进模具的冷却系统，调整成型工艺参数，提高塑料制品质量和生产效率；还可以采用应力分析软件来预测制品出模后的变形和翘曲。借助于 CAM 软件，模具型腔的几何数据能交互地转换为曲面机床刀具运动轨迹，进而生成 NC 加工指令，这样就可以省去木模制作工序，提高型腔表面的加工精度和效率。

由此可见，模具 CAD/CAM 技术是用科学、合理的方法，以计算机软件的形式，为用户提供一种行之有效的辅助工具，使之能借助于计算机对制品、模具结构、加工、成本等进行反复修改和优化，直至获得最佳结果。模具 CAD/CAM 技术能显著地缩短模具设计与制造时间，降低模具成本并提高制品的质量。

8.1.2 注射模 CAD/CAM 的工作内容及设计流程

利用注射模 CAD/CAM 系统，设计人员可以进行各个环节的模具设计，如选择标准模架与模具标准件，选择不同特性的塑料设计流道，进行注射流动模拟和冷却固化质量分析，完成模具的总体结构设计等。图 8-1 所示为注射模 CAD/CAM 的工作内容及设计流程。

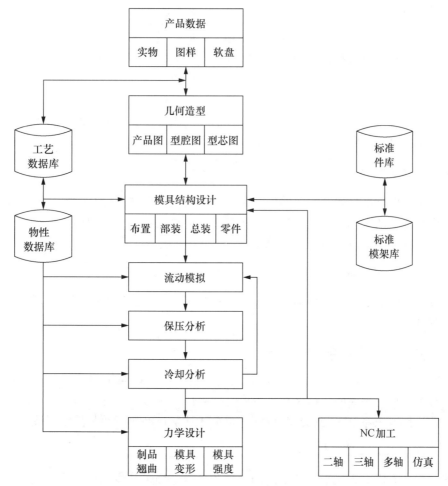

图 8-1 注射模 CAD/CAM 的工作内容及设计流程

1. 注射制品的几何造型

采用几何造型系统，如线框造型、表面造型和实体造型，在计算机中生成注射制品的几何模型，这是 CAD/CAM 工作的第一步。由于注射制品大多是薄壁件且具有复杂的表面，因此常用表面造型方法来生成制品的几何模型。

2. 模腔表面形状的生成

在注射模具中，型腔用以生成制品的外表面，型芯用以生成制品的内表面。由于塑料的成型收缩率、模具磨损及加工精度的影响，制品的内、外表面尺寸并不是模具的型芯面、型腔面的尺寸，前者与后者之间需要经过比较复杂的换算。目前流行的商品化注射模 CAD 软件并不能很好地完成这种换算，因此，制品的形状和型腔的形状要分别输入，工作量较大且比较烦琐。如何由制品形状方便、快捷地生成型腔和型芯表面形状仍需要深入探讨。

3. 模具结构方案设计

可利用计算机软件来引导模具设计人员布置型腔的数目和位置，构思浇注系统、冷却系统和顶出机构，并为选择标准模架和设计动模部装图和定模部装图做准备。

4. 标准模架选择

模架的选择与模具的结构方案设计密切相关，即与浇注系统、冷却系统和顶出机构相关，所以在采用计算机软件来设计模具时应尽可能多地实现模具标准化，包括模架标准化、模具零件标准化、结构标准化以及工艺参数标准化等。一般而言，用作标准模架选择的设计软件应具有两个功能：一是能引导模具设计人员输入本企业的标准模架，以建立专门的标准模架库；二是能方便地从已经建立好的专门标准模架库中选出在本次设计所需的模架类型及全部模具标准件的图形和数据。

5. 部装图及总装图的生成

根据所选定的标准模架及完成的型腔布置，模具设计软件以交互的方式引导模具设计人员生成模具部装图和总装图。模具设计人员在完成总装图时，能利用光标在屏幕上拖动模具零件，以搭积木的方式装配模具总图。

6. 模具零件图的生成

模具设计软件能引导用户根据模具部装图、总装图以及相应的图形库完成模具零件的设计、绘图和标注尺寸。

7. 注射工艺体条件及注射材料的优选

基于模具设计人员的输入数据以及选定的优化算法，模具的 CAE 程序能向模具设计人员提供有关熔体充模时间、熔体成型温度、注射成型压力及最佳注射材料的推荐值。有些软件还能运用专家系统来帮助模具设计人员分析注射成型故障及制品成型缺陷。

8. 注射流动及保压过程模拟

一般常采用有限元方法来模拟熔体的充模和保压过程。其模拟结果能为模具设计人员提供熔体在流动过程中的动态图，不同时刻的熔体及制品在型腔内各处的温度、压力、剪切速率、切应力以及所需的最大锁模力等。其模拟结果对改进模具浇注系统及调整注射成型工艺参数有着重要的指导意义。

9. 冷却过程分析

注射成型是一个热交换的过程，其中，模具冷却的时间约占整个注射周期的 3/4。一般常采用边界元法来分析模具的冷却过程，用有限差方法分析塑料制品沿着模壁垂直方向的一维热传导，用经验公式描述冷却水在冷却管道中的导热，并将三者有机地结合在一起来分析非稳态的冷却过程。其预测结果有助于缩短模具冷却时间，改善制品在冷却过程的温度分布不均匀性，提高成型速率，并可消除塑件翘曲变形、内部应力及表面质量缺陷。

10. 力学分析

一般常采用有限元法来计算模具在注射成型过程中最大的变形和应力，以此来检验模具的刚度和强度能否保证模具正常地工作。有些软件还能对制品在注射成型后可能发生的翘曲进行预测，以便模具设计人员在模具制造之前及时采取补救措施。

11. NC 加工

目前，已有许多自动编程系统和 CAD/CAM 软件能够生成机床所需的 NC 线切割指令，曲面的三轴、五轴 NC 铣削刀具运动轨迹以及相应的 NC 代码。

在加工复杂的曲面时，为了检验数据加工软件的正确性，模具设计人员常在计算机屏幕上模拟刀具在三维曲面上的实际加工并显示有关曲面的形状数据。

8.1.3　注射模结构 CAD

注射模结构设计的重复性很大，模具 CAD 的任务之一是将模具设计人员从繁重重复的劳动中解放出来，因此需要将模具的设计标准、工艺参数、注射机有关数据存入数据库或图形库。注射结构 CAD 的工作流程是以这些数据库和图形库为依据来安排的。注射结构 CAD 工作流程的特点是所有的数据查询、计算、图形显示和绘制均由计算机完成，与模具设计技巧和经验有关的判断与决策则以人机交互的方式由模具设计人员来完成，充分发挥计算机与模具设计人员各自的优势。

标准模架的选择是注射模结构 CAD 工作的一个重要的步骤。图 8-2 所示为标准模架的组成。

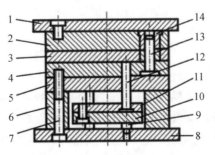

1—定模座板；2—定模板；3—推件板；4—动模板；5—支承板；6—垫块；7—内六角螺钉；
8—动模座板；9—限位钉；10—顶板；11—顶杆固定板；12—复位杆；13—带头导柱；14—带头导套。

图 8-2　标准模架的组成

1. 塑料注射模的参数型编码

在塑料注射模 CAD 中，标准模架的类型和系列规格的选择依据国家标准《塑料注射模模架技术条件》（GB/T 12556—2006）及《塑料注射模模架》（GB/T 12555—2006）。GB/T 12555—2006 中包含的信息十分丰富，其可能的组合尺寸接近105 种。为了在设计中便于计算机处理庞大的数据及图形，GB/T 12555—2006 把近105 种不同规格的模架压缩成十分简洁的数据库，为模具 CAD 中人机对话确定模架规格做好了技术上的准备。

根据模架类型、5 个主要参数，标准模架用 3 段 12 位编码共 6 个变量表示，具体如图8-3 所示。

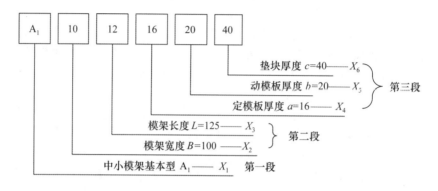

图 8-3　标准模架表示

2. 标准模架编码的确定

第一段表示模架类型，模架类型有 $A_1 \sim A_4$ 和 $P_1 \sim P_9$，前面一位是字符，后面一位是数字，共两位，用字符变量 X_1 表示。因为在选模架前初步设计时，分型面、顶出形式、有无侧向抽芯、动定模板数已确定，所以只要输入制件投影尺寸 x、y，程序就自动选定模架类型。标准模架类型确定框如图8-4 所示。

第二段表示模架长度与宽度。由于标准模架的长度和宽度，除125、315、355 这 3 种尺寸的个位为5，其他尺寸个位都为0，所以 X_2、X_3 分别表示模架宽度和长度的百、十两位。这时，屏幕上可显示选择模架的前两段即模架的类型和周界尺寸编码，如 A12035，其程序框如图8-5 所示。此外，还可调出相应模架图形。

第三段表示定模板、动模板、垫块的厚度。定模板、动模板、垫块的厚度除与型腔深度、型芯高度、脱模距离及型芯、型腔结构有关外，还与型腔投影面积、注射压力、制件精度等多个因素有关，这些因素还没有确切的数学模型表示它们之间的关系，因此，暂时无法由计算机确定，目前只能采用人机对话、交互设计的方法判断。

观察分析标准中定模板、动模板、垫块的厚度，可发现它们具有两个特点：一是它们的标准数值最多有 14 个，数值都相同；二是它们和模架标准宽度都是树状层次关系，即在每个模架宽度这个主参数之下，对应 14 个标准厚度数字中一段。

这样，在型芯、型腔设计后，根据 $2x$，屏幕上直接显示相应的主参数宽度和对应的一组厚度（8～9 个）。再根据型芯、型腔结构及注射条件，设计人员利用光标选择 3 次，第一次为定模板厚度，第二次为动模板厚度，第三次为垫块厚度。因为垫块厚度大都在显示数据后面，所以需要用下划线加以区分，表示 c 的取值范围。

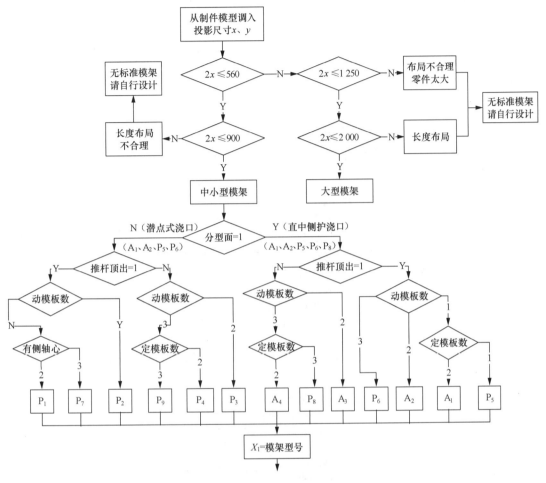

图 8-4　标准模架类型确定框

取 3 次所选数值小数点前两位整数，分别赋予 X_4、X_5、X_6，这样标准模架的编码就确定了。根据这个编码，就可选出所用的标准模架。

图 8-6 所示为生成模具型腔和型芯的流程图。从图 8-6 中可以看出，为了生成模具型腔和型芯的形状，除了需要定义塑件的形状、建立形状模型外，还要输入分型面的信息，利用分型面的数据，将塑件的形状模型进行分解，得到型腔和型芯的形状。

一些复杂注射模具，其型腔或型芯常采用镶块结构，即从型腔或型芯中取出其中的一部分，形成镶块结构。这种操作和型腔、型芯的分解处理是类似的。首先需要定义镶块形状及断面。其次取出镶块并修改型腔和型芯的形状。当型腔、型芯和镶块的几何形状设计完毕后，便可利用程序确定它们的尺寸和公差，再利用图形系统提供的尺寸标注功能，以人机交互的方式依次完成各个尺寸的标注。最后利用三维图形软件的拼合功能，将型腔、型芯、浇注系统、推杆孔、冷却水孔与模块结合起来，生成模具图。图 8-7 所示为用日本的三维实体造型系统 TIPS 生成的塑料烟缸的形状，图 8-8（a）所示为 TIPS 的 P 模式生成的塑料烟缸型芯的形状，图 8-8（b）所示为 TIPS 的 Q 模式生成的塑料烟缸型腔的形状。

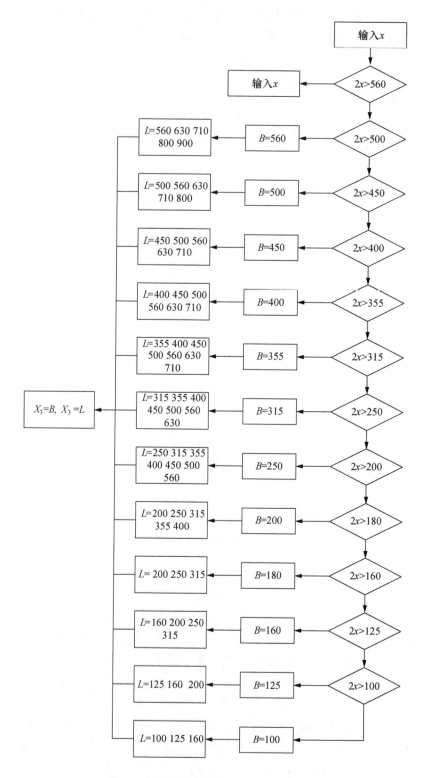

图 8-5　标准模架周界尺寸确定程序框

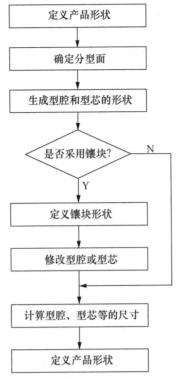

图 8-6　生成模具的型腔和型芯的流程图

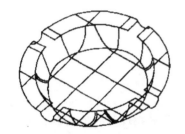

图 8-7　TIPS 生成的塑料烟缸的形状

(a) 型芯的形状　　　　(b) 型腔的形状

图 8-8　TIPS 生成的塑料烟缸的型芯和型腔的形状

8.1.4　浇注系统的交互设计

　　注射模浇注系统是塑料熔体充填模具型腔的通道，其设计是模具结构 CAD 的重要内容，浇注系统的设计直接影响塑件的表面质量、形位尺寸、塑件物理性能、成型难易程度及塑料熔体在充模时的流动状态。浇注系统 CAD 的任务就是通过计算机程序，在模具浇注系统制造之前得到设计结果，使模具内的每一个型腔均能在同一时刻以近似相同的压力和温度被熔体充满，或者使多浇口型腔内熔体的熔接痕处于理想位置。

　　根据浇注系统的几何布置，浇注系统可采用平衡或非平衡两种形式。在平衡浇注系统中，由于其完全对称，故每个型腔在大致相同的温度、压力条件下同时被充满。而在非平衡浇注系统中，每个型腔会在不同的条件下充模。对于多浇口型腔来说，不同的浇注系统将产生不同的熔接痕位置。浇注系统无论是平衡式还是非平衡式布置，型腔均应与模板中心对称，以使型腔和流道的投影中心与注射机锁模力中心重合，避免注射时产生附加的倾侧力矩。

　　图 8-9 所示为交互式流道设计程序流程。模具设计人员先利用模具 CAD 系统提供的交

215

互图形功能，设计出型腔的几何形状，或者从其他模块中调出早已设计好的型腔形状；然后利用初始流道和浇口设计程序确定各流动路径的流道半径和浇口半径，由此获得等温状态下的流道和浇口的初始数据；再利用该结果运行注射过程熔体流动模拟程序，视流道、浇口、型腔为一体，将非等温性的流道特性反映到流道和浇口设计中；最后通过迭代计算，修正初始设计时每条流动路径的最后一个流道元素半径和浇口半径。

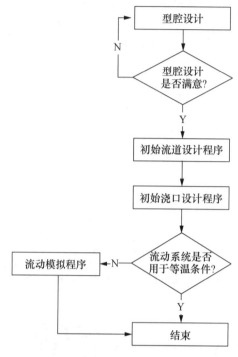

图 8-9　交互式流道设计程序流程

另外，设计浇注系统时应注意遵循以下原则：

（1）浇注系统与塑料件一起在分型面上，应有压降、流量和温度分布的均衡布置。

（2）尽量缩短流程，以降低压力损失，缩短充模时间。

（3）浇口位置的选择应避免产生湍流和涡流及喷射和蛇形流动补缩。

（4）熔接痕位置须合理安排，必要时应配以冷料井或溢料槽。

8.1.5　冷却系统设计

在注射成型过程中，模具的温度直接影响塑件的成型质量和生产效率。模具冷却时间约占整个注射周期的 3/4，冷却不良常常导致塑件翘曲或局部凹陷。因此，要想获得高质量的产品，提高生产率，注射模必须具有良好的温度调节系统。目前，注射模冷却系统的设计主要依赖于模具设计人员经验，而丰富的经验和综合的知识需要长期积累，因此模具设计人员有必要借助计算机进行快速而有效的设计和计算。利用 CAD 技术可以合理确定冷却管道布置、尺寸大小、冷却水流量、温度及冷却时间等。

1. 冷却系统 CAD 方案设计

冷却系统 CAD 方案设计是在初始化模块中完成的，即通过输入一定的初始条件，计算冷却系统水管布置所需参数，在冷却水管回路设计模块中选择相应的水管布置特征加以组合，得到用户所需的水管布置形式。标准件选择模块是使用户根据自己的条件，选择与水管回路相匹配的冷却系统标准件，利用实体建模功能，生成冷却回路的实体模型。图 8-10 所示为冷却系统 CAD 结构。

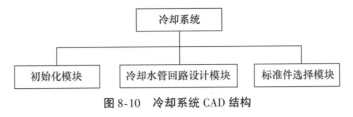

图 8-10 冷却系统 CAD 结构

（1）系统初始化设计。

根据实验，约 5% 的塑料传给模具的热量由辐射对流传到大气中，其余 95% 被冷却介质带走。在系统初始化设计中，通过冷却系统公式定量计算来得到冷却系统的各个参数。

（2）冷却水管回路设计。

冷却水管回路布置是相当复杂的。对型腔和型芯要分别布置，有时还要布置好几层回路。

如图 8-11 所示，通过分析注射模冷却系统的各种情况，用户在设计时根据冷却水管回路的几种特征形式进行回路类型选择，再加以组合，就可得到复杂的冷却回路。

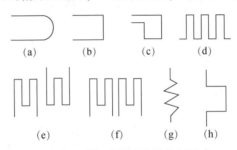

图 8-11 冷却水管回路的特征形式

（3）标准件选择模块。

冷却系统中的标准件有水管接头、密封圈等。系统用数据库和参数化技术相结合的方法，组成标准件库，供用户选择。

通过上面的设计，可以初步确定冷却系统的结构，但要完整了解冷却的效果，就必须用到冷却分析。

2. 交互式冷却系统设计流程

利用人机交互的方式输入一定的初始条件和相关数据（如塑料材料、塑件厚度、塑件重量、模具材料等）。系统得到输入数据后，根据系统中已有的公式及数据，算出其余的设计参数，并等待用户的修改。如果用户要进行修改，系统将重新进行计算，再给出相应的设计参数，如此反复，直到用户满意为止。

为了控制模具的温度，提高塑件的质量，在动模、定模中均设计冷却系统。注射模的冷却系统初步设计完成后可以使用 CAE 软件进行分析，观察型腔、型芯的温度是否存在分配不均匀或塑件是否存在翘曲的现象，根据分析结果合理修改冷却系统的回路形式，或对冷却系统的循环方式重新设计，反复修改，直到符合工程要求为止。

8.1.6　模具零件强度和刚度校核

在模具的使用过程中，注射模的各个部分都会受到各种力的作用。为了保证模具能正常工作并生产出符合尺寸精度要求的塑件，模具各零件必须具有能承受各种作用力（如在注射机锁模力和熔体压力作用下所产生的拉伸、压缩和剪切作用等）的强度和使拉伸、挠曲、压缩变形量在允许范围内的刚性。为此，在模具结构设计初步完成以后，必须进行强度和刚度计算。

注射模工作时，型腔内要承受很高的注射压力，而模具零件承受的应力也很大。模具设计人员应该注意的是，受力后的模具型腔各部分不要发生过量的变形或破坏。检查模具型腔是否发生过量变形的原则如下：

（1）型腔在垂直于合模方向上的弹性变形必须小于由同方向的塑件收缩率引起的收缩量，以免开模困难，造成塑件难以取出等。

（2）型腔在合模方向的挠度必须小于允许值，以免发生飞边逸出，造成塑件难以取出或塑件尺寸不合要求。

（3）在注射模 CAD 系统中，根据不同的模具要求，可采用不同的方法进行强度和刚度校核。最简单的方法是沿用材料力学中的一些基本加载计算。这种方法简单、快速，但采用的基本加载模式必须与模具零件和受载条件相符，否则会产生较大的误差。

（4）对于尺寸精度要求高的注射模，可采用有限元应力分析软件进行校核。该方法的优点是计算结果准确，能适应各种复杂受载条件；缺点是计算量大，在三维应力分析时对计算机的要求较高，且前置处理较复杂。

8.2　冲裁模 CAD/CAM

CAD/CAM 在冲压生产中应用较早。国外一些飞机和汽车制造公司从 20 世纪 60 年代起便致力于飞机机身和汽车车身的 CAD 的研究。在此基础上，复杂曲面的设计和 NC 加工方法得到发展，CAD/CAM 技术也随之被引入冲压模具的设计和制造。

早在 1973 年，美国的 DIECOMP 公司就成功开发了 PDDC 连续模 CAD 系统。1977 年，美国 OBERG 公司开始采用 CAD/CAM 系统，设计制造了复杂精密的冲压模具。1979 年，日本推出了冲孔及弯曲模 PENTAX 系统及 JAPT 自动编程系统。同时，英国、意大利等国家也进行了冲压模具 CAD/CAM 技术的开发和应用，并取得了良好的效果。它们一般都能为企业提高设计效率至原来的几倍至几十倍，缩短模具制造周期达 60% 以上，降低模具制造成本达 30%～50%。

近年来，国内各种模具 CAD/CAM 系统在冲压模具设计制造上得到应用的例子不断涌现，如上海交通大学模具研究所开发的冲模 CAD/CAM 系统、西安交通大学开发的"冷冲模设计师"CPD-PD 系统等。模具 CAD/CAM 系统的开发，积极促进了模具设计制造技术的标准化、典型化发展。反过来，模具设计制造技术的每一次进步也促进了模具 CAD/CAM 系统的日渐成熟。

8.2.1　冲裁模 CAD/CAM 的功能与流程

冲裁工艺属于冲压工艺中的分离程序。

冲裁模 CAD/CAM 系统程序设计流程如图 8-12 所示。

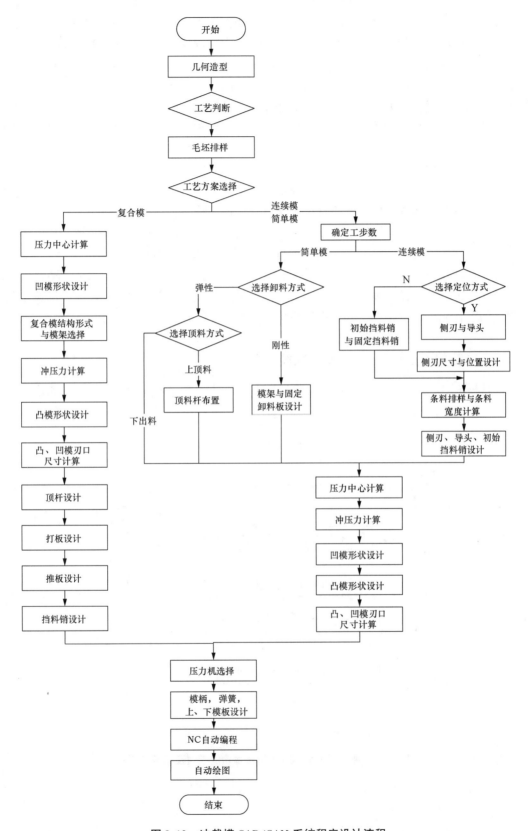

图 8-12 冲裁模 CAD/CAM 系统程序设计流程

先将冲裁零件的形状和尺寸输入计算机，再由图形处理模块将其转换为机内模型，为后续设计提供必要的信息。工艺判断模块以自动搜索和判断的方法分析冲裁件的工艺性，如零件不适合冲裁，则给出提示信息，要求修改零件图。毛坯排样模块以材料利用率为目标函数进行排样的优化设计。程序可完成单排、双排和对头双排等各种不同的排样方式，供操作人员从大量排样方案中选出材料利用率最高的方案。

工艺方案的选择，即决定采用简单模、复合模或连续模，可通过人机交互的方式实现。先由程序按照一定的设计准则自动确定工艺方案，然后用户再根据实际情况确定合适的工艺方案。这样，系统就可以适应不同的情况。

简单模和连续模为一个分支，复合模的设计为另一个分支。在各个分支内，程序完成从工艺力计算到模具零部件结构设计、模架选择的一系列工作。

模具设计完成后，绘图模块可根据设计结果自动生成模具零件图，将图形依次显示在屏幕上，再利用人机交互的方式对图形进行局部补充和修改，然后由绘图机输出。

程序自动将各零件图拼接成模具装配图，并绘图输出。NC 线切割自动编程模块可选择穿丝孔的位置和直径，确定起割点，计算出金属丝的运动轨迹，按照 NC 线切割机床控制程序的格式完成自动编程，并可由纸带穿孔机输出 NC 纸带。

8.2.2　冲裁模 CAD/CAM 的基本功能

冲裁模 CAD/CAM 一般采用模块结构形式，其基本功能模块及相互关系如图 8-13 所示。

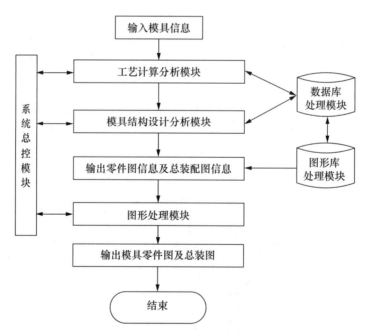

图 8-13　冲裁模 CAD/CAM 的基本功能模块及相互关系

1. 系统总控模块

系统总控模块主要执行模具 CAD/CAM 系统的运行管理。它可以随时调用操作系统命令及调度各功能模块执行相应的过程和作业，以满足模具设计的需要。在整个作业过程中，它可以配合设计、分析和图形生成，频繁地调用数据管理系统命令，方便地进行数据的存取和管理。对于容量不够大的主机，该模块还负责进行程序的批处理或覆盖。

2. 工艺计算分析模块

工艺计算分析模块一般包括以下几个方面：

（1）工艺性分析。

工艺性是指冲压件对冲压工艺的适应性。工艺性判断直接影响模具质量及模具寿命。冲裁件、拉伸件、弯曲等均有不同的工艺性要求。在进行手工设计时，由人工逐项对照表格数值，进行检查判断。在模具 CAD/CAM 系统中，自动判别需要从图形中搜索出判断对象及其性质。在交互式查询方法中，可以用工艺性典型图通过人机交互完成。

（2）工艺方案的选择。

冲压工序的安排，工序的组合，冲裁落料工序中采用单冲、复冲还是级进模等，均属工艺方案选择的问题。工艺方案关系到产品质量、生产率及成本等。在模具 CAD/CAM 系统中，工艺方案的选择同样有两种方式：对于判据明确，可以用数学模型描述的，采用搜索与图形类比方法由相应程序自动得出结论；但在更多的情况下，可采用人机对话方式，由用户根据本厂实际生产情况做出判断。

（3）工艺计算。

工艺计算包括以下几个方面的内容：

① 毛料计算，即拉伸毛坯面积及形状的确定，弯曲件展开尺寸计算，冲裁件毛料排样图的设计，各种方案中材料利用率的计算等。

② 工序计算，即拉伸次数计算、拉伸系数分配及过渡形状确定，弯曲件的先后弯曲、冲孔顺序，级进模的工步安排。

③ 力的计算，即冲压力、顶件力、脱料力、压边力的计算，在某种情况下还需计算成型过程中功率消耗的大小。

④ 压力机的选用，即除了根据计算对压力机的吨位、行程、闭合高度、台面大小等参数进行校核外，还需要查询工厂现有压力机型号的数据文件，然后根据工作任务忙闲程度确定。

⑤ 模具工作部分强度校核，一般根据需要及实际情况确定，包括凸模失稳、凹模模壁强度等。

3. 模具结构设计分析模块

这一模块主要承担以下几项任务：

（1）选定模具典型组合。

根据国家标准或工厂实际选定模具典型组合结构。根据判据原则，对冲裁模模具的倒装与顺装，方形、圆形做出判断，选择弹性卸料板与刚性卸料板等工作，由程序做出判断。

（2）对非典型组合模具进行设计。

由设计人员选定相应标准模架、标准零件并用人机交互的方式进行设计。对于半标准零件或非标准零件的设计，包括凸凹模、顶件板、卸料板及定位装置的设计，尽量做到典型化和通用化。

（3）提供索引文件。

提供索引文件供绘图及加工时调用。

4. 图形处理模块

图形处理模块有 3 种方案可供选择：第一种方案是在标准图形软件平台上自主开发。这种方法针对性强，模块结构紧凑，但必须具有较强的开发力量或组织协作能力。第二种方案是借助商品化的图形系统软件或计算机辅助设计绘图软件，如前面介绍过的用于工作站或计算机上的 AutoCAD、PD、PM 等，它们一般针对模具 CAD/CAM 产品。第三种方案是直接引进专为模具 CAD/CAM 设计的制模专用软件，它们一般均有很强的二维和三维造型功能，开放式的后置处理可直接进行模具参数的计算分析，具有与数据库交互操作和连接高级语言的接口。

5. 数据库和图形库处理模块

数据库和图形库是一个通用的、综合的、有组织的、存储大量关联数据的集合体，包括工艺分析计算常用参数表（如冲裁模刃口间隙值、常用数表及线图、材料性能参数、压力机技术参数等），模具典型结构参数表，标准模架参数表，其他标准参数表及标准件图形关系式或标准件图形程序库。它们能根据模具结构设计模块索引文件，检索所需标准件图形，生成该图形的基本描述文件。

8.2.3 冲裁工艺分析计算

1. 冲裁件的排样

在冲裁件的生产成本中，材料费用占 60% 以上。大量生产时，即使将材料利用率提高很少，其经济效益也是非常可观的。因此，如何对材料进行经济利用是冲压生产中的一个重要问题。

排样是指工件在条料上的排列方式。它的目的在于寻找材料利用率最高的毛坯排列方案。由于排样的多样性和工件形状千差万别，因此人工往往难以胜任。而使用计算机优化毛坯排样可以显著提高材料的利用率。

在实际生产中，常用的排样方式有普通单排、对头单排、普通双排、对头双排。每一种排样方式中，工件在条料上的倾斜角度可以任意变化，即排样角度变化范围可以为 0°～180°，如图 8-14 所示。其中，普通单排和普通双排的两相邻图形位相相同，对头单排和对头双排的两相邻图形位相相差 180°。单排在一个步距中只出现一个工件，而双排则有两个工件。

（a）普通单排　　　（b）对头单排　　　（c）普通双排　　　（d）对头双排

图 8-14　冲裁件的排样图

零件在条料上的排样方案是多种多样的，要逐一比较其材料利用率是手工计算所不能胜任的，只有利用计算机设计才能实现优化排样。

排样在数学上是非线性规划问题，其目标函数为材料利用率。材料利用率一般用零件的实际面积与所消耗条料的面积之比表示，其计算公式如下：

一个步距的材料利用率 η 为

$$\eta = \frac{nA}{Bh} \times 100\% \tag{8-1}$$

其中，A 为冲裁件的面积（包括冲裁件上的小孔在内），单位为 mm^2；n 为一个步距内冲裁件的数目，单位为件；B 为条料宽度，单位为 mm；h 为步距的长度，单位为 mm。

同一个工件可以有几种不同的排样方式，合理的排样方式应将工艺废料减少到最少。有时在不影响零件使用要求的前提下，可对零件结构做些适当改进，以减少设计废料，提高材料利用率。

2. 冲裁工艺方案的设计

冲裁工艺方案直接影响产品的质量、生产效率和模具寿命，所以工艺方案设计模块是冲裁模 CAD/CAM 的重要组成部分。冲裁工艺方案设计的主要内容包括选择模具类型，即采用单冲模、复合模或连续模，以及确定单冲模、复合模和连续模的工步与顺序。

用计算机设计冲裁工艺方案时，必须先建立设计模型。在工艺方案设计中，选择模具类型时通常应该关注以下方面：

（1）制件的尺寸精度。

当制件内孔与外形间或内孔间定位尺寸精度要求很高时，应尽可能采用复合模，这是因为复合模冲出的制件精度高。

（2）制件的形状与尺寸。

当制件的料厚大于 5 mm、外形尺寸大于 250 mm 时，不宜采用连续模。若制件的孔或槽间（边）距太大，或悬臂既窄又长，则不能保证复合模的凸凹模强度，故应采用单冲模或连续模。

（3）生产批量。

由于复合模和连续模生产率高，所以大批量生产制件时宜采用连续模或复合模。

（4）模具加工条件。

复合模和连续模结构复杂，对加工条件要求极高。

上述内容中，有的可以用数学模型描述，有的则不便于用数学模型描述。例如，可以采用搜索和图形类比方法从产品模型中求得最大外形尺寸、尺寸精度，判断孔、槽间距是否满足要求及凸模安装位置是否发生干涉等，从而确定能否采用复合模。对于不便于采用数学模型描述的条件，可采用人机对话方式，由用户根据生产实际情况做出决定。

模具类型选择的程序如图 8-15 所示。选择、判断的过程是按料厚、外形尺寸、孔槽间（边）距、孔位尺寸精度和凸模安装位置是否干涉的顺序进行的。在程序运行过程中，用户可以通过人机交互的方式参与决策。当程序不能使用复合模时，仍允许用户根据生产批量和模具加工条件等因素决定采用单冲模还是连续模。这种将程序自动判断与操作人员的经验相结合的方法有利于最佳工艺方案的产生，而且使得操作人员对整个程序的运行情况有充分的了解。

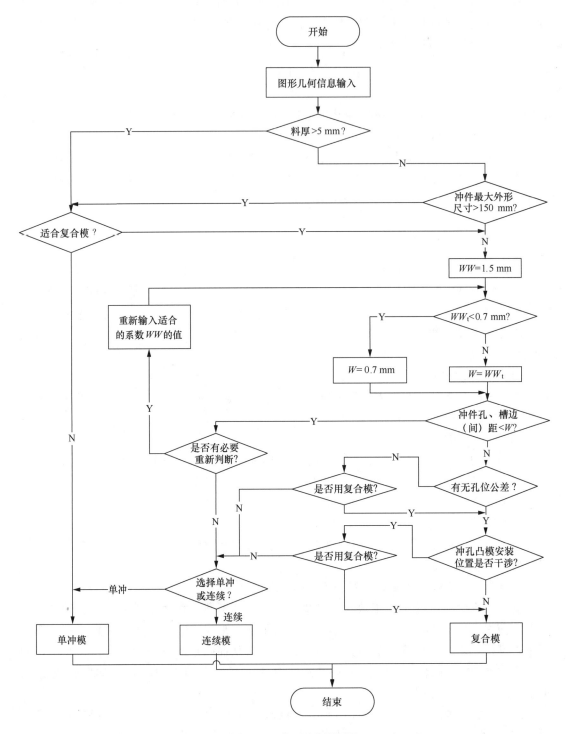

图 8-15　模具类型选择的程序

3. 压力中心及压力机的选用

为了保证压力机与模具正常工作，特别是保证压力机导轨的磨损均匀，必须使冲模的压力中心与压力机的滑块中心重合，否则冲压时会产生偏载，导致模具及滑块与导轨的急剧磨损，缩短模具与压力机的使用寿命。

通常使用平行力系合力作用点的方法来确定模具的压力中心。根据力学定理，诸分力对某轴力矩之和等于其合力对同轴之力矩，因此有

$$x_{\text{c}} = \frac{F_1 x_1 + F_2 x_2 + \cdots + F_1 x_1}{F_1 + F_2 + \cdots + F_n} = \frac{\sum\limits_{i=1}^{n} F_i x_i}{\sum\limits_{i=1}^{n} F_i} \tag{8-2}$$

$$y_{\text{c}} = \frac{F_1 y_1 + F_2 y_2 + \cdots + F_1 y_1}{F_1 + F_2 + \cdots + F_n} = \frac{\sum\limits_{i=1}^{n} F_i y_i}{\sum\limits_{i=1}^{n} F_i} \tag{8-3}$$

冲裁时所需的总压力包括冲裁力 F_d、卸料力 F_z、自凹模型腔中顺着冲裁方向推出工件或废料所需的推件力 F_g，以及自凹模型腔中逆着冲裁方向弹顶出工件或废料所需的推件力 F_c。

在采用弹性卸料及下出料的模具结构时，总压力 F_t 为

$$F_\text{t} = F_\text{d} + F_\text{z} + F_\text{g} \tag{8-4}$$

简单落料模、冲孔模、连续及倒装复合模大多属于这种情况。

在采用弹性卸料及上出料的模具结构时，总压力 F_t 为

$$F_\text{t} = F_\text{d} + F_\text{z} + F_\text{c} \tag{8-5}$$

上出料落料模、上出料连续模及正装复合模属于这种情况。

在采用刚性卸料及下出料的模具结构时，总压力 F_t 为

$$F_\text{t} = F_\text{d} + F_\text{g} \tag{8-6}$$

带刚性卸料的落料模、冲孔模及连续模属于这种情况。

卸料力、推件力及反顶力的计算方法，均可通过冲裁力乘以相应的系数获得，即

$$\begin{cases} F_\text{z} = K_\text{z} F_\text{d} \\ F_\text{g} = n K_\text{g} F_\text{d} \\ F_\text{c} = K_\text{c} F_\text{d} \end{cases} \tag{8-7}$$

其中，K_z、K_g、K_c 为系数，查表 8-1 可得；n 为一个凹模孔中积存的工件或废料的个数，一般刃口高度为 5 mm，则 $n = 5$ mm/料厚。

冲裁力的计算公式为

$$F = KL\delta\tau \tag{8-8}$$

其中，L 为冲裁件周边长度，单位为 mm；δ 为冲裁件厚度，单位为 mm；τ 为材料抗剪强度，单位为 MPa；K 为系数，考虑到模具刃口的磨损、模具间隙的波动、材料力学性能的变化及材料厚度偏差等因素，一般取 $K = 1.3$。

表 8-1　系数查询表

料厚 t/mm		K_z	K_g	K_e
钢	≤0.1	0.065～0.075	0.1	0.14
	0.1～0.5	0.045～0.055	0.063	0.08
	0.5～2.5	0.04～0.05	0.055	0.06
	2.5～6.5	0.03～0.04	0.045	0.05
	>6.5	0.02～0.03	0.025	0.03
铝、铝合金	—	0.025～0.08	0.03～0.07	
纯铜、黄铜	—	0.02～0.06	0.03～0.09	

冲裁时压力机的选用一般满足以下条件：

（1）压力机额定吨位小于或等于总压力。

（2）压力机最小闭合高度小于模具闭合高度。

（3）压力机最大闭合高度大于模具闭合高度。

当压力机最小闭合高度大于模具闭合高度时，可以加入厚度适中的垫板。

8.2.4　冲裁模具结构设计

冲裁模是冲裁工序所用的模具，其结构形式复杂多样，按照工序组合方式可分为单工序冲裁模、级进模、复合冲裁模。单工序冲裁模在压力机上的一次工作行程中只能完成一次冲压工序。其特点是结构简单，模具制造成本低；但是也存在工作效率低、制件精度不高等问题。级进模可按一定顺序安排多个冲压工序进行连续冲压。其优点是生产效率高，工件精度高，便于操作和实现生产自动化，特别适用于结构复杂或孔边距较小的制件；但是级进模轮廓尺寸较大，制造较复杂，成本高。复合冲裁模在一次工作行程中，在模具同一部位可以同时完成数道冲压工序。其特点是结构紧凑，生产效率高，制件精度高；但其结构复杂，对模具精度要求较高，模具装配精度也较高。

冲裁模的结构设计主要是选择模具组合的形式、选用模架和其他标准装置以及设计凸模和凹模等零件。借助 CAD/CAM 技术可以大大降低设计的成本，以及弥补操作人员在模具制造过程中经验上的不足并提高模具的精度。

1. 模具结构设计软件的体系结构

图 8-16 所示为一冲裁模 CAD/CAM 系统模具结构设计模块的体系结构。该模块分为 3 个子模块，即系统初始化模块、模具总装及零件设计模块、图样生成模块。

（1）系统初始化模块根据产品的工艺设计信息和用户要求，对系统参数进行初始化，显示系统的用户菜单。

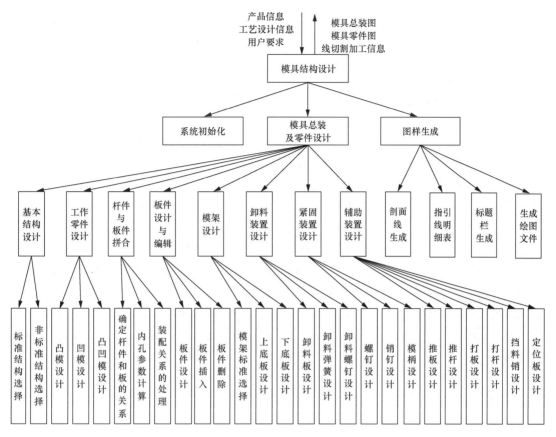

图 8-16 冲裁模 CAD/CAM 系统模具结构设计模块的体系结构

（2）模具总装及零件设计模块是模具结构设计模块的主要部分，它分为基本结构设计、工作零件设计子模块，以交互式进行凹模、凸模和凸凹模的设计，最后得到记录这些零件信息的零件描述表；杆件与板件拼合子模块，可实现杆件与板件的拼合，自动处理内孔参数，处理拼合结果；板件设计与编辑子模块，可完成板件的设计、插入和删除；其他子模块分别完成模架、卸料装置、紧固装置和辅助装置的设计。

（3）图样生成子模块，根据总装及零件设计子模块产生的总装图、零件图和零件描述表生成剖面线，并在总装图上添加指引线明细表和标题栏，产生绘图文件，以便在绘图机上绘出图样。

2. 凹模和凸模设计

凹模和凸模的设计分为刃口尺寸计算与外形尺寸设计两部分。

在计算凹模与凸模的刃口尺寸时，和常规设计一样，落料以凹模为设计基准，冲孔以凸模为设计基准。由于冲裁件的尺寸会随着刃口的磨损而发生变化，所以计算刃口尺寸时应考虑磨损问题。根据磨损情况，可将刃口尺寸分为磨损后变大的尺寸、磨损后变小的尺寸和磨损后不变的尺寸 3 类。程序可在图形输入模型的基础上区分这 3 类尺寸，并按式（8-9）确定刃口尺寸：

$$
\begin{cases}
A = (A_{\max} - x\Delta)_0^{+\frac{\Delta}{4}} \\
B = (B_{\min} + x\Delta)_0^{-\frac{\Delta}{4}} \\
C = (C_{\min} + 0.5\Delta)^{\pm\frac{\Delta}{4}} \text{（当工件尺寸为 } C_0^{+\Delta} \text{ 或 } C_0^{-\Delta} \text{ 时）} \\
C = C \pm \dfrac{\Delta}{8} \text{（当工件尺寸为 } C^{\pm\Delta} \text{ 时）}
\end{cases}
\tag{8-9}
$$

其中，A、B、C 分别为模具刃口的 3 类尺寸；$A_{\max}$、$B_{\min}$ 和 $C_{\min}$ 分别为相应的最大或最小尺寸；Δ 为工件的公差。上述变量的单位均为 mm。

在设计冲裁模时，凹模尺寸是关键尺寸。对选定的模具结构形式，当凹模尺寸确定后，其他模具零部件尺寸（如模架闭合高度、凸模长度等）也随之确定。

凹模的外形尺寸应保证凹模具有足够的强度，以承受冲裁时产生的应力。通常的设计方法是按零件的最大轮廓尺寸和冲裁件的厚度确定凹模的高度和壁厚，从而确定凹模的外形尺寸。因此，凹模的外形尺寸是由冲裁件的几何形状、厚度、排样转角和条料宽度等因素决定的。

凹模设计过程如图 8-17 所示。图中 K、l、g、t 分别表示模具组合类型、排样参数、零件的几何形状和材料厚度。送料方向由条料宽度和零件在送料方向上的最大轮廓尺寸的相对关系决定。凹模形状（圆形或矩形）的确定和凹模材料的选择，由人机对话和菜单选择完成。

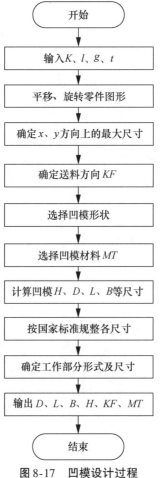

图 8-17　凹模设计过程

图 8-18 所示为凹模的工作部分的 4 种形式。设计时，屏幕上显示出该图形菜单。用户键入适当数字，便可选定相应的形式。凹模口部分的台阶高度和锥角等有关尺寸，由程序根据选择的形式自动确定。

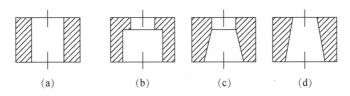

图 8-18 凹模的工作部分的 4 种形式

凸模按有无台阶以及台阶的数量分为图 8-19 所示的 4 种形式，对此，用户可利用屏幕菜单进行选择。根据凸模尺寸和模具组合类型，查询数据库中的标准数据，可以确定凸模的长度尺寸等。程序可以自动处理凸模在固定板上的安装位置发生干涉的情况，确定凸模大端切去部分的尺寸。

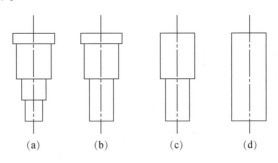

图 8-19 凸模的 4 种形式

一般情况下，凸模的强度是足够的，没有必要做强度校核。但对于特别细长的凸模或在小凸模冲裁厚而硬的材料时，必须进行凸模承压能力和抗纵向弯曲能力的校验。刀壁垂直于凹模平面，适当提高其高度可以增加凹模的使用寿命，但刀壁应该带有斜度，便于工件或废料漏下。

3. 顶料装置的设计

为了将工件或废料从凹模中推出，需要设计顶料装置，包括推板、顶杆、打板和打杆等零件。这里介绍一种优化布置顶杆的方法。顶杆的合理设计与布置应满足以下条件：
（1）顶杆的合力中心应尽可能接近冲裁件的压力中心。
（2）顶杆应靠近冲裁件轮廓边缘，均匀分布。
（3）在某些特殊部位（如工件的窄长部分）需安放顶杆。
（4）顶杆的直径和数目要适当。

顶杆的直径和数目一般可以根据零件尺寸、顶杆力的大小和材料的性质等条件，按强度或失稳条件计算。顶杆的直径和数目可由人机交互的方式决定，也可先由用户根据工件的形状和尺寸选择顶杆直径，然后按式（8-10）计算顶杆数目 n。

$$n = \begin{cases} \dfrac{64 K_s F_e H^2}{\pi^3 E D^4} & \lambda \geqslant 100 \\[3mm] \dfrac{4 K_s F_e}{\pi D^2 (A - B\lambda)} & 60 \leqslant \lambda < 100 \\[3mm] \dfrac{4 F_e}{[\sigma] \pi D^2} & \lambda < 60 \end{cases} \qquad (8\text{-}10)$$

其中，D 为顶杆直径，单位为 mm；H 为杆长，单位为 mm；K_s 为安全系数；F_e 为顶杆力，单位为 N；A、B 为和材料性质有关的系数，当 $\sigma_b > 480$ MPa 时，$A = 46.9$ MPa，$B = 26$ MPa；σ 为顶杆所受的应力，单位为 MPa；λ 为顶杆的相对长度，计算式为

$$\lambda = \frac{H}{\sqrt{\dfrac{J}{S}}} \qquad (8\text{-}11)$$

其中，J 为最小惯性矩，单位为 mm^4；S 为顶杆横截面积，单位为 mm^2。

推板分台阶式和无台阶两种。当需要在零件轮廓范围之外布置顶杆时，通常采用台阶式推板。

8.2.5 冲裁模 CAM

利用 CAD 技术可以快速设计一套优良的模具，接下来就是要制造符合设计要求的模具。冲压零件的质量和精度主要取决于冲裁模的质量和精度。冲裁模结构又直接影响生产效能及冲裁模本身的使用寿命和操作的安全、方便性等。所以，对于制件形状复杂且精度要求很高的模具，如果单靠经验和手工加工，很难达到要求。采用计算机编制模具主要零件的加工程序，并用计算机控制的加工机床来制作高精度的模具，已经成为现代模具制造中的主要工艺手段。

由于冲裁模上的凸模、凹模、固定板以及卸料板等零件基本上都是二维半零件，一般采用 NC 线切割加工，因此冲裁模 CAM 主要考虑零件的自动编程及其工艺问题。

冲裁模 CAM 在工作时，首先根据图形信息参数自动计算各类交点、切点及圆心坐标，可以做对称、旋转和平移变换图形，并能处理各种非圆曲线；其次生成各种非圆曲线轮廓形状的、带有"间隙"补偿的凸模、凹模的加工程序，并可以在显示器上模拟加工过程；最后根据用户需要可以通过打印机或穿孔机输出 3B 或 4B、ISO、EIA 等代码格式的加工程序。

8.3 思 考 题

1. 简述注射模 CAD/CAM 的工作内容。
2. 注射模 CAD 的标准模架是如何选择的？
3. 注射模 CAD/CAM 中的浇注系统的主要任务是什么？
4. 在注射模 CAD/CAM 中为什么要进行冷区系统设计？
5. 冲裁模 CAD/CAM 的基本内容有哪些？
6. 简述冲裁模 CAD/CAM 的工作流程。
7. 在冲裁模工艺方案的设计中，模具类型选择应遵循哪些原则？

附录 1　准备功能 G 指令

附表 1-1　准备功能 G 指令

代码 (1)	组号 (2)	功能 (3)	说明 (4)
G00		快速定位	所有指定轴分别以最大的快移速度定位到编程点，先前输入的进给速度会被忽略但不会取消
G01		直线插补	一种用于直线运动的控制方式，该控制方式下各轴按照速度比例分配移动
G02	01	顺时针方向圆弧插补	刀具沿圆弧顺时针方向运动，相关参数信息定义圆弧轮廓，该控制方式下各轴按照圆弧切向分配速度进行移动
G03		逆时针方向圆弧插补	刀具沿圆弧逆时针方向运动，相关参数信息定义圆弧轮廓，该控制方式下各轴按照圆弧切向分配速度进行移动
G04	00	暂停	程序暂停运行持续时间
G05	—	不指定[a]	—
G06		抛物线插补	用于插补抛物线
G06.2	01	NURBS 插补[c]	系统通过一系列控制点、节点等信息直接进行 NURBS 曲线插补
G07		圆柱面插补	用于插补柱面轮廓槽
G08	00	关闭前瞻功能	用于取消前瞻功能
G09		准停	控制刀具在程序段终点准确停止
G10	07	可编程数据输入打开	可以在程序中动态修改系统数据，更改的系统数据及时生效
G11		可编程数据输入关闭	
G12	18	极坐标插补打开	通过直线轴和旋转轴插补轮廓
G13		极坐标插补取消	
G14	—	不指定[a]	—
G15	16	选择极坐标输入	极坐标编程方式
G16		选择笛卡儿坐标输入	笛卡儿坐标编程方式
G17		XY 平面选择	
G18	02	ZX 平面选择	用作给圆弧、刀具补偿或其他功能规定平面
G19		YZ 平面选择	

代码 （1）	组号 （2）	功能 （3）	说明 （4）
G20	08	英制输入	尺寸单位
G21		公制输入	
G22	17	工作保护区打开	禁止刀具进入保护区域
G23		工作保护区关闭	
G24	03	可编程镜像取消	通过指定对称轴，指定的轮廓产生镜像
G25		可编程镜像	
G26	—	不指定ᵃ	—
G27	00	参考点返回检测ᶜ	检查返回到参考点而编写的程序是否正确返回到参考点功能
G28		返回第一参考点	通过中间点返回第一参考点
G29		从参考点返回	从参考点经过中间点定位到想要的位置
G30		返回第2、3、4、5参考点	通过中间点返回其他参考点
G31	00	跳断功能	用于测量
G32	—	不指定ᵃ	—
G33	01	螺纹切削，等螺距	等螺距螺纹加工
G34		螺纹切削，变螺距	变螺距螺纹加工
G35	—	不指定ᵃ	—
G36	17	直径编程#	—
G37		半径编程	—
G38～G39	—	不指定ᵃ	—
G40	09	刀具补偿/刀具偏置注销	取消刀具半径补偿命令
G41		刀具补偿—左	向刀具移动方向的左侧进行偏置
G42		刀具补偿—右	向刀具移动方向的右侧进行偏置
G43	10	刀具偏置—正	刀具长度正向补偿
G43.4		五轴刀尖中心点控制功能生效（类型1）	RTCP功能角度编程方式
G43.5		五轴刀尖中心点控制功能生效（类型2）	RTCP功能矢量编程方式
G44		刀具偏置—负	刀具长度负向补偿
G45～G48	—	不指定ᵃ	—
G49	10	取消刀具长度补偿	取消刀具长度补偿

代码 (1)	组号 (2)	功能 (3)	说明 (4)
G50	04	取消比例缩放	编程外形按照比例进行缩放
G51		比例缩放	
G52	00	局部坐标系设定	工件坐标系下设定局部坐标系
G53		机械坐标系生效	为了消除反向间隙的影响，可以指令轴沿一个方向实现定位
G54～G59	11	零偏移	选择工件坐标系
G60	00	单方向定位	为了消除反向间隙的影响，可以指令轴沿一个方向实现定位
G61	12	准停	在 G61 后的各程序段编程都要准确停止在程序段的终点，然后再继续执行下一程序段
G62	—	不指定[a]	—
G63	—	不指定[a]	—
G64	12	连续路径模式[c]	在 G64 之后的各程序段编程轴刚开始减速就开始执行下一程序段
G65	00	宏程序调用，一次调用[c]	非模态调用子程序
G66	—	不指定[a]	—
G67	—	不指定[a]	—
G68	05	旋转变换	使用旋转变换功能，可以将程序编制的加工轨迹绕旋转中心旋转指定的角度
G69		旋转变换取消	
G68.2	05	特征坐标系建立[c]	根据三点或者欧拉角的方式定义特性坐标系，用于倾斜面加工
G70～G76	06	车床固定循环[b]	车床使用的固定循环，包括：粗车轴向和径向固定循环，精车循环，切槽循环等
G77～G79	—	不指定[a]	—
G80～G89	06	铣床固定循环[b]	铣床使用的固定循环，包括：钻孔，镗孔，攻丝等
G90	13	绝对尺寸	尺寸编程为绝对方式
G91		增量尺寸	尺寸编程为增量方式
G92	00	工件坐标系设定	通过设定刀具点与坐标系原点的相对位置建立工件坐标系
G93	14	时间倒数，进给率	反比时间进给功能是通过指定速度的倒数，也就是执行当前程序段所用的时间
G94		每分钟进给	移动指令的进给速度
G95		主轴每转进给	刀具每绕主轴移动一圈的移动量作为移动指令的进给速度

代码 （1）	组号 （2）	功能 （3）	说明 （4）
G96	19	恒线速度	相对于刀具位置的变换，使主轴时刻以指定的圆周速度旋转
G97		取消恒线速度控制	
G98	15	返回到起始点	固定循环返回到初始点
G99		返回到 R 点	固定循环返回到 R 点
G100～ G999	—	不指定[a]	三位 G 代码

注：根据不同的准备功能，有时一个地址也有不同的意义。

[a] 未分配使用的代码。在未来标准和新版本中，这些未指定的准备功能代码可能分配特定的含义。

[b] 固定循环功能。

[c] 本标准推荐的 G 代码，若有其他特殊用途，应在程序格式说明中说明。

在附表 1-1 内第二栏中，标有字母的表示第一栏所对应的 G 代码为模态代码（续效代码），字母相同的为一组，同组的代码不能同时出现在一个程序段中。模态指令表示这种代码一经在一个程序段中指定，便保持有效，直到后面程序段中出现同组的另一个代码，即在某一程序段中应用某一模态 G 代码，如其后续的程序段中还有相同的功能操作，且尚未出现同组的 G 代码时，则在后续的程序段中可以不再指令或书写这一功能代码。在表内第二栏中没有字母的 G 代码为非模态代码，非模态代码仅在指令的程序段有效，没有续效性。表中"不指定"代码表示在未指定新的定义之前，由机床设计人员根据需要定义新的功能。

附录 2　辅助功能 M 指令

附表 2-1　辅助功能 M 指令

代码（1）	组号（2）	功能（3）	描述（4）	注释[a]（5）
M00		程序停止	*	AAM TBO
M01	00	计划停止	*	AAM TBO
M02		程序停止	*	AAM TBO
M03		主轴顺时针方向	*	AWM FRC
M04	01	*主轴逆时针方向		AWM FRC
M05		*主轴停止		AWM FRC
M06	00	换刀	*	TBO
M07[b]		*冷却液开		FRC
M08[b]	02	*冷却液开		FRC
M09[b]		*冷却液关		FRC
M10[b]	03	*卡紧		FRC
M11[b]		*松开		FRC
M19[b]	04	#主轴定向	#	FRC
M20[b]		*主轴定向取消		FRC
M29[b]	05	*刚性攻丝		FRC
M30		程序结束	*	AAM TBO
M60[b]		交换工件	*	TBO
M98	00	#子程序调用	#	AAM TBO
M99		*子程序结尾		AAM TBO

注：[a] 表中缩写字母代表的含义：
AAM 运行后执行：代码行为完成在运动之后；
AWM 运动同时执行：代码行为与运动同时进行；
FRC 功能保持到被取消或被同样字母表示的程序指令所代替（模态）；
TBO 功能只会影响它出现的块。
[b] 本标准推荐 M 代码，若有其他特殊用途，应在程序格式说明中说明。

参 考 文 献

[1] 明兴祖，姚建民. 机械 CAD/CAM［M］. 北京：化学工业出版社，2003.

[2] 蔡汉明，陈清奎. 机械 CAD/CAM 技术［M］. 北京：机械工业出版社，2003.

[3] 姚英学，蔡颖. 计算机辅助设计与制造［M］. 北京：高等教育出版社，2002.

[4] 李佳. 计算机辅助设计与制造：CAD/CAM［M］. 天津：天津大学出版社，2002.

[5] 蔡颖，薛庆，徐弘山. CAD/CAM 原理与应用［M］. 北京：机械工业出版社，1998.

[6] 赵汝嘉，殷国富. CAD/CAM 实用系统开发指南［M］. 北京：机械工业出版社，2002.

[7] 崔洪斌，方忆湘，张嘉钰，等. 计算机辅助设计基础及应用［M］. 2 版. 北京：清华大学出版社，2004.

[8] 殷国富，陈永华. 计算机辅助设计技术与应用［M］. 北京：科学出版社，2000.

[9] 赫恩，巴克，卡里瑟斯. 计算机图形学［M］. 蔡士杰，杨若瑜，译. 4 版. 北京：电子工业出版社，2023.

[10] 王隆太. 机械 CAD/CAM 技术［M］. 4 版. 北京：机械工业出版社，2017.

[11] 王素艳，向承翔，庄顺凯. 机械 CAD/CAM 技术［M］. 北京：电子工业出版社，2017.

[12] 薛国斌. 通信组网中计算机无线局域网技术的应用研究［J］. 通讯世界，2019，26(4)：86-87.

[13] 张春强. 无线局域网组建与应用［J］. 信息与电脑：理论版，2014(16)：189-190.

[14] 雷震甲，严体华，吴晓葵. 网络工程师教程［M］. 4 版. 北京：清华大学出版社，2014.

[15] 孙家广. 计算机图形学［M］. 北京：清华大学出版社，1998.

[16] 董洪伟，周儒荣，周来水，等. 在 ACIS 平台上开发三维软件［J］. 计算机辅助工程，2002(4)：53-58.

[17] 孙春华. CAD/CAPP/CAM 技术基础及应用［M］. 北京：清华大学出版社，2004.

[18] 赵汝嘉，孙波. 计算机辅助工艺设计：CAPP［M］. 北京：机械工业出版社，2003.

[19] HANT J H, REQUICHA A G. Modeler-independent feature recognition in a distributed environment［J］. Computer-Aided Design, 1998, 30(6): 453-463.

[20] HAN J H, REQUICHA A G. Feature recognition from CAD models［J］. IEEE Feature Article, 1998, 18(2): 80-94.

[21] 董玉红. 数控技术［M］. 北京：高等教育出版社，2004.

［22］王爱玲. 现代数控编程技术及应用［M］. 北京：国防工业出版社，2002.

［23］黄群慧，贺俊. 中国制造业的核心能力、功能定位与发展战略：兼评《中国制造 2025》［J］. 中国工业经济，2015（06）：5-17.

［24］周济. 智能制造："中国制造 2025"的主攻方向［J］. 中国机械工程，2015，26（17）：2273-2284.

［25］郭朝先，王宏霞. 中国制造业发展与"中国制造 2025"规划［J］. 经济研究参考，2015（031）：3-13.

［26］何璇. 数控技术在制造业的发展探析［J］. 湖北农机化，2019（14）：16.

［27］殷国富，刁燕，蔡长韬. 机械 CAD/CAM 技术基础［M］. 武汉：华中科技大学出版社，2010.

［28］SHAH J，MANTYLA M . Parametric and feature-based CAD/CAM：concepts，techniques，and applications［M］. New York：John Wiley & Sons Inc. ，1995.

［29］陈刚，黄刚，郑仕强. CAD/CAM 系统集成方法探讨［J］. 机械研究与应用，2003，16（4）：60-61.

［30］范文慧，李涛，熊光楞，等. 产品数据管理（PDM）的原理与实施［M］. 北京：机械工业出版社，2004.

［31］金涛，单岩，胡明辅，等. 反求工程中产品三维模型重建技术综述［J］. 机械科学与技术，2001，20（5）：787-789.

［32］陈顶君，程俊廷. 反求工程测量方法综述［J］. 机械，2004，31（4）：19-20.

［33］张渝，张旭. 逆向工程在汽车冲压产品开发中的应用［C］//重庆汽车工程学会 2008 年学术会议论文集，2008：93-96.

［34］王慧敏. 反向工程中 NURBS 曲面 CAD 重构技术研究［J］. 计算机应用与软件，2009，26（10）：81-83.

［35］关金华. 以逆向工程技术为基础的工业产品数字化设计和制造［J］. 海峡科技与产业，2020（04）：29-31.

［36］孟艺. 基于逆向工程的废旧零件再制造关键技术研究［D］. 邯郸：河北工程大学，2020.

［37］周建钊，颜雨吉. 逆向工程中点云特征提取技术研究［J］. 装备制造技术，2019（08）：13-17，33.

［38］苏茶旺. Mastercam 在模具 CAD/CAM 一体化中的应用［J］. 机电产品开发与创新，2016，29（03）：98-100.

［39］杨臣. 注塑模浇注系统自动生成技术研究［D］. 武汉：华中科技大学，2015.